U0322562

普通高等教育“十二五”规划教材

工业设计精确表现

Accurate Expression of Industrial Design

李伟湛　杨先英　夏进军　林　立
朱志娟　李　波　苏　炜　冉龙田　编著

本书是关于工业设计方案精细化表达的教材，基于产品设计价值的发挥，利用强大的计算机设计辅助软件Photoshop和Alias进行产品设计精确表现的讲述。本书融合了多名资深工业设计师与设计教育工作者的专业经验和设计思想，所讲案例来自知名工业设计公司的成功案例，设计表现方法实用性强。本书遵循由浅入深、循序渐进的学习规律，从易到难地介绍了精确设计表现的程序和方法，具有较强的实用性和探索性。

本书可作为高等院校工业设计与艺术设计专业教材，同时也可供从事产品设计的设计师参考。

图书在版编目（CIP）数据

工业设计精确表现/李伟湛等编著. —北京：机械工业出版社，2012.10
普通高等教育“十二五”规划教材
ISBN 978-7-111-39751-9

Ⅰ.①工…　Ⅱ.①李…　Ⅲ.①工业设计—高等学校—教材　Ⅳ.①TB47

中国版本图书馆CIP数据核字（2012）第217007号

机械工业出版社（北京市百万庄大街22号　邮政编码100037）
策划编辑：冯春生　责任编辑：冯春生　韩旭东
版式设计：姜　婷　责任校对：卢惠英
封面设计：张　静　责任印制：杨　曦
保定市中画美凯印刷有限公司印刷
2013年1月第1版第1次印刷
210mm×285mm · 12.25印张 · 305千字
标准书号：ISBN 978-7-111-39751-9
定价：49.80元

凡购本书，如有缺页、倒页、脱页，由本社发行部调换

电话服务	网络服务
社服务中心：（010）88361066	教材网:http://www.cmpedu.com
销售一部：（010）68326294	机工官网：http://www.cmpbook.com
销售二部：（010）88379649	机工官博：http://weibo.com/cmp1952
读者购书热线：（010）88379203	**封面无防伪标均为盗版**

前　言

工业设计历经多年的发展，产品设计流程与分工越来越精确细分，在设计方案的评审讨论过程中，精确设计表现能辅助设计师的创意表达。本书基于设计价值的发挥，以创意的精确表现为最终目的，利用计算机辅助设计软件Photoshop和Alias进行工业设计精确表现的讲述与讨论，带领读者由浅入深地了解相关的操作过程。

Photoshop是一款应用广泛、功能强大的图形处理软件，也是一款创意设计软件，用户可以灵活运用该软件的功能工具进行创意发挥与设计表现。

Alias则是一款综合性较强的辅助设计软件，其灵活的操作界面、绚丽的艺术效果、精确的笔触控制受到了设计师的喜爱，成为了设计界最重要的辅助设计软件之一。本书主要针对其设计模块进行讲述。

本书融合了多名资深工业设计师与设计教育工作者的集体智慧，所讲案例来自国内知名工业设计公司的成功案例，内容实用性强。本书共分为10章，第1章介绍了工业设计的背景及精确设计表现的机遇，第2章介绍了精确设计表现的相关基础知识，第3章介绍了Photoshop的常用工具，第4章是基于Photoshop进行产品设计表现范例的论述，第5章和读者分享了用Photoshop手机产品创意设计表现的过程，第6章以轻轨车身为例讨论了车身外观造型设计表现的方法，第7章介绍了Alias软件的操作与使用，第8章利用Alias软件对手机产品进行了创意设计表现，第9章基于Alias软件介绍了头盔设计表现的过程，第10章为利用Alias软件对概念跑车外观造型进行精确设计表现。在每章后都附有本章思考与练习内容。本书遵循由浅入深、循序渐进的学习规律，从易到难地介绍了精确设计表现的程序和方法，具有较强的实用性和探索性。

本书在编写过程中获得了国内外工业设计界同行的大力帮助和支持。除了封面署名的重庆交通大学的李伟湛老师、杨先英老师外，参与本书编写的人员还有重庆大学的夏进军老师、重庆交通大学的林立老师、华中科技大学的朱志娟老师、长安汽车造型所的李波所长、深圳东来工业设计公司的苏炜总经理及汽车造型设计师冉龙田等人。其中第1章由李伟湛、朱志娟编写；第2章由杨先英、林立编写；第3章由李伟湛、夏进军编写；第4章由李伟湛、苏炜编写；第5~9章由李伟湛、杨先英编写；第10章由李伟湛、李波、冉龙田编写。

由于编者水平有限，书中难免出现疏漏和不当之处，敬请读者批评指正。

编　者

目　录

前言

第1章 工业设计与设计表现

本章主要介绍工业设计、设计表现的相关概念及设计表现的类型，使读者了解到工业设计中的设计表现所面临的发展机遇。

1.1 工业设计在做什么

工业设计是围绕工业产品及其相关系统进行预想性开发和创造的设计活动，是对产品的形态、色彩、材料、工艺、结构和表面装饰等内容，从效用、经济、美观的角度予以综合设计，使之既符合人们对产品物质使用功能的需求，又能满足人们审美的精神需求。工业设计这一活动最终将创造出商业价值和效益。同时，工业设计还可能参与到企业产品前期的规划、中期的管理和后期的营销中，还可整体地解决企业形象、包装、广告、展览、市场营销和服务等方面的问题。

工业设计的核心工作内容是以人与产品为中心进行的系列设计活动，主要是依赖设计师的视觉和触觉。在产品制造之前人们就需要预先设想和规划出来产品的形态、功能，通过可视的手段，记录、模拟形式的表达，并在一定的技术条件下，制造出具有使用功能和审美内涵的产品。在工业设计领域，任何新产品的产生与完成，都是一个从无到有、从想象到现实的过程。这种把设计灵感与思路展示出来的过程，就必然涉及创意的设计表现，这正是本书所将要论述的内容。

1.2 工业设计现状与发展

工业设计的发展从世界范围来看，呈现出人性化、绿色化、多元化、概念化、持续化、商业化与数字化的趋势特征。

1.2.1 宏观面

工业设计随着制造业的蓬勃发展而迅速被社会所认可和接受。工业设计是一个年轻的专业，也是一个非常有潜力的专业，只短短几十年的时间，工业设计在中国已经由星星之火转为燎原之势。随着社会的进步和科学技术的发展，人们对产品的设计内涵有了更高的要求，从而工业设计的重要性越来越凸显出来。

如今信息时代的工业设计，已突破了传统的概念界限，它实质上更多的是一个对多种信息进行收集、筛选和重组的过程，呈现出了新时代的新特点：工业设计范围的扩展、工业设计的多学科融合、工业设计地位的提升以及工业设计与数字化的接轨。

1.2.2 微观面

企业与社会对工业设计的要求是多样化的，专业设计公司、设计部门对工业设计师的要求也是多样化的。他们要求设计师有灵活的思维和创意意识，有产品规划、生产知识，有较强的设计表现能力，同时具有团队合作精神。所以说目前工业设计师是一个综合体。

从产品设计流程参与内容看，设计师既要参与市场了解、需求的分析讨论和设计规划目标的厘定，又要参与到计划创意、草案设计及灵活运用产品创造方法的制订中去；既要参与最后设计效果图的渲染表现，又要参与包括正向和逆向的三维数据构建；既要参与产品材料工艺及成本的控制，又要参与模具的跟踪及相关问题的解决；最后还要参与产品的宣传策划，甚至是市场跟踪和使用反馈等。因此目前工业设计师所需的技能和知识面很广，但随着社会分工的细化，工业设计行业也面临着规范和细化的发展，这种状况必将会改变，未来工业设计师可能只会专业钻研某一个环节，或是创意，或是设计表现，或是产品设计等。

1.3 工业设计师的职业特性及发展

一名优秀的工业设计师，需要具备良好的文化素养和丰富的知识结构。随着社会和科技的不断发展，衡量设计师的标准在不断提高，本土设计师越来越注重对自身能力的培养。据有关调查分析，优秀的工业设计师需具备宏观和微观上的多项意识和能力。

宏观上，优秀设计师应该具有系统和战略的意识，需要具备以下一些特质和能力：

1）产品商业的战略意识和对价值的挖掘能力。

2）对产品生命周期的系统性把握的能力。

3）设计控制与管理意识。

微观上，优秀设计师必须具备以下的一些基本素质：

1）快速草图的表达能力。

2）比例模型的制作能力。

3）熟练的设计软件应用能力。

4）敏锐的洞察力。

5）有效的创意思维运用能力。

6）良好的口头表达与协调能力。

对这些能力和意识的把握程度由设计师发展成长的方向而定。宏观上的意识和能力有助于微观上能力的有效发挥。

在新的数字化、可视化的设计系统中，原有的结构、系统、设计方法已发生了巨大的改变。因此设计师必须转换原有只专注于设计本身的思维，一开始就要能够以系统的思维方式考虑到产品生命周期中的所有环节，以协同合作的方式将设计过程中的相关人员组织起来，充分发挥所有人的积极性和创造性，协同设计，共同开发出优秀的产品。

设计师也要注重对自身知识能力的提升。在数字化的时代，计算机辅助设计已经成为设计过程中不可或缺的部分。只拥有好的创意却缺乏表达的能力，是难以让人理解和认可的。因此设计师在提高设计能力的同时，也必须对不断高速发展的计算机软硬件技术做出适应性变化，不断加强和提高自身的知识和能力，并且超越单纯对计算机技术的使用而提升到融合创造的境地，使计算机真正成为设计师大脑与肢体的延伸。

然而，计算机只是设计师进行创意制作的一种好工具、好帮手，永远不可能取代设计师的创造性工作。在这个信息爆炸的时代，设计师的创造力永远是整个时代的精华所在。

1.4　工业设计的工作流程

工业设计属于交叉学科，有的面向制造，有的面向商用策划，有的面向用户交互，还有的面向服务，因此与不同的学科结合应采用不同的设计流程。以产品开发为主的一般设计程序主要有市场调研与分析，设计定位，设计方案，方案评价、优化与初步审定，效果图的输出制作等阶段，如图1-1所示。

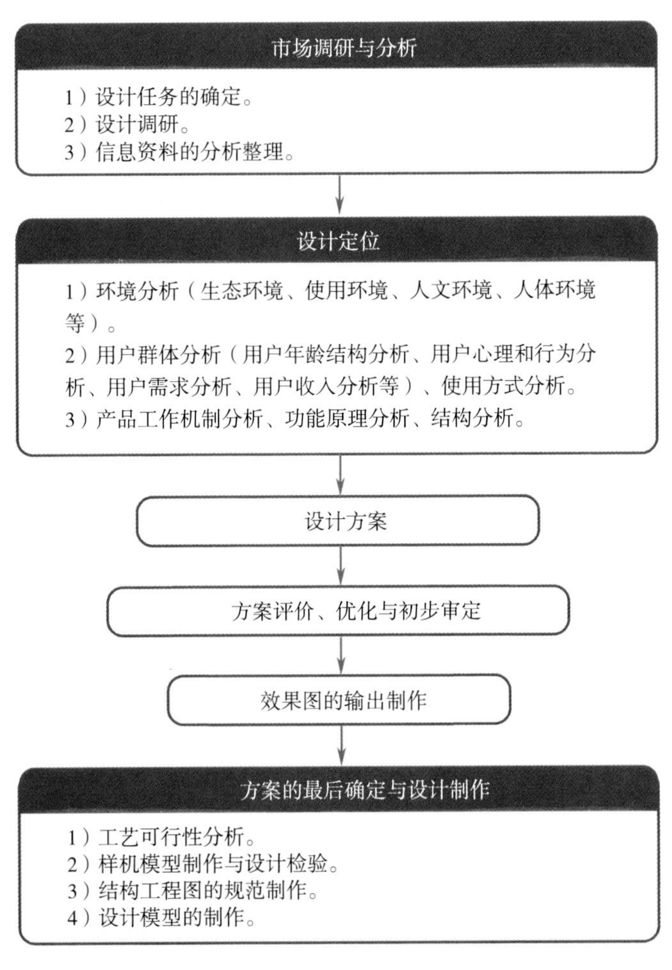

图1-1　产品设计一般流程

许多设计专业的学生及毕业生在进行课题设计时不知从何下手，明显缺乏设计流程的步骤意识。任何一个产品设计课题，流程的规划是相当重要的，一方面利用它控制创意的方向和结果，另一方面又利用它有效控制工作的时间和产出的效率。

在设计流程中，产品的设计表现几乎贯穿整个过程，尤其是在其中的几个节点位置处扮演着很关键的角色。在市场调研与分析阶段，设计表现是资料收集与分析整理的重要手段。在设计方案阶段，产品的设计表现可以记录设计者的设计思路和想法，同时也能激发更多的设计灵感。而在方案的优化阶段，设计表现是推敲设计的重要手段，同时也是沟通的有效方式。在效果图的输出制作阶段，设计表现则是工作的核心内容。

1.5 工业设计方案的设计表现

1.5.1 设计表现的目的及类型

所谓设计表现，就是将抽象的设计概念和复杂的设计语言视觉化、艺术化，使其中所具有的设计构想更容易被受众理解和接纳。

设计表现是一个将抽象概念的描述向具体形态呈现的可视化过程，是从模糊形象到清晰形象演变的过程。在这个过程中，设计师会根据自身的特点选择最有效的手段进行表现，有时是草图，有时是效果图，有时是简单的模型，有时是实际的模型等。无论什么样的表现方式，只要设计的目标是明确的，这个表现的方式就是有效的。在设计表现的过程中，我们会发现在对抽象概念到具象形态转化的过程中，会不断产生新的设计思路与新的设计概念，激发出更多的设计灵感。因此，设计表现在产品设计中处于十分重要的地位，它能够不断启发创新思维，让设计思路更加明晰。

概括地说，设计表现的目的体现为三个方面：一是在设计过程中帮助对设计概念进行推敲与深化；二是设计完成品的展示；三是设计者进行交流的语言工具。产品设计的表现从维度的概念上可以分为二维表现和三维表现两种类型。

过去，把产品的方案表现称为工业设计效果图表现。曾有过这样的定义：工业设计效果图是工业设计师必须具备的基本表现技能和最常用的专业语言，它是对产品方案的形态、结构、功能、色彩、质感等方面进行准确、有效、清晰、充分的表现的一种方式。效果图在计算机没有广泛运用的时候被称为产品生产之前的预想图，它要求透视准确并能充分表达产品的设计要求，同时还应注意画面构图和产品环境等因素。随着设计的普及和发展，效果图已经成为设计师表达意念、交流设想的重要手段，它融艺术与技术为一体，形成了一门专业性较强的程式化表现技法。

进入信息化时代后，计算机技术的广泛运用大大加快了设计开发的流程进度，很多设计软件都能很好地展示出设计效果的真实性。设计师在产品设计表现的过程中开始更专注于概念的萌发和发掘，以及形态的推敲和分析，而把效果的表现交给计算机来完成，效果图的表现方式甚至由静态效果变成了更能体现产品的动态演示。

1.5.2 设计效果图表现的类型

在产品开发过程中，设计师为了将想法表现出来，通常会根据不同需要而画出初步创意草图、细节交流草图、设计效果图（定案）三种图稿。常常有人讨论手绘需要画到什么程度，或者说手绘需要什么工具。在此需要理清草图和效果图这两个概念。草图是用于体现初期想法和概念的图稿，如初步创意草图；在设计过程中会对产品构造及细节等要素进行讨论交流，如细节交流草图。而最后确定了设计方案后，设计师需要把设计的每个细节尽可能表达清楚和细致，所以设计效果图是清晰、细致地表达未来产品预想的图稿，包括造型功能、趋势、风格、材质、使用等方面的展示。在计算机辅助设计出现之前，设计师多利用直尺、曲线板、画笔等工具画出精细准确的设计效果图。

1.5.3　设计推敲过程与表现

经典的设计需要进行反复的推敲、修改。在进行效果图渲染之前，需要确定画面的线条表现是否达到了满意的效果。长期以来，深圳、上海等地的部分设计公司对产品“线条”的调整控制要求非常高，即使很微妙的一个变化都给予了大量的推敲斟酌。这样的设计态度或者说设计责任是众多设计师需要认真学习的。尽管设计形态对产品的价值而言并不是最大的，或者说外观形态根据不同的产品而存在着关键性的差异，有的产品可能不需要过多地关注其外观线条而侧重功能的实现效果，而有的产品如消费类产品、个性产品、精细化产品，包括汽车设计，却都非常注重线条的走势。

1.5.4　设计草图与设计效果图

1. 设计草图

设计草图是人们进行创作或设计构思时，在进行灵性的记录、方案推敲、构图筹划等工作时绘制的不正规图稿。它不是一个目标，而是一种手段和过程，所以设计草图是设计师的图形语言，是用图像这种直观的形式表达设计师的意图及理念，是用以反映、交流、传递设计构思的符号载体。在设计创新思维活动时最为常用，其优点是能迅速多样化地表达设计师的不同设计构想，方便他人提出修改意见，以便顺利进行设计工作。设计草图表现是从无形到有形、从想象到具象的重要创造性思维过程，设计师的创造性思维能力在此获得了最全面的视觉语言诠释。设计草图如图1-2~图1-6所示。

图1-2　国外设计师所做的设计草图

图1-3　宝马汽车草图

图1-4　把手草图

图1-5　眼镜设计草图

图1-6　汽车设计草图

2. 设计效果图

设计效果图是设计师对确定的设计方案进行的设计表现。方案细节忠实而完整地表现在画面上，使设计作品的外观造型、设计特点、功能甚至结构都能一目了然。

在对设计草图不同设计发展阶段的研讨中，设计师择优选择可行性较高的方案，对最初的概念深入思考分析，产生较为成熟的设计方案。初步的效果图绘制要清晰、严谨，保持设计多样化，提供可选择余地。该效果图的方案未必是最终结果。通过对设计方案的深入和完善，产品的总体及各个细节都设计完成后，就须绘制精细效果图。精细效果图要忠实、准确地描绘出产品的全貌，包括形态、色彩、材质、表面处理和结构关系等。其目的是为产品开发的所有部门如设计审核、模具制造、生产加工等部门提供完整的技术依据。

目前，产品设计效果图正由单一手绘发展到手绘和计算机绘图并重的层面。产品设计效果图所展现的产品形象更加直观，更具真实感，如图1-7和图1-8所示。

图1-7　摩托车设计效果图

图1-8　宾利汽车设计效果图

产品设计效果图是工业设计师与人们就新产品认识沟通的桥梁。由于产品设计效果图具有真实性、说明性、启发性、广泛性、简捷性等特点，工业设计师常常利用产品设计效果图来体现自己的创新思维，呈现产品在外观形态、色彩质感、结构功能、加工制造等方面的信息，更真切、更具体、更完整地说明设计意图。人们可以从产品设计效果图上寻觅到最大信息量，而不受职业的限制，皆可一目了然地了解产品的特点、个性和使用状况，客观地认识产品量产后的实际面貌。

从技术构成上看，一张完整的设计效果图的构成内容有：①光影影调；②基础形态；③特征造型；④材质质感；⑤细节层次；⑥功能指示，如图1-9所示。

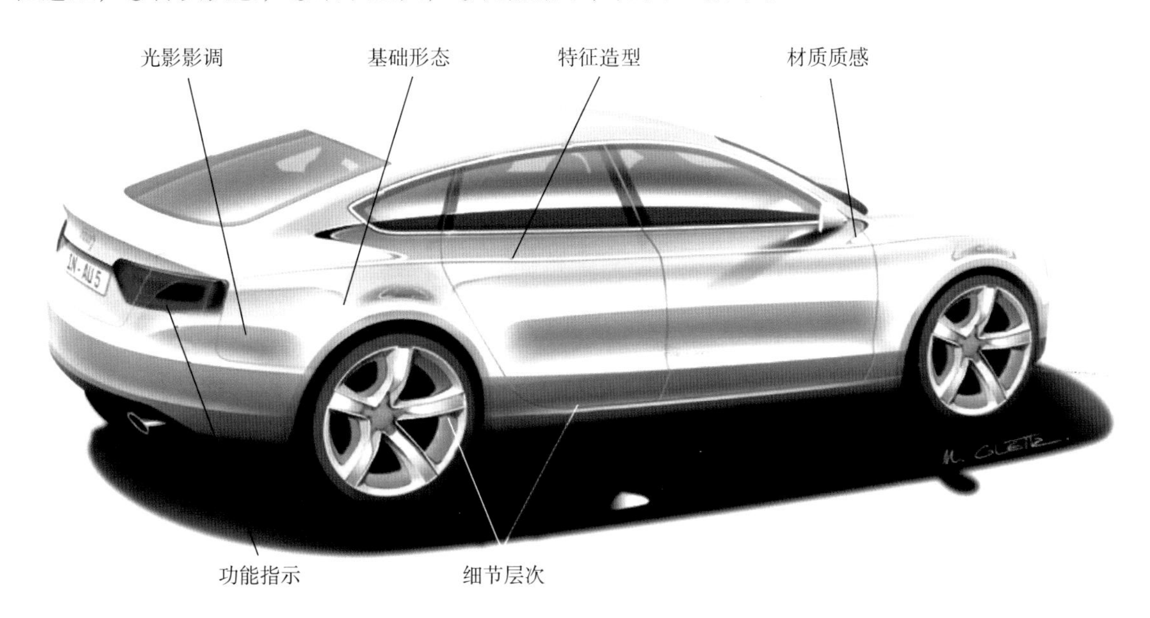

图1-9　设计效果图的构成内容

1.5.5　工业设计方案的表现方法与风格

在工业设计流程中，方案评审是比较关键的一步。在评审会上，设计效果图是最重要的评审对象。目前，因计算机的快速发展以及计算机辅助设计软件的出现，大部分设计师都是利用计算机这个工具来完成最终的设计和设计效果图的。而早期，设计师则利用传统的绘画工具来完成设计效果图。

常见工业设计效果图的表现方法有：①马克笔绘画法；②色粉画法；③水粉画法；④计算机辅助画法。

常见的效果图风格有现实风格和超现实风格。现实风格的特点为接近摄影照片的效果，具有真实的灯光和质感反映，反射和光影遵循现实摄影的场景效果。而超现实风格则是为了突出设计的某个创意点，如造型、质感、细节等方面而采用的非现实的光影色彩效果，画面反映的灯光、明暗、质感等为设计师所理解的一种场景。

1. 二维效果图（2D Rendering）

产品的二维效果图一般通过三视图或透视图的形式进行表现，当然根据每个产品要求的不同也可以增加或减少视图，关键是要表现出设计的亮点和传达出设计的信息。相对于设计草图来说，二维效果图可以表现出产品整体的形态和细节结构设计，同时通过视图的对应关系，建立起三维空间的对应关系，更好地传达出产品的信息。在绘制的过程中，产品的尺寸和功能模块等也按原始提供的数据设定，使产品的形象和比例更加准确和真实。相对于三维建模来说，产品二维效果图表现速度较快，能在较短时间内获得令人满意的产品预想图，而且方案的修改也较为容易，能提高设计的效率。因此，产品二维效果图也成为设计公司和设计师做初始设计提案时最常用的设计表现形式之一，如图1-10和图1-11所示。

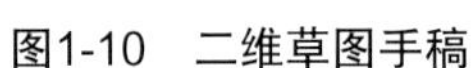

图1-10　二维草图手稿

图1-11　二维效果图

当然，二维效果图也有其自身的不足之处：首先方案始终在二维平面环境中进行设计，其表现结果往往趋向于平面化，相对来说比较适合一些存在主形象立面的产品，如手机、电视、MP3等产品；其次，设计师有时过于专注于从二维视图的角度去思考和表现产品，思维会受到局限；另外，评价人员也需要将平面视图进行转换才能在脑海中建立起三维图像，缺少三维效果的那种直观性。

目前，常用的二维绘图软件如：Photoshop、Illustrator、CorelDRAW、Alias等，被产品设计公司和设计院校工业设计专业师生广为使用。随着计算机技术发展更加成熟，徒手表现的二维效果图已逐渐被计算机辅助技术所代替，特别是在设计公司和设计企业当中。作为设计师，熟练掌握一到两个平面设计软件是必备技能之一。

2. 二维矢量效果图

二维矢量效果图是一种较为特殊的效果图，其光影明暗和质感经过了设计师的简化，看起来没有明显的现实感，但却能表现出设计方案的光影关系和造型关系。从技术上看，二维矢量效果图的绘画过程主要是通过填色的方法进行，因此，大大简化了设计表现的技法，但正是如此，对设计师的要求变得更高，即能通过简单的色块表现把产品的质感和造型特点表达清楚，这需要更强的设计表现能力，如图1-12和图1-13所示。

图1-12 汽车矢量效果图

图1-13 跑车矢量效果图

3. 三维效果图

经过了二维效果图的推敲过程，已经可以使设计师对技术人员、销售人员的意见和建议有了一定的了解和认识，设计师可以不断在二维效果图上推敲修改，因为这样的修改速度较快。当设计师对修改的内容已经十分满意，需要更加注重细节的表现时，原有的二维效果图就不再能够满足设计需求了，此时就需要对产品进行三维形态的表现，通过不同的角度对产品有一个更全面的展示，也就是要绘制三维效果图，如图1-14~图1-18所示。

图1-14 概念笔记本电脑三维效果图

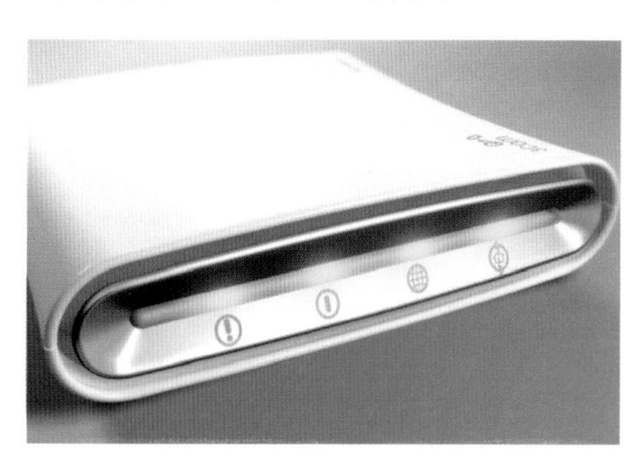

图1-15 网关三维效果图

图1-16 车轮三维效果图

图1-17 手表三维效果图

图1-18 汽车三维效果图

三维效果图设计表现是依靠计算机辅助设计软件，基于三维数字化模型的构建而进行的效果渲染表现方法。三维效果图需要设计师根据设计创意构建出数字化的三维模型，然后根据布光的技能对渲染进行灯光、材质的设置，最后进行模拟的渲染技术，以获得近似实物照片效果的效果图。

思考与练习

1. 简述你对工业设计的理解。
2. 设计表现有哪些类型，分别有什么区别和作用。
3. 收集10张你感兴趣的设计表现类型的设计草图或设计效果图，分析各自的特点。

第2章 设计表现的相关知识

本章主要介绍设计表现的相关基础知识。理解这些基本的概念和知识构成，可更好地发挥设计表现的效果。

2.1 明暗与形体的关系

光线，是让人们感受到空间三维事物的根本原因。任何一个实体的物体，在光线的照射下都会产生基本的明暗与质感的视觉效果。所以明暗是形成画面立体感的基本要素。图2-1a中的黑白灰三个色块，单独放置时，三个色块仅仅存在图形上的意义。而当将其规则地放置时，如图2-1b所示，画面却形成了立方体的感觉。由此可见明暗规则与形态构建是存在关系的。当光线照射到物体上时，物体表面产生了受光面、暗面和明暗交界线三个主要部分，同时根据周围的环境及其表面的材质状况，还可以看到表面的反光位置、高光和暗部的反射。而设计表现则是利用各种设计表现的工具或计算机辅助设计软件工具对产品创意进行表现，并通过明暗表现、质感表现等各种要素对设计进行精确的表现。

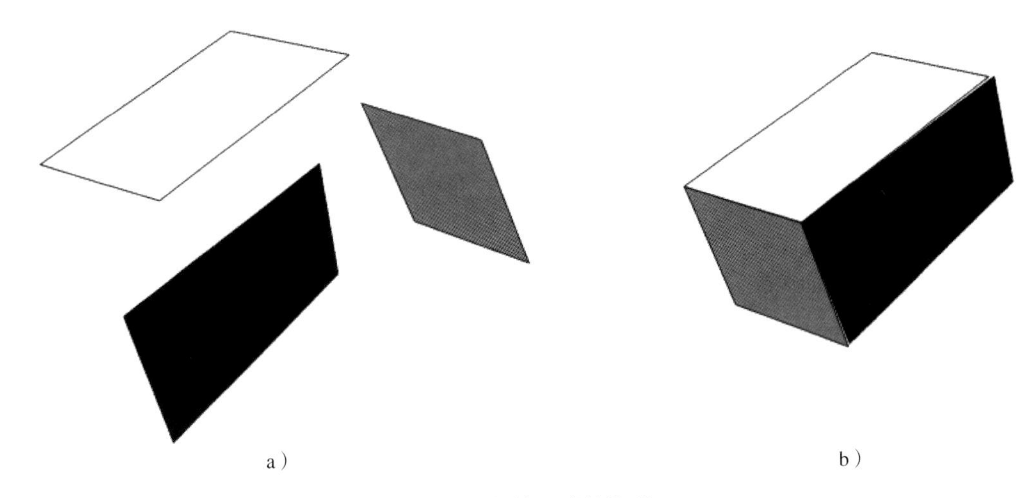

图2-1 物体明暗的构成

不同的形态造型其明暗变化不同，如圆形的物体、方形的物体、椭圆形的物体，它们的明暗表达都不同，这是因为物体的明暗变化与其表面的形态造型变化有直接的关系。如图2-2所示，顶面轮廓一样的几种不同造型，每一列为同一个物体的不同视角。图中第三行，预设光线从左上角照下。可以发现几个物体虽轮廓相似，但形态及其明暗变化有明显差异。

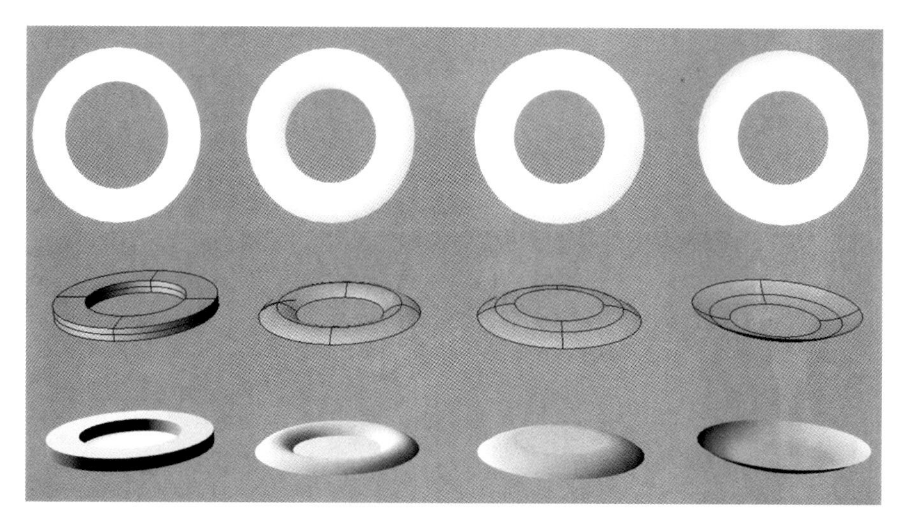

图2-2　不同造型的明暗

图2-3所示为两组实物产品照片，可以从中观察到两个不同物体的明暗变化与其造型之间的关系，箭头表示明暗的变化方向。图2-3a中物体的形态呈现左右拉伸的变化，因而其明暗也为横向排列；图2-3b中的产品为中间凸起四周下凹的形态，因而其明暗反映了形态曲面的变化态势。

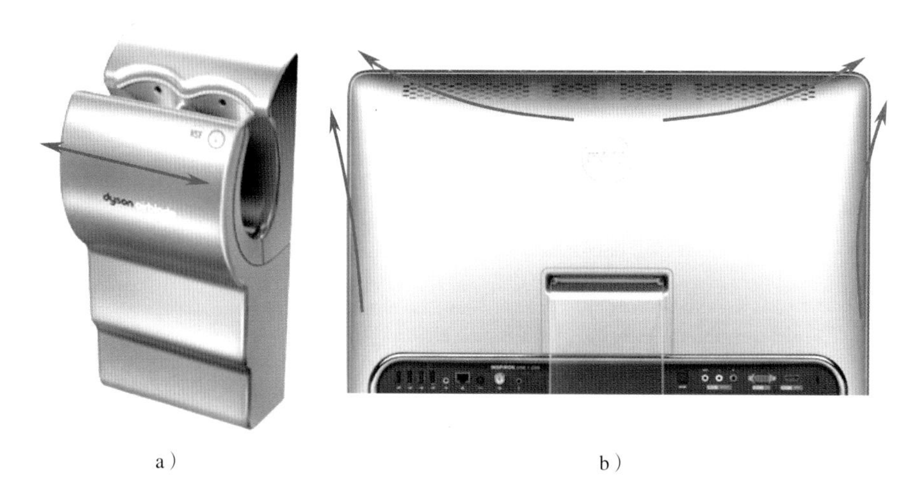

a）　　　　b）

图2-3　产品造型与明暗的关系

预设光线从左上角照下，思考图2-4所示两个物体的明暗变化关系，尝试分析其明暗交界线的位置。

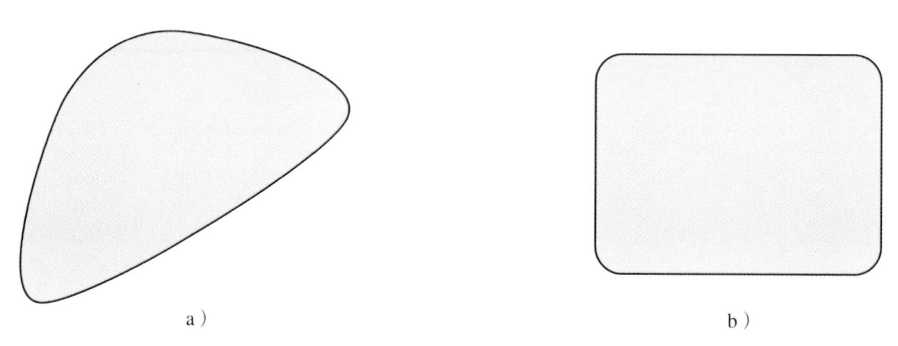

a）　　　　b）

图2-4　不同形态物体的明暗

2.2　透视的概念

在设计基础的课程中学习了透视的基本概念，为了表现一个物体的立体感，可以采用不同的透视类型表达物体的空间三维视觉感。

2.2.1　透视原理

透视，是客观景物在空间中由人眼观察所产生的一种主观视觉现象。透视学，是根据透视原理融科学计算方法于绘画艺术中的一门技法理论。对设计师来说，正确的透视对估计和表达画面产品的比例较为重要。按照透视规律准确地描绘形态的结构特征是各种表现形式的共有过程。严格地按透视规律绘图，可获得准确、完整的画面形态，准确传达设计形态、构造及空间关系，通过透视表现秩序营造形态的立体感和空间感。如果透视规律失控，那么表现出的形态就会结构松散、变形、空间层次错乱。

一般来讲，物体在透视的原理上存在以下一般规律：

（1）近大远小　指同尺寸的物体，在近处会显得大，在远处则显得小。这一规律包括物体的体的大小、面的大小、线的宽窄、色彩明度及纯度的变化。

（2）近实远虚　指视觉中心常落在近处。这一规律还包括轮廓线的深浅、粗细，色彩的深浅、饱和度、冷暖变化等。

2.2.2　角度的选择

学习透视掌握物体透视规律的目的是在设计表现中准确地表现出物体的现实感和立体感。然而，有另一个重要的概念容易被忽略，就是角度的选择。每个产品外观造型的创意设计都会有一个主要的视角可以反映出该设计的主要特点。不同尺度的物体，应该采用不同的视角角度进行表达。

透视视角一般有三种类型：一点透视、两点透视、三点透视，如图2-5所示。而从摄影的视角分有俯视、平视和仰视。结合起来，可描述物体的立体视角就有了多个角度。根据不同的物体特征和需要表达的内容，应采用适当的视角进行表达。

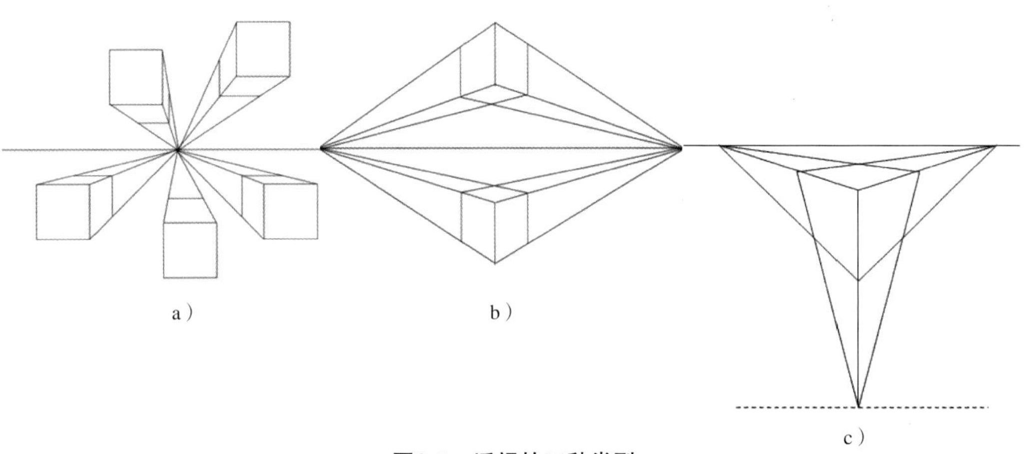

图2-5　透视的三种类型

a）一点透视　b）两点透视　c）三点透视

一般来讲，不同体量尺度的物体可采用以下几种不同的角度选择原则：

（1）小体量物体的立体表达　可以采用俯视角度的三点透视，表现该物体的细节与精致感。

（2）中型体量的产品立体表达　可以采用平视的两点透视，表现该物体的人机交互关系和分量感。

（3）大型物体的立体表达　如建筑物的立体表达，可采用仰视的两点和三点透视，表现物体的雄伟和强烈空间感。

但这种原则并非绝对，为表现物体的立体形态可灵活采用不同的视角进行表达，如图2-6~图2-8所示。

图2-6　小体量物体的视角

图2-7　中型体量物体的视角

图2-8　大型产品的视角

2.2.3　平行透视

透视是从艺术与设计角度还原了人眼所看到的事物特征。但从产品工程设计的角度上看，透视的近大远小却被认为是错误的。正如我国传统绘画当中的平行透视，画面中，反映的是事物的原本尺寸关系，而非人眼的视觉感觉。在现代产品设计中许多结构工程师认为产品的透视应该和它的尺寸相关，即使远近不同，尺寸相同的两个线段也应该在画面上看起来是相同或测量起来是相同的。特别是在工程性的软件中，产品的显示界面反映的就是物体原本的尺寸关系，没有远近的透视关系，如图2-9所示。在产品研发过程中，这是产品设计师与结构工程师之间出现的常见矛盾之一。设计师需要认识到这类差异的存在。

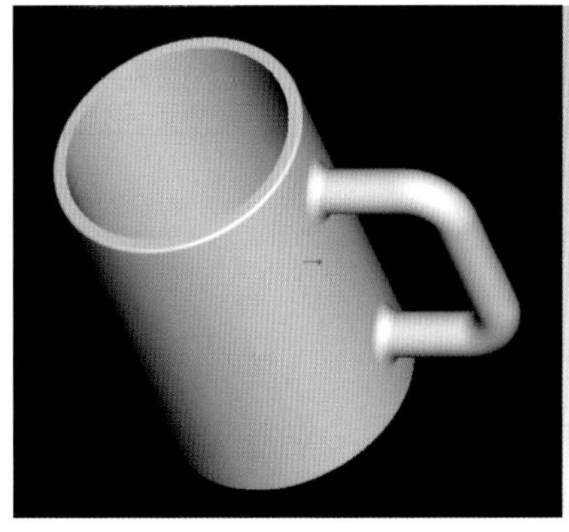

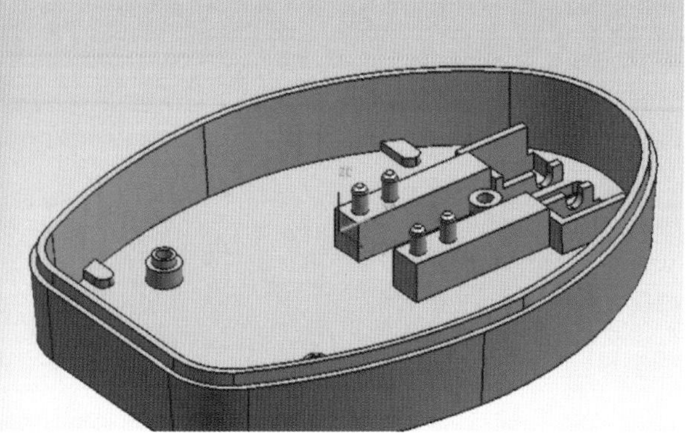

图2-9　平行透视

2.3 商业产品摄影

2.3.1 商业产品摄影与设计表现

“任何一件人工制品都是经人为的设计、加工生产出来的。在设计、加工过程中，设计者和生产者赋予产品许多的文化以及符号化的信息。对于这些信息，委托拍摄的生产商或设计人员，通常是要摄影师在拍摄过程中呈现出来的。准确地把握住产品的信息，就需要我们在拍摄前认真阅读被摄体，解读设计者、生产商的创造意图。”这是王龙江在其《摄影布光基础》中的描述。

商业产品摄影及产品广告摄影是产品上市前所做的宣传的基础工作，即提供宣传画面设计所需的素材，是表现成品实物的拍摄。设计师在设计方案中对产品所做的虚拟表现只是假想的。商业产品摄影对产品的宣传与特点的展示具有无可比拟的作用，因此，在产品设计表现过程中可以学习借鉴商业摄影对产品表现的知识。

工业设计中产品设计表现的效果图是试图还原、预览产品的外观效果，所以希望表现出好的设计效果，这一点与商业产品摄影的意图是一致的。在杂志、海报、网络、电视等媒体上看到的汽车图片效果都是专业摄影师的杰作。一件好的产品都希望在宣传中给人以最美丽的效果和角度，投资商也希望在宣传照片中能突出产品的理念。那么何不在设计的时候就把这个期望体现在设计表现中呢？这也是优秀设计师的想法。于是，在表现设计效果图时就应学习借鉴摄影的方法，进行角度、光线和构图的构思。设计表现就像是从脑海里对创意构思所拍的一张照片。

2.3.2 摄影中的光

1. 灯光的类型

摄影中的灯光类型有点光、照射光，以及其常用的光源辅助配件灯罩和反光板。前两者为直接光源，后两者为间接光源，主要差异是光线的强度不同。在商业摄影与三维计算机渲染中，间接光源与面型光源应用广泛，因该类光源能产生较为整体的照射效果，也可避免局部过亮的问题，如图2-10所示。当需要进行局部表现时，则可以考虑应用点光与照射光。光的运用类型应考虑被摄物的质感，根据质感特性采用不同光型及光位。

图2-10　产品摄影及其场景布光

2. 光的位置

通常的产品摄影都是为了表现产品形态的立体感与材质感。常见光的位置从前后方向分，有顺光、侧光、逆光（背光）；从高度上分，有顶光、平光、底光；从光源的主次构成上分，有主光源、辅助光源和背景光源；从光的质感上分，有阴影轮廓清晰的硬光和阴影轮廓柔和的软光。读者可以在实际场景与三维软件中对比这些光源的差异，以便快速掌握用光的规律。光的位置运用应根据被摄物的材质质感及其需要表现的形态特点采用不同光位。下面介绍几种常见的光源位置。

（1）顺光　亦称“正面光”，光线的投射方向跟摄影机拍摄的方向一致。利用顺光拍摄产品时，产品本身受到均匀的照明，细节清晰，如图2-11所示。因其阴影被自身遮挡，影调比较柔和，所以不适宜表现空间立体感。

图2-11　顺光效果

（2）侧光　侧光，含前侧光、正侧光与后侧光，其中前侧光是应用最为广泛的光源位置之一。光线从侧面投向被摄体。受侧光照明的物体，有明显的阴暗面和投影，对被摄体的立体形状和质感有较强的表现力。这种光线照明，能使被摄体产生明暗变化，很好地表现出被摄体的立体感、表面质感和轮廓，并能丰富画面的阴暗层次，起到很好的造型塑型作用，如图2-12和图2-13所示。

图2-12　前侧光效果

图2-13　后侧光效果

（3）逆光　亦称“背光”，来自被摄体后面的光线照明。逆光可以使被摄体与背景分离，从而强调了画面的空间感。在逆光照明条件下，景物大部分处在阴影之中，只有被照明的景物轮廓，可使这一景物区别于另一种景物。因此层次分明，能很好地表现大气透视效果，如表现透明质感的物体，如图2-14所示。而对于实体物体，仅用于表现出其轮廓。

图2-14　逆光效果

在摄影创作中，光是摄影的重要造型手段。而在产品设计表现中，不同的光影会带来不同的产品设计表现效果，要根据产品的特点使用合适的光影。光影是摄影的灵魂，在产品设计表现中，光影则是设计表现的重要因素。

2.3.3　摄影中的布光

摄影中的布光应根据不同物体的材质质感进行。

1. 透明物体的布光

全透明物体有玻璃、酒杯等主要是玻璃质感的物体，半透明物体有塑料制品、尼龙制品、磨砂玻璃等。

透明物体的布光大多采用逆光、背光，即采用射灯、硬光，局部加辅光，来反映物体的通透感，如图2-15~图2-17所示。玻璃等透明质感物体的表现一般有两种方式：一是暗轮廓法，利用亮的背景，光线穿透物体，此时物体轮廓的厚度折射出暗色的线条，勾勒出物体的轮廓，如图2-15所示；二是亮轮廓法，采用暗背景，利用窄长的侧光将物体的轮廓照亮，描绘出通透的亮色轮廓，如图2-16所示。在设计表现过程中主要观察该类质感通透性、折射性的特点。

图2-15　玻璃的暗轮廓布光

图2-16　玻璃的亮轮廓布光

图2-17　半透明产品的通透感

2. 反射性物体的布光

强反射性物体有银器、电镀、漆器、汽车、瓷器等。

反射性物体是较为常见的质感类型，其布光一般采用散射光、柔光、面积光，同时因物体的强反射性而采用包围的方法隔离周围环境的映射，如图2-18所示。图2-19所示为同一物体在不同场景下拍摄的差异对比，右边的视觉效果更加清晰、光洁、具有艺术感。图2-20所示为表面为反射性质感物体的设计表现。

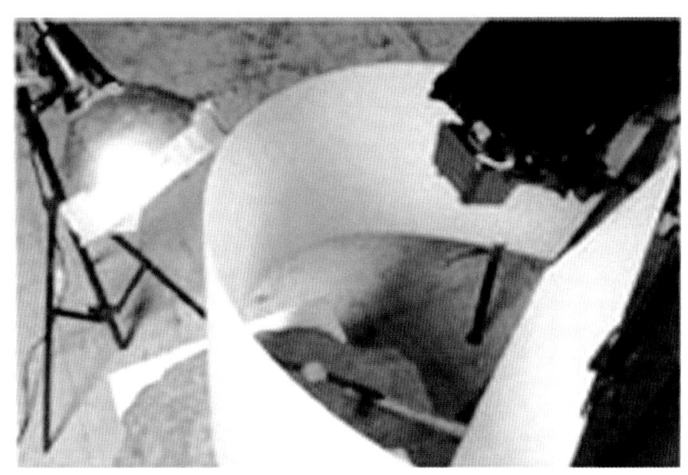

图2-18　反射性物体的布光

图2-19　两种场景摄影的对比

在设计表现过程中，注意关注该类物体质感明暗过渡强烈的特点。例如表面光洁的质感常采用反光板的反射表现出该质感的效果，如图2-20所示产品的黑色部分及屏幕的表现。

半反射性物体有皮革、抛光木、皮鞋、电器、贵金属等，金属质感中的磨砂、拉丝金属也属于半反射性的物体。

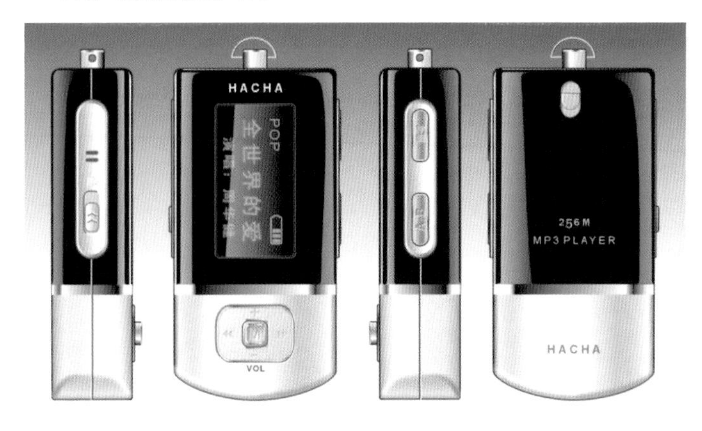

图2-20　反射性质感物体的设计表现

半反射性的物体布光和强反射性物体的布光类似，只是物体表面的反射效果没有那么强烈而已，明暗过渡的边界没有那么清晰、直接。图2-21、图2-22和图2-23分别为半反射性物体的表现。

图2-21 半反射性质感（一）

图2-22 半反射性质感（二）

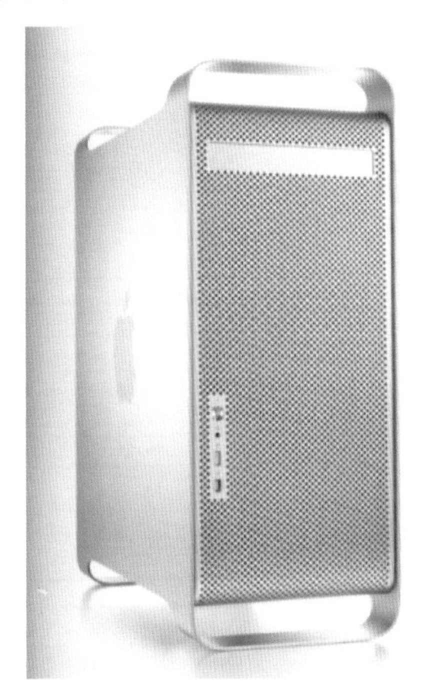

图2-23 半反射性质感（三）

2.4 材质的观察

在设计方案的创意表现中材质及质感是重要的组成元素之一。不同的材质质感表现出不同的外在效果，也形成了不同价值感的差异。在产品设计过程中，设计师会重点考虑对材质质感的使用，表达出更好的设计效果以传达该产品的价值。

材料是制造产品的物质载体，可分为金属、塑料、陶瓷、木材、玻璃等五大类常用的工业设计材料。

其中塑料在产品设计过程中因为性能优异、成型方式多样等优点而成为使用最广泛的材料。且部分工程塑料可以制作成金属、玻璃、陶瓷、木材等材料的材质感。

因此，对材质的观察成为工业设计重要的设计内容和表现对象。

2.5 设计色彩精确应用

严格地说，色彩精确应用在遵守基本色彩原理及基本构成关系的基础上，存在着较大的发挥空间。色彩构成是将色彩的基本属性——明度、色相、饱和度几大关系及色彩之间的一些连贯对比关系进行说明性描述的一种原理。该原理即属于色彩设计的基础。而色彩的精确应用则是设计师经过大量的思考与应用后，确立了自己独有的色彩理解而进行色彩设计的能力。这种能力多应用在实际产品、实际课题、实际事物当中。

2.5.1 单色应用

1. 中性色

如黑、白、灰、银等，这些颜色一般比较素雅平静，同时也突出了色彩的自身个性。如黑色的稳重、神秘感，白色的清爽、纯洁干净感，灰色的平静、朴素感，银色的品质、分量、科技、精致感等。图2-24所示为汽车流行色的统计图。图2-25所示为相机的单色应用。但在颜色应用的过程中，还需要细细品味每个颜色具体的亮度、浓淡及其质感。例如，白色又可分为珍珠白、象牙白、陶瓷白等，灰色还分为中灰、浅灰、冷灰（略偏点蓝色）、暖灰（略偏点橙色）等。精确的色彩应用能力体现在结合设计的目标与创意点反复地对比与斟酌过程中。

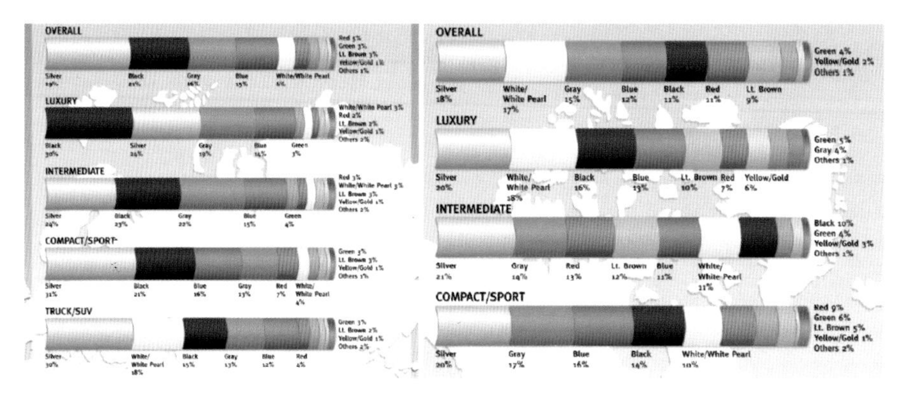

图2-24　汽车流行色统计图

图2-25　相机的单色应用

2. 彩色单色

不同的彩色单色具有不同的个性特征。彩色单色的应用有红、黄、蓝、绿、粉、紫等。每个颜色都有自己独特的魅力与个性，如图2-26和图2-27所示。红色具有热情、强烈、跳跃的特点，但不同程度的红色具有细微的差异，如品红、洋红、玫瑰红、中国红等，又如绿色的草绿、嫩绿、苹果绿、墨绿、军绿等。

图2-26　产品彩色单色的应用

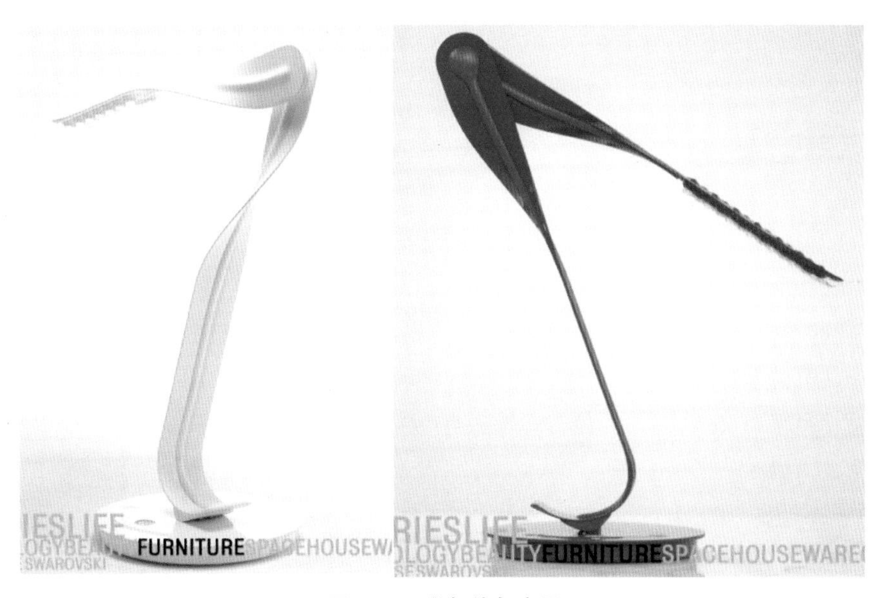

图2-27　彩色单色应用

另外，同一彩色单色也会根据质感的不同而存在着差异，这一点尤其需要设计师注意。例如相同的蓝色应用在金属质感、半透明质感、塑料本色质感上，其颜色差异就非常明显。

2.5.2 组合色的精确应用

在当前的产品色彩应用中，普遍采用了组合色的搭配应用，即一个主色，辅助一两个颜色搭配，形成整体、协调的产品色彩感观。

1. 双色

双色应用是最为常见的一种组合方式。一般设定一个主体色，再用一个辅助色进行协调。色彩应用根据设计目标和功能定位的需要而选择，如产品的品质感、科技感、运动感、品味感等定位要求。图2-28所示为灰白组合色应用搭配。图2-29所示为黑白组合色应用搭配。图2-30所示为突出运动越野性的灰色主色和辅助红色的搭配效果。

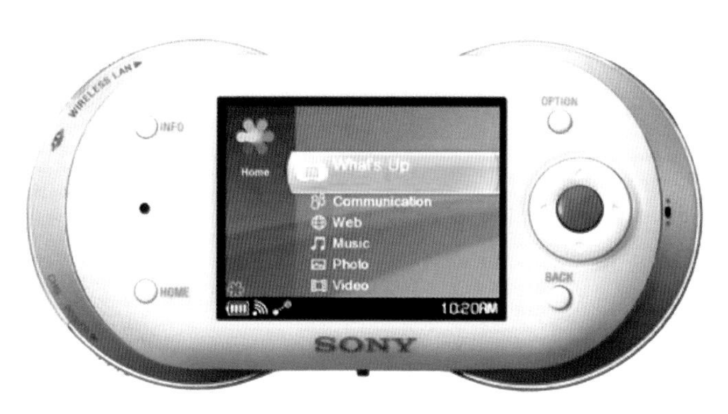

图2-28　灰白组合色应用搭配

图2-29　黑白组合色应用搭配

图2-30　灰色与红色组合应用搭配

2. 多色应用

多色应用一般不超过三种颜色。同样的，多色应用也需要确定一个主色，其他为辅助颜色，图2-31所示为计算机的机箱三色应用搭配。也可以先确定一个主色，再搭配一个辅色和一个点缀色，如图2-32所示的手机三色应用搭配。

图2-31　计算机机箱的三色应用搭配

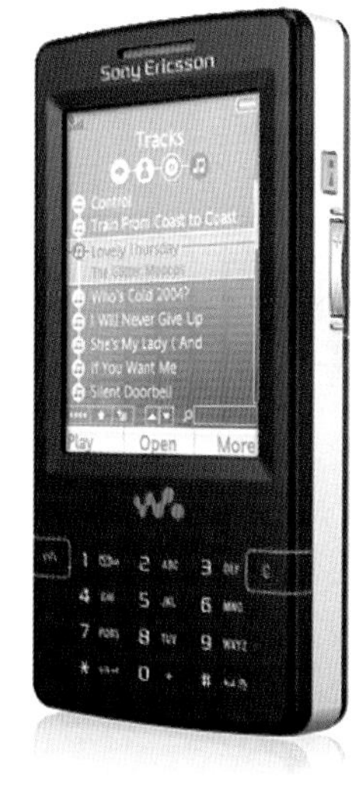

图2-32　手机的三色应用搭配

2.5.3　色彩精确应用原则

色彩的应用，除了要遵循设计师的创意意图外，还需要遵循一些设计的原则。

（1）目的性　色彩应用需要符合设计的目标要求。围绕设计的目标，设计师可以通过不同的色彩组合进行表达。

（2）环境性　色彩在不同的环境、色温下，其特性也会产生差异。产品是人与环境交互的载体，那么色彩的应用就需要考虑不同环境下的差异和影响。

（3）质感性　质感对色彩有影响，色彩在不同的表面质感上应用的效果与特点不同。设计师在应用色彩时需要考虑色彩的质感属性。

（4）协调性　色彩一方面需要与环境协调，另一方面，色彩相互之间和主辅色之间也需要协调。色彩协调的方法有很多，如对比协调、统一协调、衬托协调等。其目的都是让最终的整体色彩搭配具有协调美感。一般情况下避免1∶1比例的颜色应用。

（5）系列性　产品为了满足更多的用户需求，需配备有多个颜色选择，这些颜色在明度或协调性上形成系列化。如确定一个主色，通过改变辅助色来变化个性，如图2-33所示。有时根据设计的目的性，产品设计也并非一味地要适应多元化需求，设计师可根据设计对象的唯一性指定确定的颜色，如iPhone的黑色、白色两个简单系列。

图2-33　产品色彩系列化

2.6　画面背景的表现

背景的作用是衬托主体，不同的背景效果可实现不同的表现效果。背景的设计应根据突出物体的设计目标和格调而选择。在商业摄影中，常用与地面整体连接的布或纸板作为背景，形成“L”形整体背景画面，以获得简洁整体感的画面，便于后期图片的使用以及去底和更换宣传画面。常见的背景设计有以下几种。

2.6.1　浅色背景加自然阴影

画面的物体地面与背景颜色相同，类似摄影中的“L”布景，能突出主体、强调物体的实在感，如图2-34和图2-35所示。

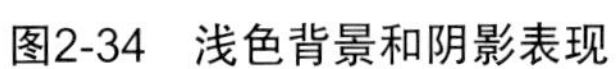

图2-34　浅色背景和阴影表现

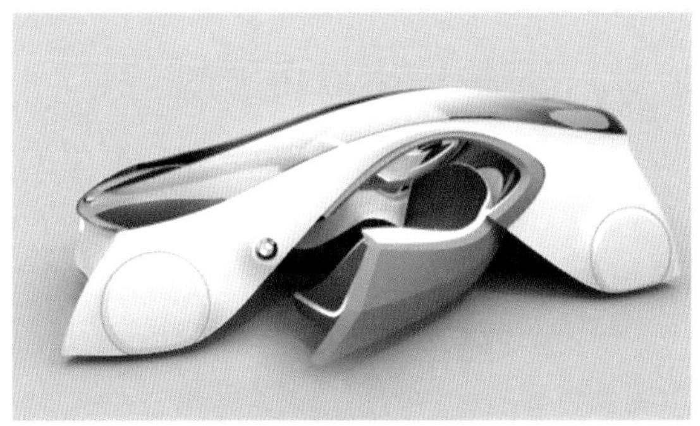

图2-35　宝马概念车的表现

2.6.2　纯色背景加倒影

此类背景是目前较流行的产品效果图背景之一，能突出主体，简洁明了。如图2-36所示的两款手机设计表现的背景。

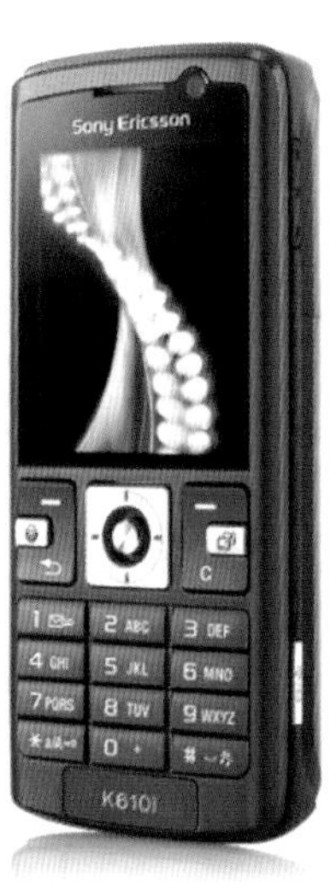

图2-36　纯色背景加倒影的表现

2.6.3　渐变背景

渐变背景具有一定的艺术效果，能衬托出主体物的光影变化。在早期工业设计效果图的设计过程中，多采用渐变背景、轮廓提亮的效果图表现方法，如图2-37和图2-38所示。

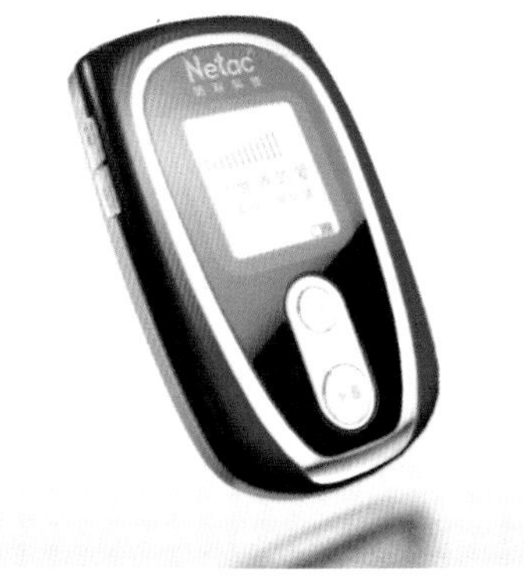

图2-37　渐变背景表现（一）

图2-38　渐变背景表现（二）

2.6.4　融合环境的背景

这种背景具有较强的真实感，其设计说明意图明确，同时也反映了产品设计的人机关系。此类背景适合环境融入度高的产品、注重人机交互的产品和大体量的产品设备的设计效果展示，如图2-39和图2-40所示的背景。

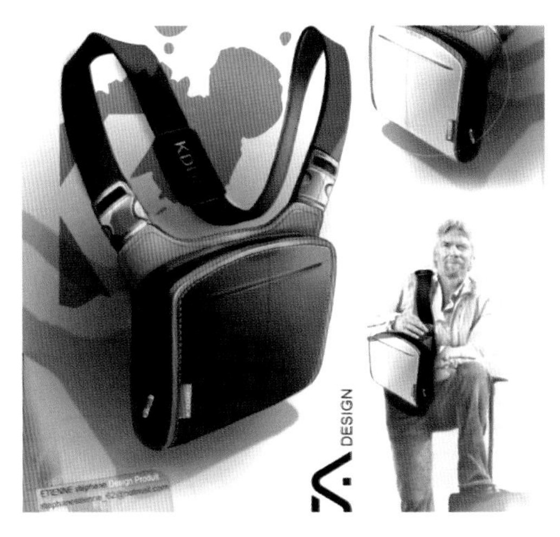

图2-39　融合人机交互的背景

图2-40　融合适应环境的背景

2.7　常用的设计软件及思想

工业设计师所用的计算机设计软件仅为设计表现和数据形成的手段。近年各大软件公司及企业纷纷根据对用户的理解推出了新的设计软件，可谓百家争鸣百花齐放。不同的设计软件应用目的各异，其设计思想及操作方法也不相同。虽然各种设计软件都能满足设计工作的需要，但设计师会根据自己工作的效率及目标要求而选择最合适的设计软件。

在产品设计中，各种二维与三维图形软件得到了广泛的应用，新的设计软件也层出不穷。目前，工业设计师所用的设计软件呈现出多样化的趋势，其中常用的二维图形软件有Photoshop、CorelDRAW、Illustrator、Freehand、Painter等，三维模型构建的软件有Rhino、3DS MAX、Alias等，产品设计工程化的软件包括Pro/E、UG、CATIA、AutoCAD等。下面介绍几款国内外常用的设计软件。

2.7.1　Photoshop

Adobe公司开发的Photoshop是进行图像处理的顶级软件，一直是专业设计师最常用的图形图像处理软件，被称为数字世界的“摄影师”、“图形艺术家”，是一款相当好用的位图编辑软件。对产品设计来说，Photoshop是产品二维效果图绘制最有效的工具之一。

Photoshop以点阵图像的绘制与编辑最为著名。该软件操作界面直观简单，绘制过程接近传统的手绘方法，而且色彩丰富，渐变、柔化和笔触等的表现比较细腻。但作为点阵图软件，最大的缺点是受到像素和分辨率的制约，图像一旦放大超过界限就会出现明显的马赛克现象。设计师应用时应注意控制图像的品质。

在产品设计中，设计师用三维建模软件输出渲染图之后，常常在Photoshop中完成对细节的补充。Photoshop可对产品的色彩和材质进行编辑和调整。

2.7.2 Illustrator

Illustrator是Adobe公司旗下的矢量绘图软件，其界面应用可以与Photoshop实现无缝对接。矢量绘图软件的特点在于创建图形，而Photoshop的特点在于编辑图形图像，其图形绘制较为简化。

Illustrator的最大特征在于贝赛尔曲线的使用，然后利用该曲线进行图形的变形、绘画、描边、编辑等操作，使得操作简单、功能强大的矢量绘图成为可能。在插图制作、绘画、印刷制品（如广告传单、小册子）、设计制作等方面应用广泛。

2.7.3 CorelDRAW

CorelDRAW是个人计算机平台上使用历史最长的绘图软件之一，是国际公认的优秀矢量辅助设计软件。CorelDRAW以其功能强大、实用性强的特点，一直受到广大设计师的青睐。CorelDRAW集图形设计、图形绘制、文字编辑、制作高品质输出于一体，对平面广告设计、CIS企业形象设计、产品包装造型设计、网页设计、印刷排版、矢量动画、网页动画，特别是对一些标志和图案设计具有突出优势。在产品设计中，CorelDRAW还可以用于制作二维产品效果图、三视图和布局图。

相对于点阵图像软件，矢量图形软件绘制过程较为复杂抽象，而且在表现色彩层次丰富的图像方面有所不足，但是由于它是用数学公式和参数来描述图形的，与分辨率无关，因此图像可以任意缩放，而且易于编辑修改，灵活性好。

2.7.4 Rhino

Rhino全称Rhinoceros，中文名为犀牛，是美国Robert McNeel & Assoc公司开发的在个人计算机上运行的强大的专业3D造型软件，其开发团队成员基本是原Alias Design Studio的程序设计师，现今已被广泛用于三维动画制作、工业制造、科学研究以及机械设计等领域。Rhino是一个以NURBS曲线技术为核心的建模软件，以曲面的拼接和修剪为主要的造型方法，具有操作界面易用性强和曲线、曲面构建方便快捷的鲜明特点。相对其他建模软件而言，Rhino软件没有庞大的身躯，所需硬件配置也较低，但是包含了所有的NURBS建模功能，是不受约束的强大自由造型3D建模工具，十分符合设计师的建模思维。同时它能输出3dm、3ds、stl、iges等不同格式，适用于几乎所有3D软件，因此成为许多设计师的首选。

2.7.5 3DS MAX

3DS MAX是Autodesk公司出品的最流行的三维动画制作与渲染软件，它提供了强大的基于Windows平台的实时三维建模、渲染和动画设计等功能，被广泛应用于广告、影视、工业设计、多媒体制作及工程可视化领域，尤其是在计算机图形图像以及影视动画制作方面发挥着巨大的作用。

相对其他三维软件来说，3DS MAX具有较为悠久的历史。当计算机操作系统还处于DOS时代的时候，三维设计软件离个人计算机还很远的时候，Autodesk公司的3D Studio已成为在DOS

下稳定运行的为数不多的软件之一，这也是它广泛流行的原因之一。

2.7.6　Alias

目前Alias 纳入了Autodesk公司旗下。Alias是一套较为专业的工业设计软件，从早期的创意草图阶段到最后可供机械工程制造加工采用的模型阶段，通过完整的外形设计过程，将计算机辅助工业设计与工程连接起来。Alias的草图模块SKETCH BOOK PRO是完全针对工业设计师的特点而开发的，能胜任从草图到细腻效果图的绘制工作。

与其他造型软件相比，Alias擅长表达概念阶段的造型设计、喷绘草图及概念设计。可以以数字化的方式在计算机上进行展示，将构想的草图以快速、逼真的图像清晰地呈现在眼前；给用户极大的自由创意空间，而不拘于传统建模的参考面内作图；NURBS曲面具有非常高的精确性，不但可以用于快速成型和模具制作，更可以直接输送至其他CAD系统。概括地说，Alias具有如下功能：①概念设计和草图绘制；②三维数字模型的创建、更改及检查；③设计展示及输出。

2.7.7　AutoCAD

AutoCAD是Autodesk公司较早推出的工程设计绘图软件，它以其强大的功能和友好的界面得到了用户的喜爱，成为广受欢迎的绘图软件之一，已广泛应用于几乎所有的工程技术领域。从1982年正式发布至今，已经被广泛应用于机械、建筑、电子等行业。国内许多机械设计、建筑设计中文版专业软件的内核都是AutoCAD。它最大的优势在于绘制工程制图。其专业性高，绘制精度高，几乎可以满足机械制图的所有要求。工业设计师多数时候利用其来绘制产品工程图。随着版本的不断升级，它的三维造型功能也越来越强大。除了双曲面、倒角比较难做外，其他任何形体建模都很方便。AutoCAD的文件格式除了本身的DWG外，DXF格式也几乎是所有软件都能接收的通用格式，这样的接口使它具有广泛的交流性。

2.7.8　三维辅助设计的工程软件

目前市面上的三维辅助设计工程软件较多，设计师可根据自己的兴趣与工作的需要进行选择。本节以Pro/Engineer为例进行简单介绍。Pro/Engineer系统是美国参数化技术公司（Parametric Technology Corp，简称PTC）的产品，简称Pro/E。PTC公司提出的单一数据库、参数化、基于特征和全相关的概念改变了机械CAD的传统观念，这种全新的概念已经成为当今世界机械CAD领域的新标准。

Pro/E的特点是参数化设计，将产品的尺寸用参数来进行描述。它的3D实体模型既可以将设计师的思想真实地反映出来，又可以借助其参数计算出体积、面积、质量等特征。并且，Pro/E可以随时由3D模型生成2D工程图，自动标注尺寸。由于其关联的特性，采用单一数据库，无论修改任何尺寸，工程图、装配图都会作相应变动。Pro/E以特征作为设计单位，如孔、倒角等都被视为基本特征，可随时进行修改调整，且符合工程技术的规范和习惯。Pro/E使模具设计变得十分容易，并且直接支持数控机床，使设计、生成一体化。

类似的三维辅助设计工程型软件还有SolidWorks、Unigraphics、CATIA等，每个软件都具有自己的思维和使用习惯，也具有不同于其他软件的优势和缺点，使用者可根据工作需要和使用习惯选择不同的三维辅助设计软件。由于篇幅有限，本教材不作展开比较。

2.8 软件学习的经验及建议

软件永远是设计师的设计辅助工具，这是一个非常重要的观念。当然对于初学者而言，要达到这个层面的理解还有待时日。因此，首先要有耐心，需要给予充分的学习时间，同时灵活的学习方法也可加快对软件的掌握。

2.8.1 思考软件的思想

任何一款软件都有自己的思维方式和使用方法。软件的开发设计师希望更多的人去使用它，因此，他们在设计软件的处理方法、界面、流程的时候都会考虑如何使使用者更容易地理解、简易地操作。如Rhino软件的曲面构建方法，软件开发设计师将同类的命令放在同一栏目上，同时，命令图标也表达着该工具命令的用途。学习者需要对新的命令图标作一定的观察思考及记忆，观察其相关选项的提示及选择，同时可以单击一下画面看看会有如何变化，加深对命令原理的理解，以便日后使用时会更快地找到需要的操作方法。

2.8.2 宏观整体的思路

每次打开软件界面都应对软件界面及相关工具保持宏观整体的概念。使用过程中，要注意观察常用的命令在哪里放置，每个工具命令相关的操作在哪里提示。每进行一个步骤都要预料其画面的变化，始终保持着宏观整体的思路。

2.8.3 勇于探索

探索是最好的学习方法之一，对其他类型的学习同样有益。探索是一种习惯，更是一种精神。软件中的图标，其界面设计师是希望通过图标的画面内容告诉用户此命令工具的功能。如Photoshop栏目的放大镜图标，其功能与我们了解的日常事物中的放大镜功能效果是一样的，即对画面进行放大（或者缩小）查看，以便查看画面细节及整体情况。选择放大镜工具后在画面单击一下，画面就会放大。这种探索有助于快速掌握一些简单常用的工具。

2.8.4 关注状态栏

许多学习者都容易忽略状态栏的存在，而状态栏却是相当重要的信息窗口。虽然状态栏没有华丽的图标，没有丰富的颜色，而只有苍白的文字描述。但状态栏是软件设计师与用户对话的地方。当选择某个命令工具或者进行某个操作时，状态栏都会给出相关的信息情况、结果或者下一步将需要进行的操作等重要信息。因此，在学习初期，应多关注状态栏以获得重要信息。

2.8.5 单击右键

在Windows的平台下，右键代表的是属性的查看。软件中，则是查看所单击位置的相关属性、帮助。大多基于Windows平台的软件设计都融入了这一操作习惯，如使用Photoshop软件的选区工具时，在文件画面上单击右键可以获得与选区相关的各项功能。如在Pro/E中操作线的编

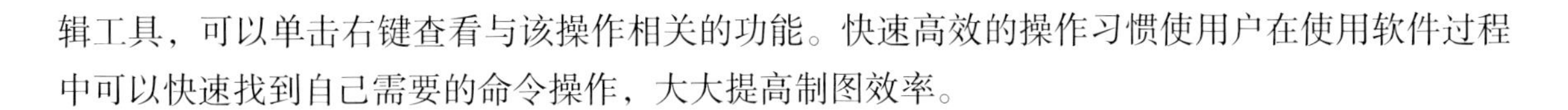

辑工具，可以单击右键查看与该操作相关的功能。快速高效的操作习惯使用户在使用软件过程中可以快速找到自己需要的命令操作，大大提高制图效率。

2.8.6 灵活的思路与方法

有句谚语：条条大路通罗马，就是告诫人们在遇到问题、遇到困难时多思考、多尝试不同的方法。产品设计过程中就特别注重这样的创意方法，头脑风暴创意阶段就是针对一个问题设计师们进行发散性思维创意，以得到更多的产品解决方法。这正是利用广开思路的方法进行创意。灵活的思路和灵活的方法会让学习者产生许多新的经验。

思考与练习

1. 思考物体明暗与其形态变化的关系。
2. 思考物体透视的表现角度。
3. 试描述反射性强的物体和透明物体的布光原则。

第3章 Photoshop的思想

本章主要介绍Photoshop软件的基本特点及其常用的工具命令，掌握该软件的思想为后面章节的应用打下基础。

3.1 认识Photoshop

Photoshop，简称PS，是一款普及度非常高的软件，具有强大的图形图像合成与处理能力。无数基于该软件的广告设计、图形合成给了人们极大的视觉冲击。Photoshop可以从形状、色彩、像素等方面通过合成处理给予人们新的视觉印象。这种视觉印象，从技术上来讲是源自Photoshop对图形从技术层面进行分解与处理的结果；从艺术层面上而言，是人们对图形视觉重叠与联想的结果。

3.1.1 Photoshop软件的特点

Photoshop软件的特点主要表现在：

1）直观性，即用即见。用户应用工具栏上的命令可直接在画面上获得操作的结果，操作过程是直观的，操作的动作与结果的对应关系也是直观可见的。

2）灵活性。没有参数的约束，除了个别参数的调整以外，用户基本可自由创作发挥，随意性、灵活性高。

3）易用性。操作过程简单，没有复杂的命令步骤，基本每个操作都可单独直接得到结果。

4）拓展性。其功能强大，方法灵活，允许设计师、绘图师基于各种功能进行深入探索与拓展，最大限度发挥个人潜力和价值。Photoshop最新版本融合了3D模块，与诸多三维软件实现了无缝对接，提高了设计效率。

3.1.2 Photoshop软件的专业应用

Photoshop软件在各种与图形、图像相关的专业中应用广泛，成为了设计专业学生与艺术类学生的必修课和必须掌握的一门基本技能。从Photoshop最新版本的界面上端可以看到基本功能、设计、绘画、摄影等几个模式。这是软件开发者对目标用户细分的一种设计，因为不同专业人员应用Photoshop的功能不同。从应用的类型细分，Photoshop主要面向以下的专业领域：

1. 平面设计与绘画领域

1）广告、图形创意。利用Photoshop灵活的图形、图像创造与创意工具，根据设计主题进行图形描绘。设计师通过对各种图形元素的绘制、色彩的整体搭配以产生一个具有较强视觉冲击力的画面，最终通过这种创意方法表达出既定的设计主题或者意愿。简而言之就是设计师根据内心的想象在Photoshop中进行自主描述的艺术创作。

2）图像、图形合成及处理。根据设计要求，利用现有不同来源的图形、图像素材进行某种具有视觉效果和意义的合成与处理，以达到统一、整体、明确的画面主题和视觉艺术效果。这一点主要是设计师根据设计目标对现有的素材进行合并组装的艺术创作。

2. 工业设计领域

1）产品设计效果的渲染，即产品设计表现。利用填色、喷画等手法表达产品的造型立体感。

2）对三维产品渲染图的后期处理。

3）对产品摄影效果的合成与处理，用于产品宣传。

3. 建筑、室内、景观设计领域

1）设计草图的后处理。在快速表现的基础上进一步进行设计细化表达，同时利用Photoshop灵活的喷笔、画笔及其他工具进行设计层次表现。

2）对三维渲染图的后处理。

4. 摄影领域

1）照片的后处理。如调整光度、对比度，调整色彩、色温，调整照片焦距和清晰度等。

2）照片的合成。两张或多张照片的合成，形成画面重叠的视觉艺术效果。

5. 其他领域与基本用途

1）图像简单合成与处理，形成具有某种意义或意图的画面。网络盛行的“PS”指的就是利用Photoshop软件进行照片合成。

2）文字合成，对图片进行说明性的文字合成。

3.1.3　Photoshop与其他设计表现软件的比较

目前市面上有多款面向工业设计精确表现的辅助软件，有二维的（2D）也有三维的（3D），各软件都特点鲜明、针对性强。如Alias针对工业设计师较强的软件应用能力，能在2D与3D之间得到更默契的转化。目前较多的工业设计师利用建模速度较快的Rhino软件，构建3D模型，进行简单渲染，然后利用Photoshop做后期处理，或在3DS MAX里面深度渲染，最后用Photoshop做后期整理。这里可能会有人问：为什么不直接采用Photoshop做最后效果图设计表现？这是因为3D模型是在产品尺寸和内部构造的基础上构建的，其设计比例和效果可保持与最后产品实物的一致性，这样可减少效果图与最终产品的视觉差异，而Photoshop中独立完成的设计表现仅为一个2D视角。设计表现的软件对比见表3-1。

表3-1　设计表现的软件对比

设计表现软件＼对比内容	易用性	灵活性	工程性①	衔接性②	艺术性③
Photoshop	好	好	差	一般	好
CorelDRAW	好	一般	差	一般	好
Rhino	好	好	好	好	一般
3DS MAX	一般	一般	好	一般	好
Alias	一般	一般	好	好	好

① 工程性指设计内容对工业设计周期的工程数据支持程度。
② 衔接性指在设计流程中与上下游工作内容数据交接的紧密程度。
③ 艺术性指对一般用户能创造的艺术感程度。

3.1.4 鼠绘与数码板绘图法的比较

鼠绘是利用鼠标对设计软件工具进行操作从而完成绘图的一种方法，其特点是精确细致，避免了手绘不熟练、不精确的问题，而缺点是不够自由、灵活，且绘制过程需要较大的耐心。

数码板绘图法是利用压感数码手绘板（如Wacom品牌的产品）辅助绘图的绘图方法，其特点是灵活、自由，能充分发挥手绘的熟练与自由性，还可利用压力感应器捕捉手绘笔的压力轻重，从而在画面中还原笔触的轻重浓淡感，缺点则是不够精确并需要有一定的手绘基础。

3.1.5 Photoshop辅助设计表现的流程

该流程主要有以下几个步骤：

1）创建手绘底稿。绘画明确的草图或导入扫描的手绘草图。

2）绘制基础框架路径。参照草图绘画基础路径（绘制基础路径线，如确定大透视、大比例关系的辅助线，以辅助细致路径的绘制）。

3）路径规划。根据路径的使用情况进行整体规划，有时并非所有的曲线路径都需要画出，可利用路径交叉结合灵活控制。

4）绘制轮廓路径。对需要表现的产品各个位置的轮廓路径进行精确绘制。

5）编辑调整路径。此步骤非常需要耐心，需要细致耐心地调整透视及比例，编辑调整路径的细节线条与转折等。

7）利用轮廓路径填充绘画主体造型的明暗。

8）利用细致路径绘画产品细部的明暗。可利用路径的交集、叉集、减法等运算获得相应精确的选区范围，以进行精确的绘画。

9）高光及质感表现。利用细致路径绘画出高光、反光等细致质感效果。

10）绘画背景及阴影。

3.2 Photoshop的界面

启动Photoshop软件，Photoshop CS5的启动界面如图3-1所示。该启动界面采用层次、穿插、渐变色的图形设计，具有较强的空间视觉感，不规则的图形外轮廓也表现了新界面突破常规的创意意图。

注：本节内容，以Photoshop CS5 12.0的版本为例介绍。

打开软件后，可以看到整个软件界面较以前的一些版本采用了更为整齐简洁的界面布局，其中包括工具栏与活动命令栏采用了左右对齐的紧凑布局方式，如图3-2所示。

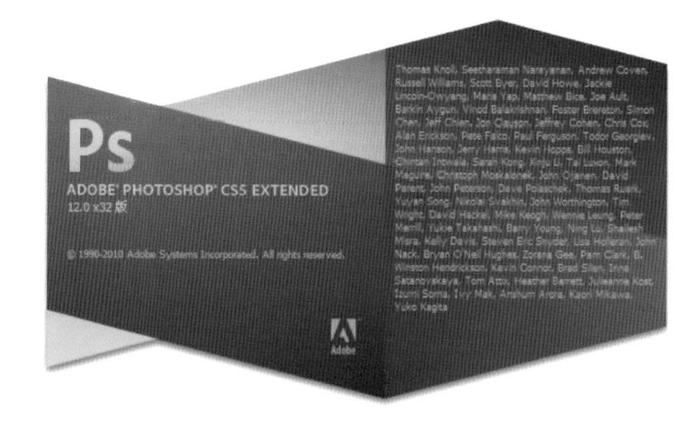

图3-1 Photoshop CS5的启动引导界面

图3-2　软件界面

针对该软件界面，将Photoshop软件的整个界面分为6个区域，如图3-3所示。

1）框架栏。主要用于对整体软件的框架布局及工作模块进行设置。

2）菜单栏。以菜单列表形式放置所有Photoshop的命令工具与操作的设置内容。

3）选项栏。当前选择的命令工具的选项设置。

4）工具栏。常用工具的列表栏。

5）文件显示区域。当前打开的文件显示与操作的区域。

6）活动调板。常用的控制面板、调板窗口。

图3-3　界面布局

3.3　工具栏常用工具

在工业设计精确表现过程中，常用的Photoshop命令工具有选区工具、画笔工具、橡皮擦工具和路径工具等。

3.3.1 选区工具

1. 选区的基本概念

选区工具是对画面建立一个范围而进行局部操作的工具，这与下文的路径工具绘制路径产生选区的功能类似。选区工具建立选区有规则选区（圆形、方形）和不规则选区（多边形、自由形等）两种，如图3-4和图3-5所示。对当前的图层建立选区后，就可对选区内的范围进行操作与调整。还可以通过选区的选项工具对选区进行加减运算。

2. 选区的建立

选择某个选区工具，在画面上单击并拖动鼠标，然后松开鼠标即可获得一个选区。

3. 选区的取消

单击右键选择“取消选择”，如图3-6所示，快捷键为<Ctrl>+<D>。

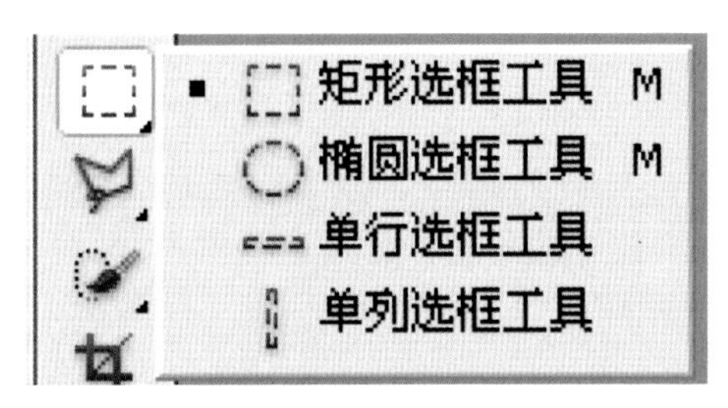

图3-4 规则选区

图3-5 不规则选区

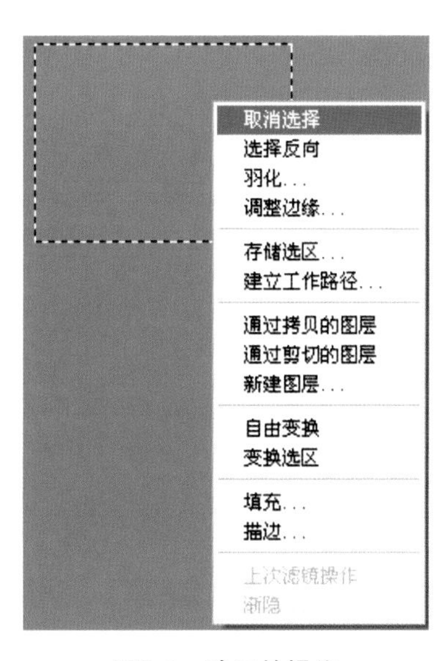

图3-6 选区的操作

3.3.2 画笔工具

画笔工具是绘画最重要的一个工具，也是设计表现的基本工具。在左边工具栏中选择画笔工具图标，即可进行绘画。选择“设计模块”，在界面右边找到画笔预设类型按钮（也可单击鼠标右键打开该选项）和画笔设置选项按钮，通过图3-7和图3-8所示的面板对画笔进行定义和设置。

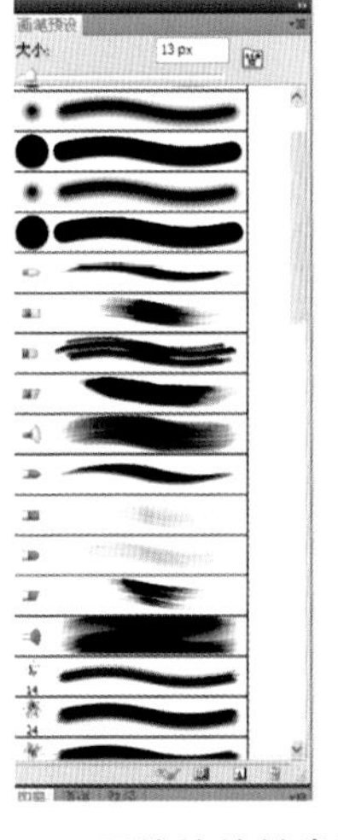

图3-7 画笔的笔触类型

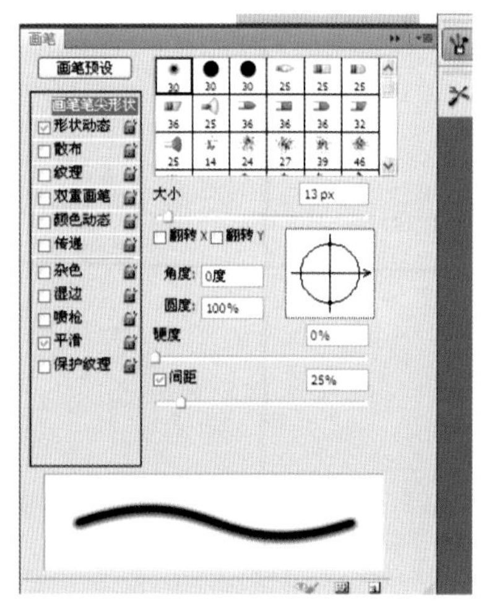

图3-8 画笔的属性设置

在传统意义上，画笔（在Photoshop中根据不同设置而产生不同结果）是在画面上进行绘画的基本工具，橡皮擦则是清除绘画笔迹的工具。在界面左边工具栏中选择画笔工具，按下鼠标左键并拖动即可绘制图像，松开左键结束绘制，如图3-9所示。如需要更换颜色，单击工具栏下方的色块打开色盘进行选择。画笔的选项栏如图3-10所示，其中画笔笔触直径大小是常用选项，调整画笔大和小的快捷键是<[>和<]>；不透明度是控制画笔笔触浓淡的选项；流量是结合数码手绘板调整画笔压感和绘画颜色的选项。图3-11所示为单击右键所弹出的画笔参数设置。硬度选项为画笔边缘效果的设置，图3-12所示为不同硬度数值的画笔效果。

图3-9　画笔的应用

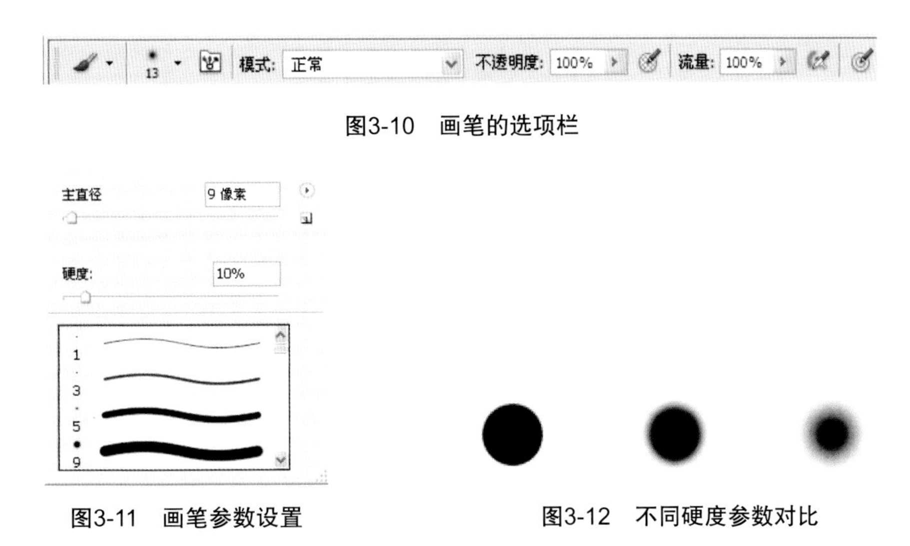

图3-10　画笔的选项栏

图3-11　画笔参数设置

图3-12　不同硬度参数对比

绘画时，可以按下功能键<Shift>结合操作，可获得垂直、水平等直线绘画轨迹。

3.3.3　橡皮擦工具

橡皮擦工具在传统意义上是擦除画面中多余内容的工具。但在Photoshop中，该工具除了擦除画面颜色外，还可以对其“模式”进行不同选择而拓展成不同的绘画功能与效果，如图3-13所示的选项栏。橡皮擦在操作上与画笔工具非常相似。

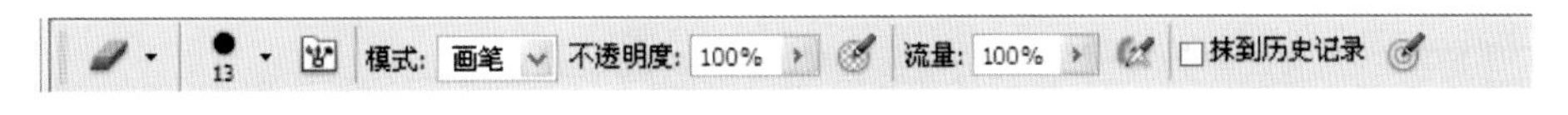

图3-13　橡皮擦选项栏

3.3.4　路径工具

1. 路径的认识

路径工具即钢笔工具，该工具是工业设计精确表现中最重要的一个功能。通过路径工具建立精确的路径与范围，然后进行指定范围的绘画以达到精确的效果。在早期工业设计方案手绘效果图的过程中，设计师主要应用的辅助设计工具有曲线板、圆模板、椭圆模板、型尺等。现代计算机辅助设计方法的广泛应用，使设计可利用更加灵活的精确设计表现的辅助工具。软件中的曲线相关工具就代替了传统的辅助设计工具。

图3-14所示为钢笔工具的选择。路径建立后会单独保存在路径活动调板窗口（路径管理器）中，可在菜单栏“窗口”中找到并打开“路径”管理器，如图3-15所示。

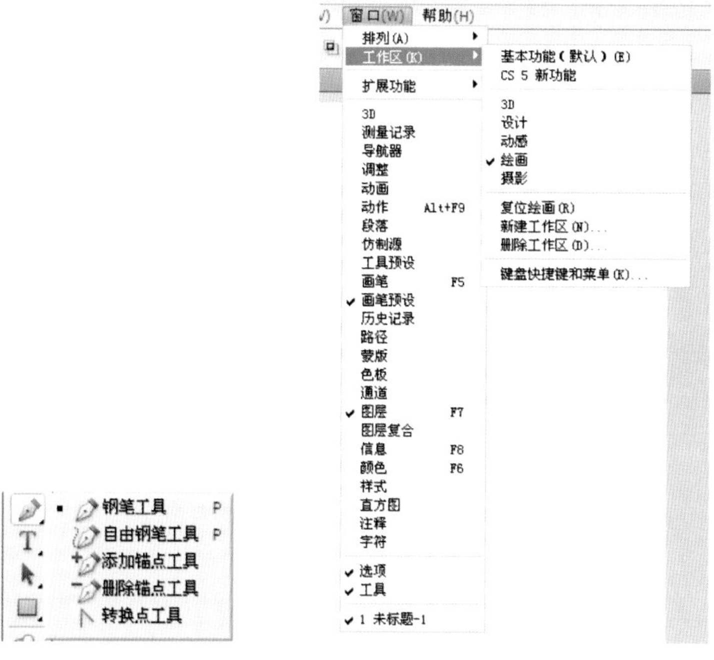

图3-14　钢笔工具的选择　　　　图3-15　窗口菜单列表

2. 线的构成

应用路径钢笔工具前，需要了解一下路径线的构成。由于每个软件的功能不同，其提供绘画曲线的功能不同，曲线的类型也不同。在Photoshop中，路径曲线由控制点、曲线、调节杆（手柄）几个部分构成并由它们控制曲线。如图3-16所示，弯曲的部分为主体曲线；每个圆点为控制点，用于控制曲线的位置；圆点两端的直线线段为调节杆，用于调节曲线的曲率变化方向和趋势。控制点（又称锚点）的类型有端点、平滑点、尖角点（尖点、角点），如图3-16所示。

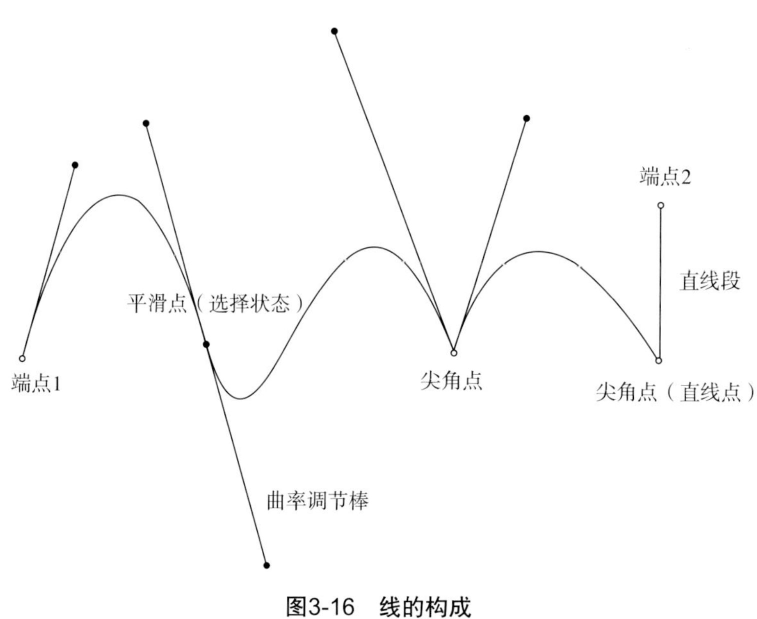

图3-16　线的构成

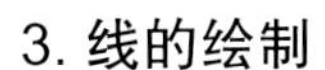

3. 线的绘制

选择钢笔工具 后，在画面中多处单击并松开鼠标左键，可获得直线及多边形的路径，如图3-17所示的曲线左段。而单击并拖动鼠标左键可获得平滑的曲线路径，如图3-17所示的曲线右段。Photoshop中的曲线为贝塞尔曲线（又称贝兹曲线）。

4. 添加控制点

选择添加控制点（锚点）工具，单击路径中的线段可添加控制点，如图3-18所示。

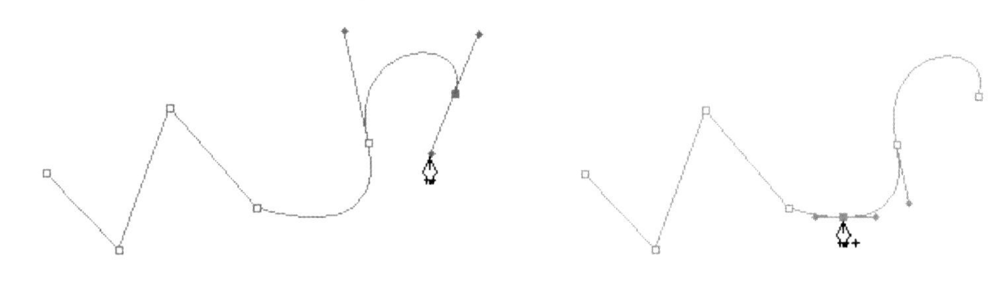

图3-17 线的绘制　　图3-18 添加控制点

注意：控制点不宜太多，只要能准确描述曲线的形态特点即可。若控制点过多会使后期的调整修改变得麻烦和复杂。

5. 删除控制点

选择删除控制点（锚点）工具，单击路径中的控制点可删除此控制点，如图3-19所示。

6. 转换控制点类型

在曲线的调整过程中，需对曲线的控制点进行转换操作。单击转换工具，单击尖角点并拖动可转换为平滑点，单击平滑点则可转换为尖角点，如图3-20所示。快捷键是利用键盘的<Alt>键进行切换。

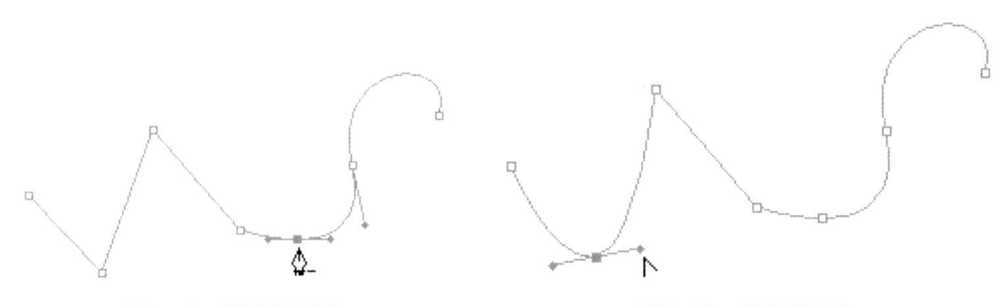

图3-19 删除控制点　　图3-20 转换控制点

7. 线的选择

路径工具提供了两种选择方式，即直接选择工具 和路径选择工具 ，分别是对路径局部和整个路径的选择。当绘画路径时也可以结合<Ctrl>、<Alt>键进行选择。

8. 操作图标显示说明

下面介绍在路径绘制操作过程中画面图标的显示说明。

1）图标 -¦- 为准备创建路径。

2）图标 -¦- 为中途创建或编辑路径。

3）图标 为当鼠标按下并拖动时的状态。

4）图标 为添加路径控制点。

5）图标 为删除路径控制点。

6）图标 为当鼠标停留在非路径初始点时，闭合路径；链接上一路径端点时显示。

7）图标 为鼠标停留在已有路径的端点，可继续绘制路径或（如果路径是激活的）编辑这个点。

8）图标 为准备转换已有控制点。

9. 形状图层

图3-21所示为路径的选项栏，其中 选项为产生形状图层，即直接填充颜色的图层，选择该项后，所绘路径会形成一个图形，不仅在路径面板中可见，而且会在图层面板中形成一个矢量遮罩层，这与下文Alias软件中的功能类似。而 为产生路径的选项，即在路径面板中产生一个新的路径后覆盖原来的路径。建议先学习使用“路径”这一选项。

图3-21　路径的选项栏

10. 橡皮带功能

当钢笔工具被选择时，在钢笔选项下拉列表中 勾选橡皮带功能。在鼠标单击绘画曲线时，可预览即将创建的路径，即创造连续平滑的曲线。由于此功能用于辅助绘画高要求的曲线，初学者可能会不习惯。

11. 曲线拟合

当自由钢笔工具被选择时，在自由钢笔选项下拉列表中可用此选项功能。输入的数值在自由绘制路径时决定添加贝兹手柄时的精度，数值越高，结果越精确，取值范围一般在0.5~10像素。

12. 路径运算工具

绘画过程中，根据路径的范围，有时需要对路径进行添加/减去/并集/交集的运算，如图3-21的后端所示。当利用选择工具选中路径曲线时，选项栏会显示图3-22所示的选项栏，包括了对路径的运算及调整选项。图3-23所示为路径的加减运算。

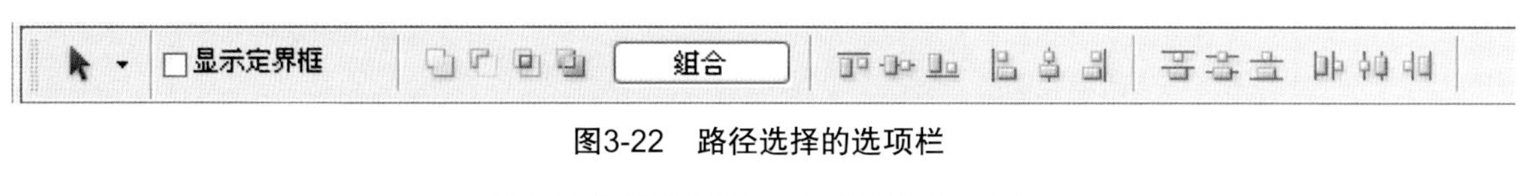

图3-22　路径选择的选项栏

图3-23　路径的加减运算

利用路径选择工具，按下<Shift>键，分别选择两个路径然后选择计算方式，再单击“组合”按钮，即可完成路径之间的交合运算。

13. 路径管理器

路径控制面板是对路径进行操作与管理的面板，一般默认出现在界面的右下方，如图3-24所示。路径控制面板中保持着永久路径和临时路径，所以在绘画新路径时候需要注意将前一路径双击转换为永久路径，以避免新的路径覆盖前一路径。

图3-24 路径控制面板

路径控制面板下方的功能键从左到右依次是：

1）图标 为用前景色填充路径（缩略图中的白色部分为路径的填充区域）。

2）图标 为用画笔描边该路径。

3）图标 为将当前路径建立选区。

4）图标 为从选区生成工作路径。

5）图标 为创建新路径层。

6）图标 为删除当前路径层。

14. 路径绘制与调整

路径的应用需要长时间的练习才能熟练，所以建议读者在学习过程中加强练习，可对一些感兴趣的图形轮廓进行临摹学习，并逐步加强对路径精确控制的能力，以尽快掌握路径的绘制与调整。

3.3.5 图层管理器

图层管理在工业设计精确表现工作中是非常重要的一项管理技能。有效的图层分配与管理，将大大提高设计精确表现的效率，节省时间。打开Photoshop软件，可在右下方的活动调板窗口中找到图层管理器面板，如图2-25所示。

图3-25 图层管理器面板

1. 新建图层

可以在图层菜单中选择“新建图层”，或在图层面板下方选择“新建图层\新建图层组”按钮即可新建图层。新建的图层显示在图层管理器中，如图3-25中的图层1。

2. 复制图层

需要制作同样效果的图层，可以选中该图层后单击鼠标右键选择“复制图层”选项，也可将该图层拖动至新建图层的图标上复制图层。双击图层的名称可以对图层重命名。

3. 移动图层

在图层面板上排列的图层一般是按照操作的先后顺序堆叠的，但很多时候需要更改它们的上下顺序以便达到更好的设计效果。更改方法是：可以在图层面板中将图层向上或向下拖移，当显示的突出线条出现在要放置图层或图层组的位置时松开鼠标即可。

4. 锁定图层

如果隐藏图层是为了在修改时保护这些图层不被更改的话，锁定图层则是更彻底的保护方式。在图层面板中有一个像“锁”一样的图标，选中要锁定的图层并单击这个图标就可以锁定该图层了，图层锁定后在图层名称的右边会出现一个锁的图标。当图层完全锁定时锁图标是实心的，当图层部分锁定时，锁图标是空心的。

5. 合并图层

在设计时很多图形是分布在多个图层上的，若这些已经确定的图形不会再进行修改了，则可以将它们合并在一起，以便于图像管理，减少文件容量。在合并后的图层中，所有透明区域的交叠部分仍会保持透明。如果是要将全部图层都合并在一起，可以选择菜单中的“合并可见图层”或“拼合图层”等选项。如果是选择其中几个图层合并，根据图层上内容的不同，有的需要先进行栅格化之后才能合并。将需合并的图层链接起来，然后单击右上方三角图标里面的“合并链接图层”完成合并，快捷键是<Ctrl+E>。

图层管理器下方各按钮的功能分别是：

链接图层：将两个或两个以上的图层链接在一起以便作统一的命令操作。

fx 添加图层样式：对图层内容进行样式的添加，如投影、填充等。

添加图层蒙版：在当前选择的图层中添加蒙版，做遮挡内容用。

新填充或调整图层：可结合路径图形对图层进行填充或其他的调整命令操作。

新建图层层组：图层较多时，可新建图层组对不同内容的图层进行统一放置管理。

新建图层：在当前图层上方新建一个空白图层。

删除图层：将当前选择的图层删除。

6. 链接图层

将两个或更多个图层链接起来，可以同时改变它们的内容。从所链接的图层中还可以进行复制、粘贴、对齐、合并、应用变换和创建剪贴组等操作，单击紧靠“隐藏/显示图层内容”的眼睛图标旁边的空格，空格中就会出现链接图标。

3.4 Photoshop的学习“思想”

使用任何一个工具和物品，都有一个从陌生到认识再到熟悉的过程。Photoshop作为一款辅助设计与创意的软件，其强大的功能和灵活的方法给予了设计师极大的发挥空间。Photoshop在开发过程中融入了很多软件工程师和界面交互设计师的创意，因此，如果在学习过程中了解并掌握了这个软件的创意“思想”，则有助于对设计更好地表现与发挥。

3.4.1 直观简洁的使用界面

Photoshop的界面是直观清晰的，这一点也是开发这款软件的软件工程师和界面交互设计师的设计目标，几乎每一个步骤或操作动作都能立刻看到画面效果的变化。每选择一个命令工具，界面都会显示这个工具的辅助选项。因此，可以灵活地根据状态栏、鼠标辅助提示和选项栏的提示，了解上一个步骤动作结果和预期效果的差异。

3.4.2　功能模块的灵活调用

任何一个软件的界面设计都会给用户最大的界面个性化调整空间。在Photoshop中，用户可以根据自己的需要，在菜单的“窗口”栏中勾选打开自己需要的功能模块，或单击隐藏不常用的模块，以保持界面的简洁性，提高工作效率。

3.4.3　保持宏观整体概念

了解Photoshop基本布局后，在学习过程中还需要保持一个宏观的整体概念，这一点对了解Photoshop或其他事物都非常重要。每一次的命令操作，都应思考是在哪个图层、哪个内容上进行的，若未能达到预期效果是哪个选项的原因等问题。

3.4.4　无须刻意记下所有的快捷键

许多学习者都有一个习惯，就是希望记住较多的工具快捷键。但笔者认为，只需在学习过程中根据自己的使用习惯，记住常用的快捷键即可。日后若遇到需要提高工作效率的情况，查阅一下资料即可更好地记忆所用的快捷键。

3.4.5　积极利用资源尽快熟练

Photoshop是一款非常普及的软件，在互联网上、图书馆里，读者可以获得很多学习资源。学习者应积极地利用一切资源，帮助自己尽快熟练使用软件，以便早日发挥设计的价值。

3.5　Photoshop的常用设置及技巧

3.5.1　提高性能的设置

为使Photoshop的效能最大化，可以增加其占用内存的空间，具体设置是：选择菜单“编辑”，找到最下面的“预设\增效工具与暂存盘”，如图3-26中的“内存使用情况”栏，读者可根据自己内存量的情况进行设置。

Photoshop在使用中有时候会提示“暂存盘已满”，其原因是Photoshop默认的暂存盘空间不够了，解决办法很简单：选择菜单“编辑”，找到最下面的“预设\增效工具与暂存盘”，如图3-26中“暂存盘”选项，勾选使用其他容量较大的盘，把暂存盘设置为计算机上空间余量较多的盘，关闭Photoshop并重新启动一次即可解决问题。

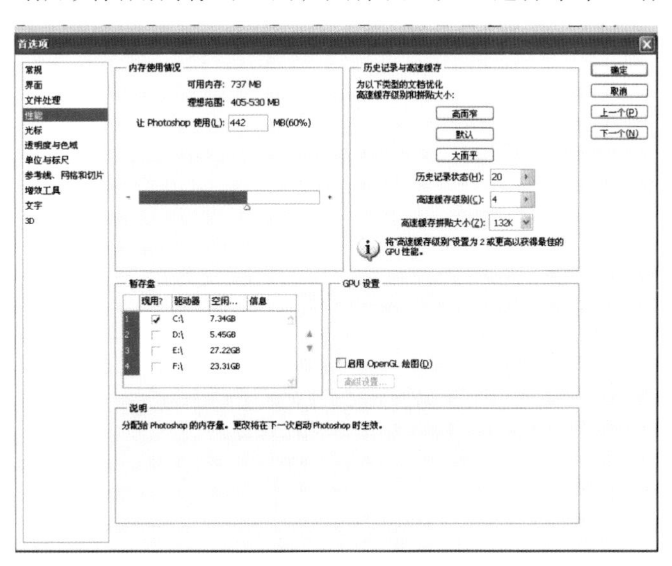

图3-26　内存设置

3.5.2　定制自己的快捷键

用户在长期使用Photoshop的过程中，可根据自己的喜好设定自己常用的快捷键。在菜单栏中打开“编辑\键盘快捷键”选项，如图3-27所示。在弹出对话框的“应用程序菜单命令”栏中选择自己常用的命令并键入常用快捷键。

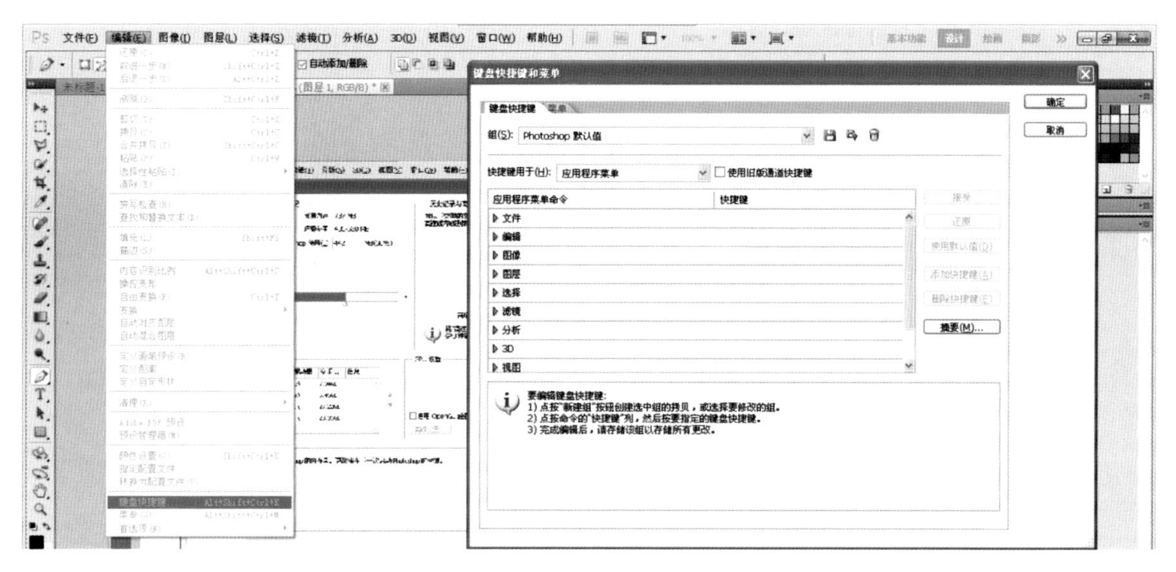

图3-27　快捷键设置

3.6　变形工具

变形工具又称变换工具，是Photoshop中很实用的一个功能。它允许用户对某个图形、画面、图层等元素进行平面、透视的变形。启动方式是选择需要调整的元素后，选择菜单中的“编辑\自由变换”，快捷键是<Ctrl>+<T>，此时画面中将出现9点式的调节框，如图3-28所示，用户即可通过调节点对元素进行自由变换调整。单击鼠标右键可选择变换的类型，如自由变换、变形等。其中变形为用户提供了更加精确细致的曲线调整方式，如图3-29所示。

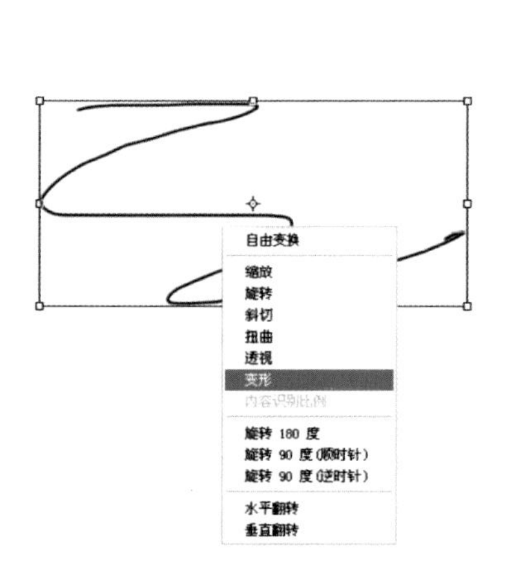

图3-28　变形工具

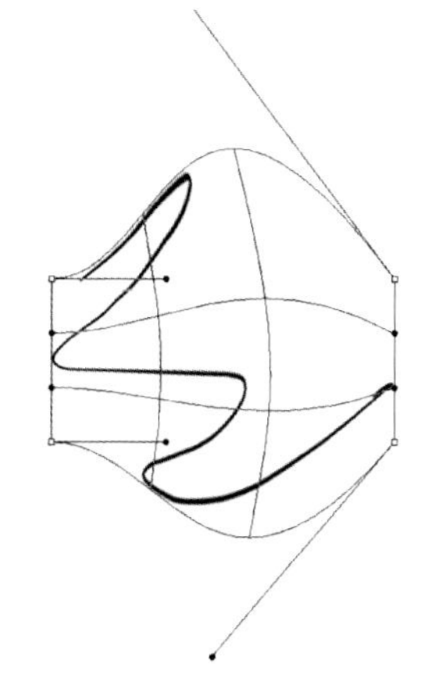

图3-29　曲线调整变形操作

图3-30、图3-31和图3-32所示为对一个渐变色块的变形调整过程。

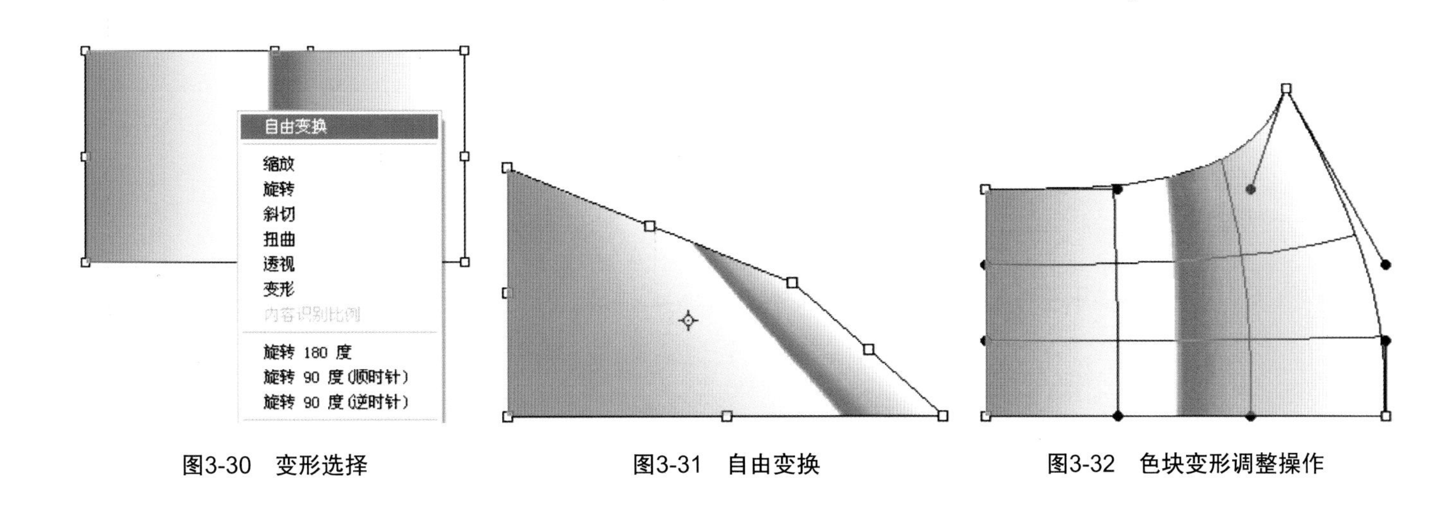

图3-30　变形选择　　图3-31　自由变换　　图3-32　色块变形调整操作

3.7　Photoshop设计表现的思考

3.7.1　立体感的产生

立体感是工业设计表现中最基本的要求，即通过明暗过渡精确地表现出造型设计的特点。在Photoshop中，只要在指定的区域内产生从明到暗的过渡变化，都可以形成立体感的视觉感观，如图3-33所示的常用于练习的几种基本几何物体的立体感表现。

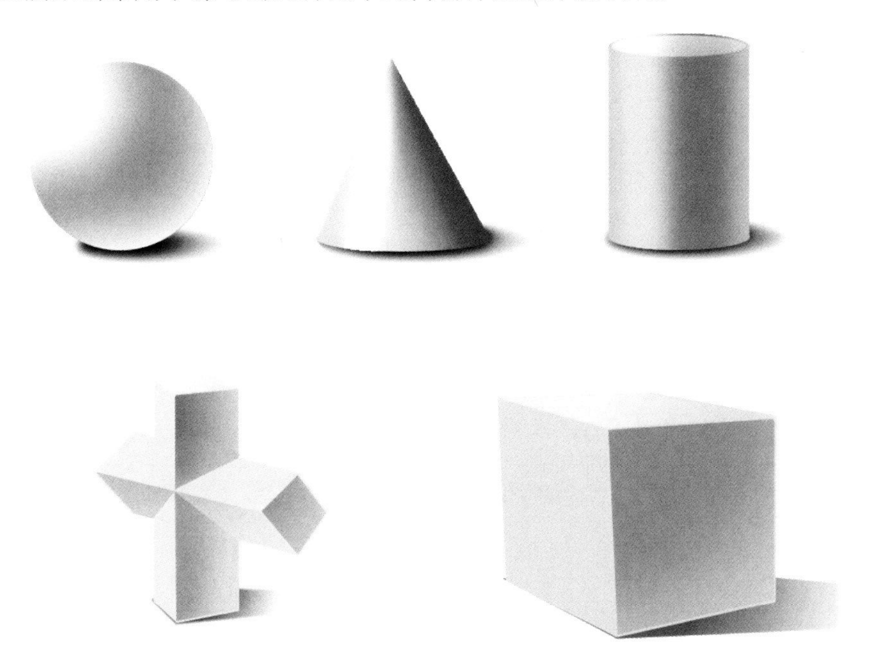

图3-33　基本立体明暗

3.7.2　造型的理解与表达

在设计表现过程中，不同的造型其明暗过渡关系是不一样的。如图3-33中的圆球、圆柱及立方体，其表面的形态曲面关系不同，也就造成了其明暗的关系不同。这是对设计表现掌握的基本概念，对应的方法是运用画笔的不同直径进行绘画。

3.7.3 从基本形体开始

在设计过程中，形态的设计表现是非常复杂的。但在学习初期，为了便于理解，需要将复杂的概念简化为直观的事物。如石膏几何体是艺术类和设计类专业学生练习绘画用的基本物体，通过对石膏基本几何形态的明暗理解，把握明暗的关系，提高设计表现的能力。

3.7.4 不同曲面立体造型的表现

在产品外观的形态曲面中，如直角连接的曲面、倒角连接的曲面、圆滑过渡的曲面，其明暗过渡是不一样的。如图3-34所示，不同的柱形物体，其表面的明暗变化过渡不一样，那么，在设计表现过程中运用的笔触和绘画的方式也不尽相同。如图3-34中左边的立方体，其表面的明暗过渡清晰锐利，而右端圆柱体表面的明暗过渡则柔和而缓慢，且其明暗过渡的范围与椭圆体也不相同。

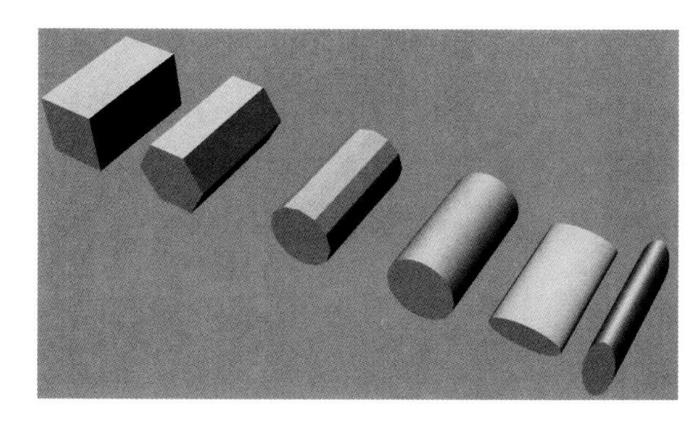

图 3-34　各种物体的明暗过渡关系

3.8 Photoshop中材质的理解与表达

材质是设计表现中需要重视的因素。材质对光影的反映非常明显，有光洁反射的，也有磨砂的。从材料质感类型可分为强反射材质、弱反射材质和透明材质，另外，还有磨砂颗粒质感、拉丝金属质感、光洁电镀质感等多种质感。图3-35所示为几种常见材质的设计表现效果。

图3-35　几种常见材质的设计表现效果

3.8.1 磨砂金属质感

磨砂金属质感是最为常见的一种质感，多用于消费电子产品和家电产品中，表面呈现出金属的光泽和颗粒状的磨砂质感。既体现出了产品的品质感又能避免触摸时留下痕迹，如图3-36和图3-37所示的两款产品设计，都采用了表面磨砂的金属质感。在Photoshop中，基于明暗表现，利用滤镜中的杂色可获得磨砂金属质感效果。

图3-36 鼠标的磨砂金属表面质感

图3-37 金属表面磨砂质感

3.8.2 拉丝金属质感

拉丝金属质感是金属表面处理的常见工艺，体现了金属独特的质感魅力。拉丝金属质感表面呈现条纹状变化，同时又带有强反射的金属特性，如图3-38和图3-39所示。在Photoshop中，利用滤镜中的杂色与动态模糊可获得拉丝金属质感效果。

图3-38 相机表面拉丝金属质感

图3-39 笔记本的表面拉丝金属质感

3.8.3 光洁表面质感

光洁表面质感是表面光泽度高反射性强的质感。塑料、金属、陶瓷等材料均可实现表面的光洁处理。该材质的特点具有明显的光洁感，对周围环境的反射明显，如图3-40~图3-42所示。在Photoshop中，利用色块填充可表现出摄影中的光洁表面质感。

3.8.4 透明与半透明质感

透明与半透明质感在产品设计中也很常见。透明质感的光影特点是透过背景的物体，仅在画面中呈现出边界的轮廓，如图3-43和图3-44所示。图3-45所示为半透明的磨砂塑料质感。在

Photoshop中，通过轮廓的路径描绘与喷画可表现出透明质感，利用滤镜中的杂色可表现出半透明的磨砂质感。

图3-40　光洁的塑料表面

图3-41　光洁的金属表面

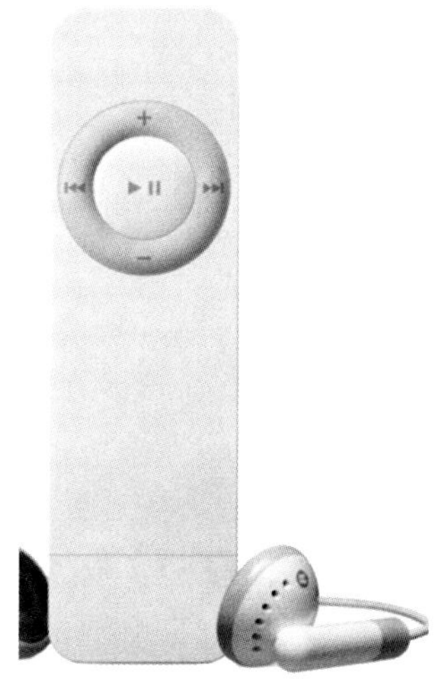

图3-42　仿陶瓷质感的光洁表面

图3-43　透明玻璃

图3-44　透明塑料支架

图3-45　半透明的磨砂塑料质感

3.8.5　普通磨砂塑料质感

一般塑料本身的质感没有金属表面的强反射性，而呈现出磨砂的感觉，如图3-46和图3-47所示。在Photoshop中，利用滤镜的杂色功能可表现出磨砂的质感。

图3-46　塑料本色

图3-47　黑色塑料磨砂质感

思考与练习

1. 通过操作常用的工具，了解与掌握Photoshop基本工具的功能。
2. 思考并练习几何物体的明暗在Photoshop中的表现。
3. 思考并练习不同材料质感在Photoshop中的表现。

第4章 家电产品设计方案表现

本章将以形态稍微简单的家电产品——全自动洗衣机产品的外观造型为例进行设计表现的过程说明。

4.1 分析与讨论

首先，对该产品进行分析。前期完成设计方案草图的手绘后，设计师对产品的基本构造和外观特点会有一个较为直观的了解。该产品外形上呈现出一个“立方体”的特点。除了洗衣机顶面因为使用功能和人机的因素设计了起伏的造型外，其他几个立面基本保持了“平面”的特点。而“立方体”的光影关系和透视关系都是较为熟悉的。

通过几款同类产品的摄影图片，分析和了解一下全自动洗衣机产品设计表现总体的特点。洗衣机属于白色家电产品，为了表现其干净光洁的感观，通常会以白色的表面色彩为主，并配以其他浅色系列。光线上，为了更好地表现该类洗衣机的操作面板细节，光线常采用高位的侧光光源，以照亮产品的顶部，同时表现出产品的立体感。图4-1所示为一款全白色洗衣机产品摄影表现效果图，从图中的光影变化分析知该光源有两个：一是位于右上方的主光源，二是位于左上方的辅助光源，中间有明暗交界线（图4-2红色线位置）。图4-2所示为该摄影表现图的场景模拟。通过对这两张图片的对比分析，可以了解全自动洗衣机产品设计表现的内容。

图4-1　洗衣机摄影表现效果图（一）

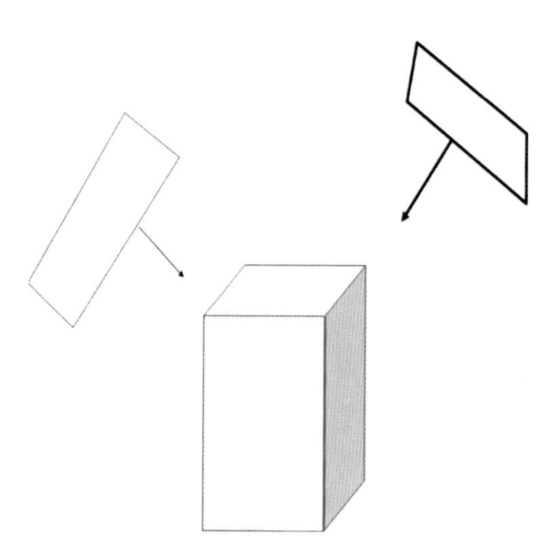

图4-2　摄影场景模拟图（一）

再讨论一下另外一款全自动洗衣机的产品表现。图4-3所示为同类洗衣机产品的摄影表现效果图，从图中可以看出，该产品主体色偏银灰色，辅助色为黑色（见图中顶面）。这与全白色的产品不同，设计师试图通过银灰色与光亮的黑色搭配表现出产品的科技感和品质感，这种特点在前面的章节中介绍过。光线上，这款产品的光源相对复杂，摄影师为了表现出金属银的质感，增加了几个方向的光源，从图4-3中光线的强弱，可以模拟出该产品摄影的场景图，如图4-4所示，主光线来源于右上方，明暗交界线在图中红色线的正前方位置。其他几个方向的光源采用了反光板的形式，没有直接光源，而是通过反射主光源的光线照射在主体产品上，如此通过多个反射板的形式丰富了光线来源，同时保持了主次的光线关系。这在产品三维渲染中也较为常用。其中需要注意的一个地方是顶面黑色光洁的塑料零件，摄影师为了更好地表现出该零件的光洁感，在产品后方增加了一个反光板，将光线反射在黑色盖板上，特别是盖板上反射出反光板边缘黑白过渡明显的位置，明显地突出了黑色盖板的光洁、干净感。这种手法在设计表现、计算机三维渲染、产品摄影等方面非常常见。

图4-3　洗衣机摄影表现效果图（二）

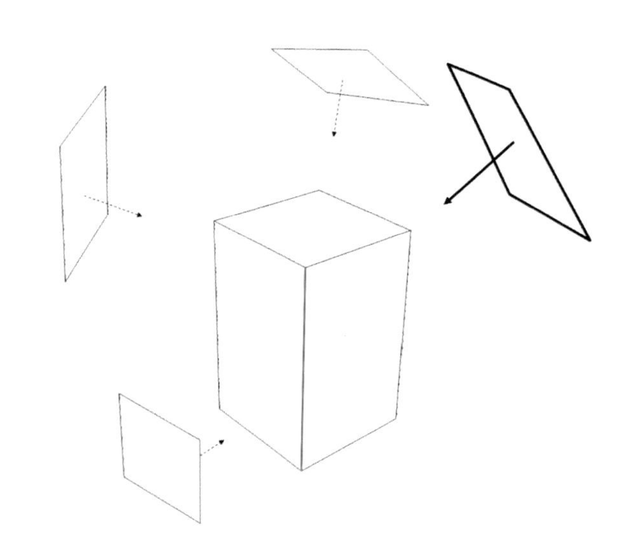

图4-4　摄影场景模拟图（二）

另外再对比一下滚筒式洗衣机的产品摄影效果。滚筒式洗衣机的产品特点在前面板上，功能布局和操作界面都集中在前面板，因此前面板的造型、外观、材质也是最丰富的，摄影表现上多采用侧光对前面板进行刻画，以突出前面板的立体感和细节精致感。图4-5所示为滚筒式洗衣机的正面摄影图，该图的设计表现存在挑战性，因为正面较难突出产品的立体感，因此，摄影师利用侧面柔和的光线表现出产品的立体造型。图4-6则将主体产品摆置出前45°的透视角度进行摄影，并刻意降低视角，产品的立体感非常强烈，光线依然采用侧光，右下角增加一个辅助光避免了暗部的过暗。

图4-7则采用了前视角进行摄影表现，光线由侧光前移至前侧光，同时光源的面积也有所增加。可以从图中看出，除了前侧光再没有其他辅助光源。其中该滚筒洗衣机采用的是具有电镀质感的把手。图4-8所示为一款有色彩的洗衣机面板，产品摄影图的画面亮度高，易于表现出色彩的整体感，光线采用了侧光。

通过以上讨论，可以大致归纳出洗衣机产品（其他类型产品也适用）的设计表现规律：

1）根据产品的立体感进行光线位置和光线类型设置。

2）要侧重表现出产品细节的部位。

图4-5　洗衣机正面摄影图

图4-6　前45°角摄影图

图4-7　洗衣机前透视图（一）

图4-8　洗衣机前透视图（二）

3）整体的光线亮度需要顾及主体整体感和某些精致部位的效果。

下面对全自动洗衣机产品的设计表现过程进行讨论。

4.2　前期准备

4.2.1　方案的最后确定

在进行设计表现前，设计师需要对方案进行最终的确定，明确其设计目标、定位、功能布局、人机交互等因素是否符合当前的定位或预期的目标，否则不宜进行下一步骤。如果后期方案需要修改，这种设计表现工作需要重复进行，这在一个产品不断完善明确的开发周期内是可以接受的，但如果是跨周期的重复工作将会大大降低工作效率，因此需要避免跨周期的重复工作造成的人力、精力、时间的浪费。这是一个有效设计管理的问题。而对于设计专业的学生，可加强这种意识，通过反复推敲、比对及讨论的方式确定最终课题的设计方案。

4.2.2　准备工作

确定设计方案后即可进行一些准备工作，这些准备工作包括：

1）草图的精细化绘制。

2）草图扫描。

3）同类产品摄影及对质感意象图的收集。

4）产品光源场景的预想。

4.2.3　草图在软件中的处理

为了更好地保持设计草图的感觉及显示器画面与手绘范围的对应连贯性，建议读者将草图扫描后在Photoshop软件中打开，并进行一些必要的调整亮度、对比度及去杂点等简单的处理。根据设计表现图的应用目标设定绘图文件的大小及分辨率。如打印的要求是在保持图片实际尺寸的基础上，则分辨率设置在300dpi或以上。设定文件的大小后将草图拖至图层中，始终将此图层置顶，作为后期路径绘制及光影表现的参考。

4.3　规划构思

文件前期处理好后，需进行一些规划性的构思。首先是路径的规划。对于初学者而言，在一张白纸上进行产品效果设计表现具有很大的难度，这当中对路径的规划就是一个难点。路径的规划和灵活应用依赖于设计师的经验和技能积累，图4-9所示为将要表现的洗衣机产品设计方案，该产品有许多大大小小的曲面造型以及转折。虽然复杂，但可以做好规划，按从主到次、从大型曲面到小细节曲面的顺序进行。从路径的规划开始，先确定形态骨架和透视的线条，然后基于这些线条进行细部的绘制。在设计表现过程中，路径的应用是很灵活的，有时候可以利用封闭的路径进行选区选取，也可以利用开放性的路径进行选区选取，还可以利用路径之间的交集、并集、相减等求解选项以获取不同的选区范围，还可以利用路径对已选定选区的交集、并集、减去等选项进行更多的选区范围获取。通过这些路径的辅助，对产品进行精细的表现和刻画。

需要提醒读者的是，路径的线条走向和透视感的调整是非常需要耐心和时间的一个步骤。初学者要特别地注意这个问题，对路径的线条进行耐心、耐心、再耐心的细节调整，一直到所调整的线条达到自己满意的程度，再进行下一步的绘画和渲染。

色彩上，主体采用白色，主要通过增加暗部灰色进行表达；辅助色在顶部采用浅蓝灰色，以表现家用电器产品的素雅质朴感；屏幕部分则采用亮黑的镜片，以表现产品精致位置的质感。明暗上，则采用稍亮的主次光源来表现立体感。预想效果参考图4-9。

图4-9　洗衣机设计表现效果图

4.3.1 基础路径确定框架与透视

首先，选择路径工具（界面工具栏中的钢笔工具）用点画的方式对照草图画出洗衣机产品的整体透视框架线。如图4-10所示，利用三个线段（外轮廓为一个封闭线，内部上方一个V形线段和内部下方的直线线段。此方案仅供参考，读者可根据自己习惯选择其他的线段形式进行绘制）描绘出该产品的透视框架。接着，对其进行透视比例的调整，如三个竖线线段的向下收缩趋势，产品顶面四个边界线两组接近平行线段的透视调整。另外，该产品的顶部设计了略微由后向前（图中左上角向右下角）下斜的趋势，路径的大轮廓调整时需要注意这些细微的变化，若完成细节后再调就非常复杂和繁琐了。

整体轮廓调整到位后，再对表达产品细部造型特征的路径线段进行细节的调整。如图4-11中产品轮廓线前面板上方的线条，该线条呈现出两边斜切的造型变化，在顶面的前方控制面板位置也设计了向下倾斜的切面造型。在调整细节的线条时，也需要特别注意透视的关系。增加产品腰部上方的分模线（产品零件因功能和生产需要而产生分割的线条），即图4-11上端略粗的线条。细心的读者可能会发现该分模线的两端出现了向上扬的变化，该变化属于比较细节的表达。其原因是该洗衣机产品的四个竖向边角都会被设计有圆角，因此，分模线的两端和中间都会产生圆角的变化，而两端的上扬正是线条的透视在这个视角所产生的结果。类似这样的细节需要读者细心地观察。

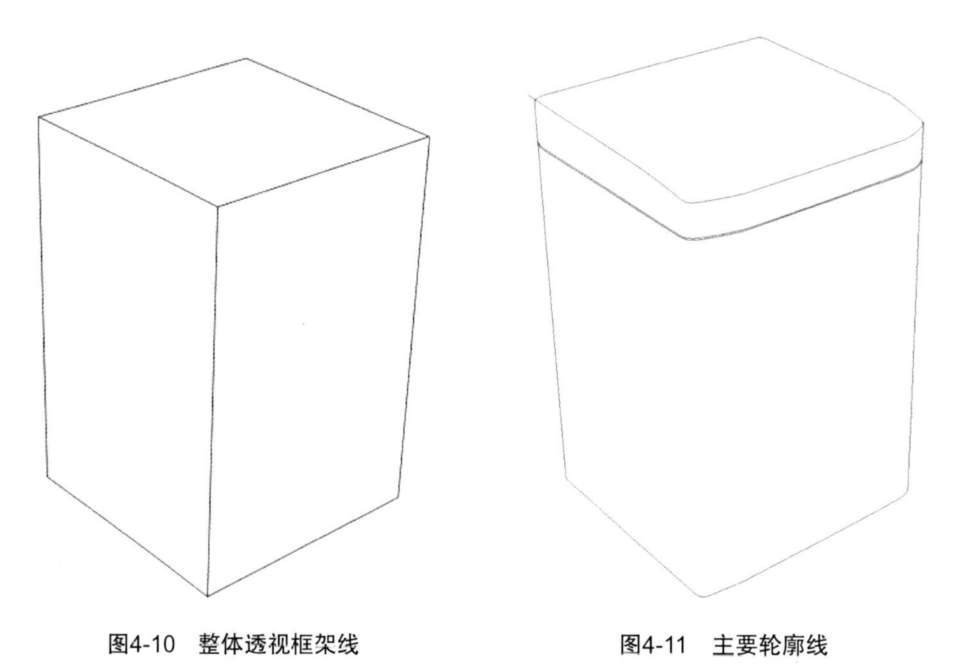

图4-10　整体透视框架线　　图4-11　主要轮廓线

4.3.2 轮廓路径的规划

对产品外观造型轮廓线进行绘制的过程中，可以根据自己对路径应用的需要进行灵活调整。例如产品转折边角的线段，即图4-12中上方顶面边角的轮廓线，这里绘制的是两条开放的路径，两路径之间的区域可以利用路径选取加减获得，也可以绘制成一个封闭的“U”形路径，其获得选区的结果是一样的。

路径的管理上，可以根据自己对画面的把握，灵活地将路径绘制在不同的路径层上，一般会采用两种放置方式：一是都放置在一个路径层上，这种方式的路径画面会比较杂乱，但路径之间的相互对比关系比较直观清晰；二是放置在不同的路径层上，每次绘制新的路径前都新建一个路径层，这种方式的路径画面简洁，选择单个路径层时只看到该层的路径，但路径间的关系不直观。初学者可以采用第二种方式，熟练之后则可以灵活使用两种放置方式。

图4-12　产品路径规划

4.3.3　路径绘制

接下来要对细节的位置进行路径绘制表达，这是非常花费时间的工作，需要投入较大的耐心。每个路径的绘画需要对控制点控制棒的长度、角度以及点的类型进行细微的调节，精确地表现出产品轮廓的特点。有时候一个路径调整的位置不对就会影响整个产品的造型形态表达。可以从主要的路径入手，确定后再调节次要的和细节的路径。图4-13所示为绘制产品控制面板造型的轮廓线路径。图4-14所示为细部路径的放大。这里根据后面设计表现过程中光影变化的区域增加了一些辅助的轮廓路径，以便精确地表达出产品的细节。

图4-13　绘制产品控制面板造型的轮廓线路径

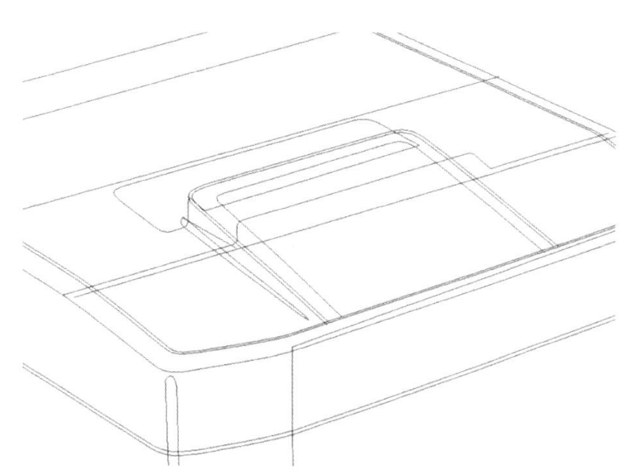

图4-14　细部路径的放大

4.4　洗衣机产品设计与表现

前面进行了路径绘制等准备工作，这些前期准备工作的好坏将影响后期表现的质量，因此，读者需要对自己所绘制的路径进行最后的检查确定。

4.4.1 基础面型的表现

需要先对该产品的明暗关系做一个预设，设定主光源从产品画面的右上方照射，在画面的左下方增加一个补充光源，通过两个光源表达该洗衣机产品的立体感。

先对洗衣机的主体曲面面型进行表现，以确定整体的明暗关系。打开界面右边的“路径”控制面板 路径 （如果没有找到可在菜单栏的“窗口”栏中找到“路径”工具栏并单击打勾以打开该控制面板），选择放置主体轮廓的路径层，如图4-15右侧所示。点选软件工具栏中的路径选择工具，在画面中选择外轮廓路径，图4-15中外轮廓路径显示出控制点的位置表示该路径已被选中，接着单击鼠标右键，选择“建立选区”选项，弹出对话框如图4-15所示。默认选项点选“好”，即可产生一个以轮廓路径为范围的选区。

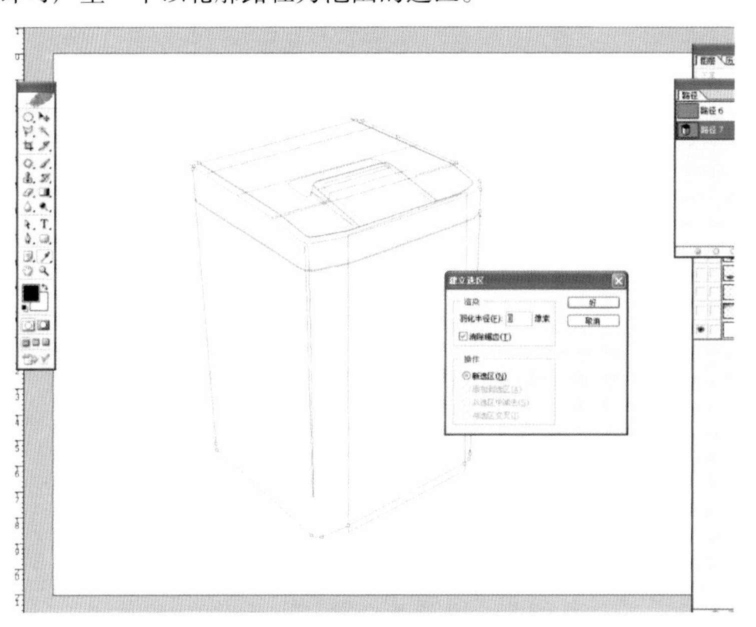

图4-15　轮廓路径选择

接着，点选软件工具栏的画笔工具，在画面中单击右键选择较大的笔刷尺寸，选择浅灰色。在画面中垂直（可按下<Shift>键辅助获得铅直的绘画路径）方向绘画出洗衣机产品的整体底色明暗变化，如图4-16所示。需要注意的是应适当留出右边的白色区域，因为该位置接近主光源，可以稍微亮一点。

接下来，在明暗交界线的位置增加一笔以强调产品的明暗转折。具体操作过程为：在图层面板中单击新建图层按钮，新增一个图层以存放此部分绘画内容，选择比前一笔触稍小的笔刷尺寸，垂直地自上而下进行绘画。接着选择橡皮擦工具，调整如图4-17所示虚线圆大小近似的笔刷尺寸，自上而下擦除刚才所画的明暗交界线，绘画轨迹如图4-17中的红色箭头所示。此时可看到明暗交界线的过渡变化，如图4-17所示的蓝色箭头范围。明暗交界线的过渡范围根据产品的竖向圆角设计尺寸而定，过渡范围大则圆角圆润饱满，过渡范围小则精确细致。必要时，还可以

图4-16　主体明暗变化

在明暗交界线的位置用一个笔刷尺寸较小的笔触再画出一笔，以加强明暗交界的过渡，最后效果如图4-18所示。

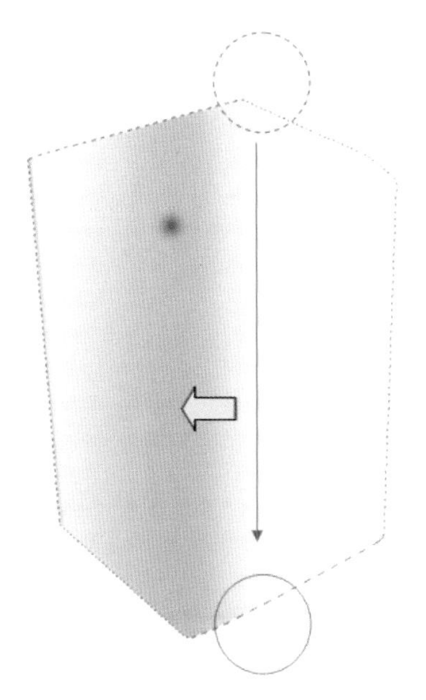

图4-17　明暗交界线绘制

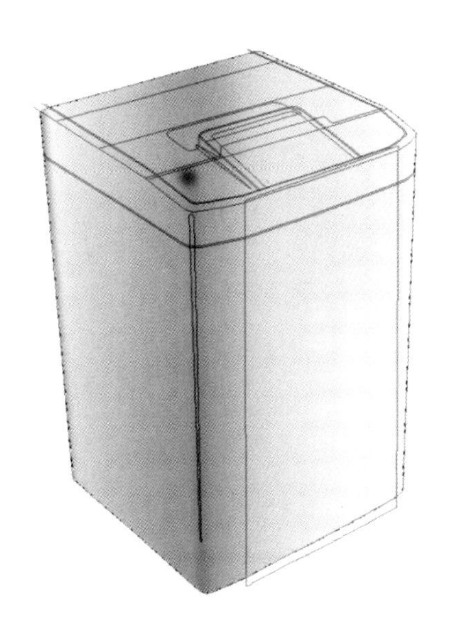

图4-18　明暗交界线表现

4.4.2　侧面轮廓的表现

新建一个图层，选择外轮廓路径建立选区，在产品两侧的转折处增加一笔稍暗的笔触，以强调产品两侧的圆角转折感，加强洗衣机产品的立体感，如图4-19的两侧所示。

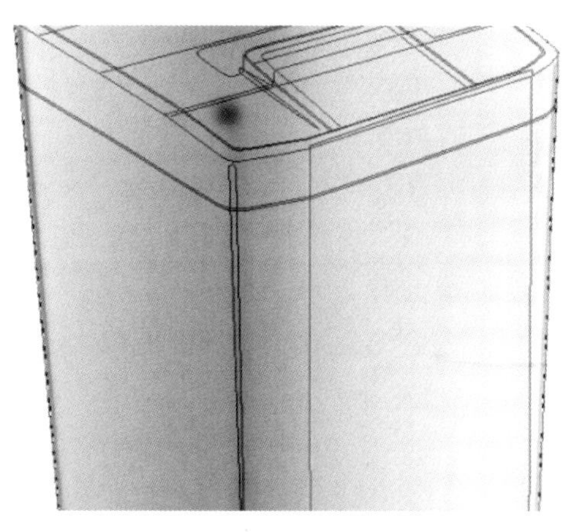

图4-19　侧面轮廓表现

4.4.3　侧面造型特征的表现

接下来表现洗衣机侧面的特征造型效果。新建一个图层，利用路径建立选区时，对选项进行加减交并等计算以获得预想的选区范围。当画面已存在一个选区时，再通过选择路径建立选区，此时对话框下方的“操作”栏中，所有选项都是亮的，表示可用（如果画面未有选区，此操作仅有新选区一项），如图4-20所示。这样，就可利用之前绘画的路径进行交集、并集、减去等操作获得预想的选区范围。

如图4-21所示的路径，对洗衣机前面两侧的斜边进行表现，那么首先需要通过路径获得该范围，这里可根据所建立路径的方式和位置灵活操作。如图4-21所示，第一步，选择产品的外轮廓获得第一个选区；第二步，点选洗衣机顶面和四边交界的

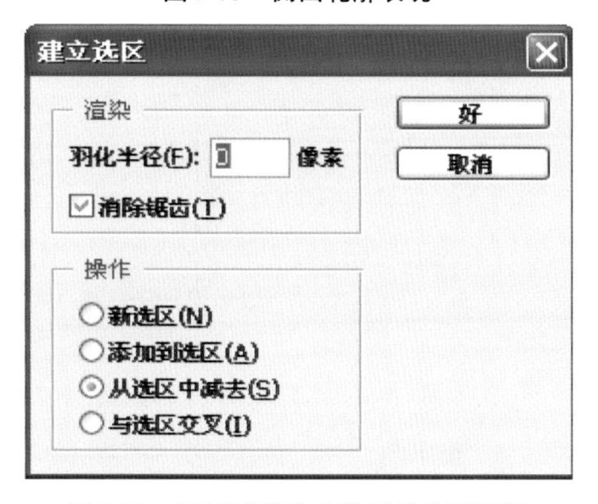

图4-20　通过路径建立选区的选项面板

路径建立选区，选择“从选区中减去”一项，获得四边的范围；第三步，通过点选洗衣机前面中间范围的路径（图4-21前面的方形路径）建立选区，同样选择“从选区中减去”一项，这样就获得了洗衣机前面两侧斜边的范围。接着，新建一个图层，选择画笔工具，调整适当的笔刷尺寸，选择中灰色，在洗衣机左侧斜面绘画；再选择白色，在右侧斜面绘画，最后取消选区。查看绘画的效果，如果绘画时有多余的笔触可用橡皮擦工具擦除。最后效果如图4-21所示。

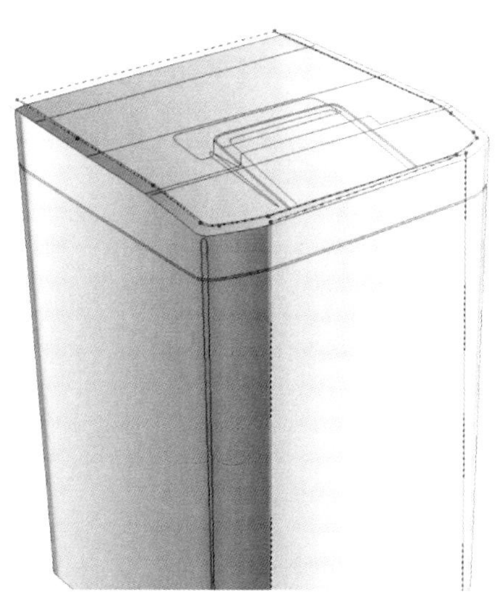

图 4-21　前面斜面造型绘画

下面，对洗衣机四边与顶面相接的切角面进行表现。同样需要对路径进行相互加减计算，如图4-22所示，选择顶面与四边的交接路径，建立选区，再选择切角顶面内侧的路径，建立选区，选择“从选区中减去”一项，即可获得切角面的范围。根据切角面受光线影响的变化，分别在左侧绘画中灰色，在右侧绘画白色，两个转角位置可再加深一点以强调明暗变化。最后效果如图4-23所示。

另外，在现实产品设计特别是家电产品设计中，出于对人机和生产因素的考虑，外观边角一般会有一个圆角过渡。因此，该洗衣机产品的顶面与侧面的边角需要将该过渡表现出来。其步骤是：①新建一个图层；②选择画笔工具，调整为较小的画笔尺寸；③选择黑色；④通过路径选择工具点选顶面与四边交接的路径；⑤单击右键选择“描边子路径”或者点选路径面板下方的描边工具，默认或选择画笔工具，单击“好”按钮确定。画面中即可呈现出一段黑色线段，最后选择橡皮擦工具对该线段两端稍作擦除，如图4-22中上方的带锚点黑色线段，表现出圆角的转折效果。在路径面板空白处，单击鼠标可隐藏路径查看整体效果。同理，可以绘画出该切面上方边线的过渡效果。最终效果如图4-23所示。

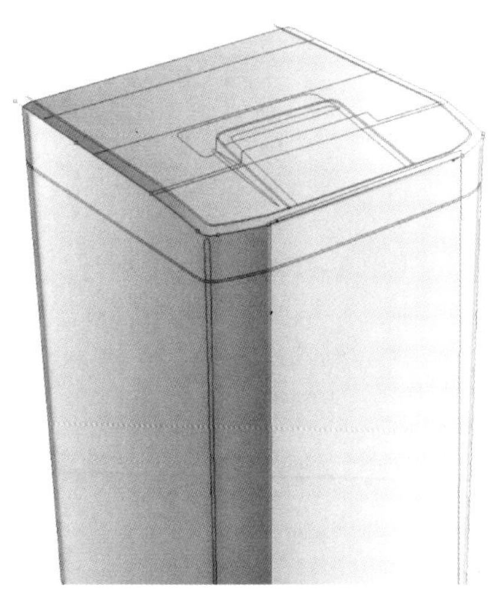

图4-22　切角面路径选择

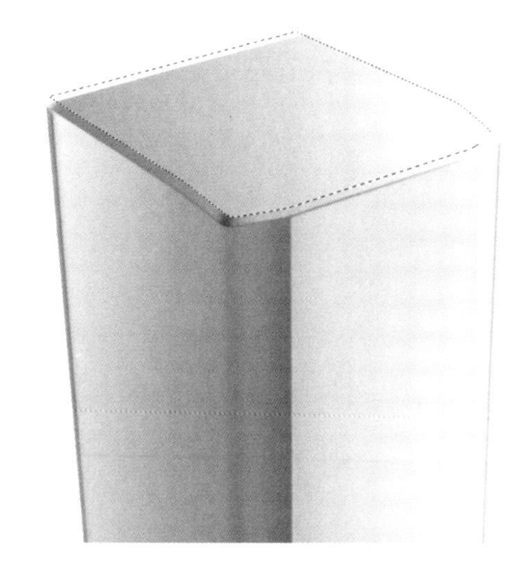

图4-23　切角面造型特征表现

为加强洗衣机表面白色涂料的光泽度，可以在该产品四周增加一些类似反光板的倒影反光效果，如生活中陶瓷的质感，如图4-24所示。选择明暗交界线位置的一个过渡区域，绘制出一个上下窄长的区域路径（读者可以思考为何会考虑用窄长的路径轮廓，前面介绍过光源会跟随造型变化而变化的情况），利用该区域路径建立选区，新建一个图层后，绘画出一个浅白色范围，如图4-24所示。

最后，对四周侧面的分模线进行表现。先新建一个图层，选择画笔工具，调整为较小的笔触。然后选择分模线的路径，单击右键选择“描边子路径”或选择路径面板的描边工具，单击“好”按钮确定利用路径作为轨迹进行线的绘画。画面中即可出现一条分模线，再选择橡皮擦工具对两端和光线较强的位置稍作擦除以体现出真实感。为表现出分模线的内凹立体感，在黑线下方再增加一段白色线。其方法有多种：第一种是可复制刚才的图层，然后按着键盘上的<Ctrl>+向下方向键或利用移动工具向光源相反方向移动几个像素，再按下<Ctrl>+<I>进行色彩反相，变为白色即可；第二种是选择路径工具，按下<Ctrl>+<Alt>键，再拖动分模线的路径向下移动以复制一条路径，利用刚才所描边路径的方法绘制一段白色的线段即可。读者还可根据自己习惯运用其他方法。结果参考图4-25所示。

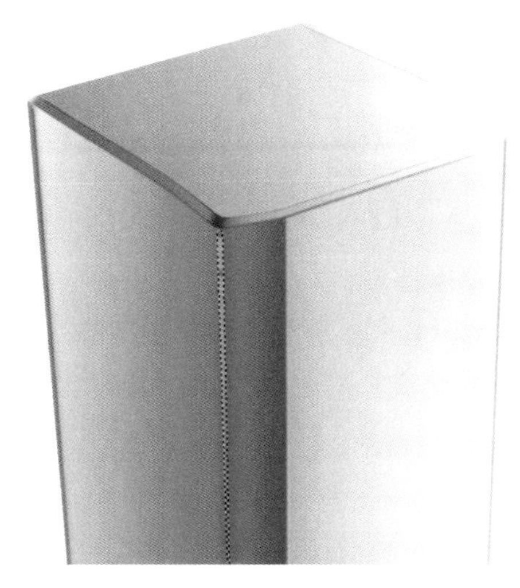

图4-24　侧面细部效果

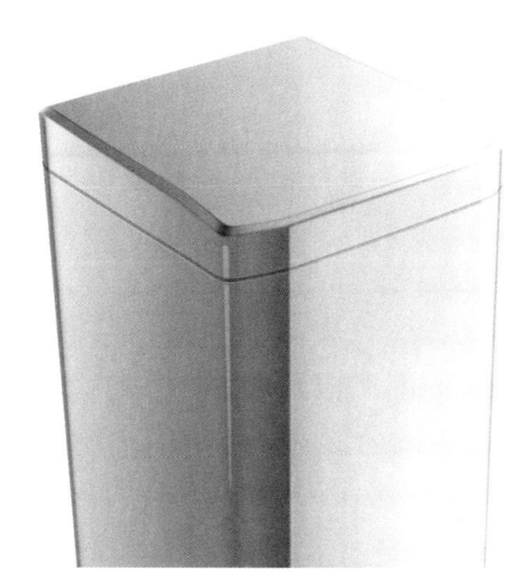

图4-25　分模线

4.4.4　顶面的设计表现

下面对洗衣机顶面的设计进行表现。读者可根据自己对色彩的把握，先在画面中填充两到三个深浅不同的灰蓝色，以便在后面绘画时调用。

1. 底色表现

首先新建一个图层以存放顶面底色的内容，选择顶面轮廓的路径，建立选区，填充一个浅的灰蓝色，再选择一个更浅的灰蓝色在顶面前段的斜面进行绘画，绘画方向与前面的边线平行，绘画结果如图4-26所示。

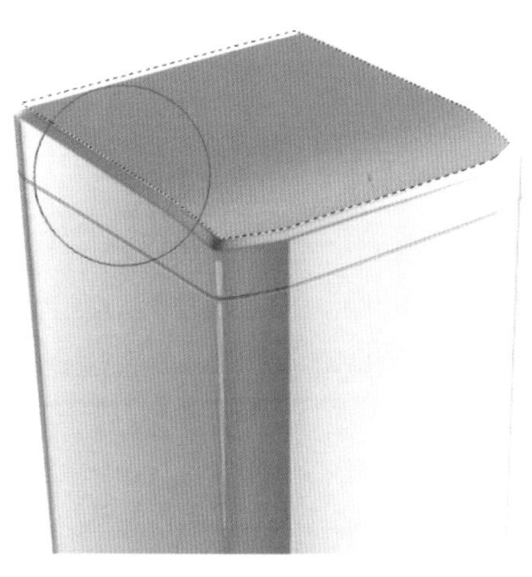

图4-26　顶面底色

注意：该顶面的路径需要比上文所提的切角面上边线内缩一点，因为在产品的设计与生产过程中，两个零件的交接位置需要保持一点边界，以保证产品的外观品质。此知识点在工业设计专业课程中将会接触到。

2. 明暗变化表现

完成底色绘画后进一步对明暗过渡进行表现，使顶面的光源更加真实。新建一个图层，选择稍大的笔触，如图4-27所示，再选择稍暗的灰蓝色，对顶面范围自左向右进行绘画。再选择较小的笔触对洗衣机顶面与背面交接的位置（左上方的边）进行绘画，表现出转折的明暗效果，如图4-28所示。

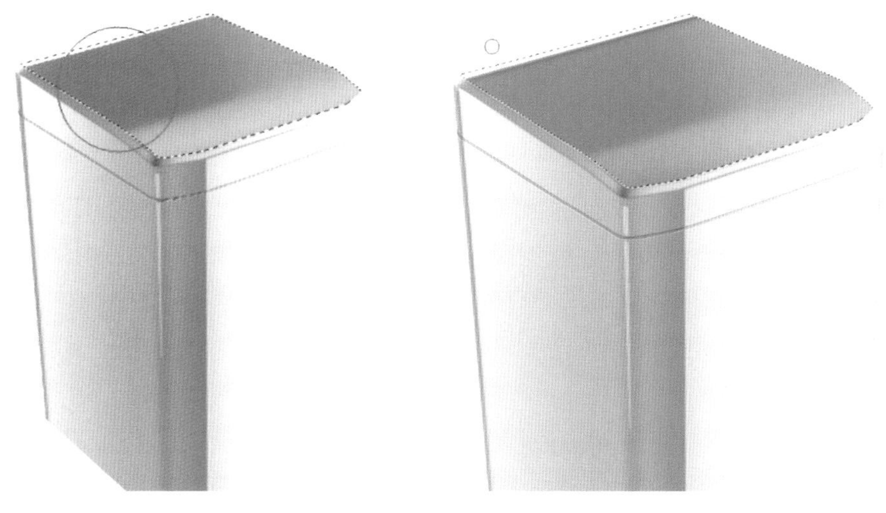

图4-27　顶面明暗　　图4-28　顶面细节

3. 控制面板的表现

控制面板在该方案中与洗衣机顶面翻盖把手为整体式设计，控制面板基础面是平面，与顶面的前切角平行，后端继续保持斜度并融合了把手的位置。首先在控制面板左侧绘画一笔比洗衣机顶面稍暗的颜色，然后用橡皮擦作擦除修整，使控制面板形成凸起的造型特征，如图4-29控制面板侧面所示。接着，对控制面板的基础面进行表现，基础面与侧面形成一个圆角过渡，因此产生了明暗交界线，这里利用两个图层来表现。第一个图层绘画稍暗的灰蓝色，在此图层上方新建一个图层，绘画出控制面板的基础面，如图4-30所示。

图4-29　控制面板侧面造型　　图4-30　控制面板平面

完成基础面后，对控制面板的镜片进行表现。选择镜片范围的路径，建立选区，即图4-31所示的虚线范围。然后选择画笔工具，调整笔刷尺寸，选择黑色，对镜片范围进行绘画，绘画时注意画笔的走向与位置，可垂直于光线方向，如图4-31所示。读者可以参考一些存在镜面的产品摄影，如电视机、平板计算机等。这些产品摄影通常会利用一些反光板照射在镜片上，这些反光板的反射作用就突出了镜片的光亮感和干净感。图4-34~图4-36所示的产品摄影图可作为参考。接下来讨论如何表现出这种质感效果。如图4-31所示，以镜片范围路径建立选区，选择多边形选区工具，点选菜单栏下方选区选项中的“从选区中减去”一项（也可利用<Alt>键辅助进行操作），在画面中画出如图4-32所示的多边形范围，即镜片选区范围减去了与多边形相交的范围，选择菜单栏中“选择\修改\收缩”，对选区进行3个像素的收缩操作。再选择画笔工具，调整稍大的笔触尺寸，选择白色，新建一个图层，绘画出反光板的效果，如图4-33所示。

图4-31 镜片范围　　图4-32 镜片反射效果　　图4-33 多边形范围

图4-34 电视机摄影参考图　　图4-35 电视机产品摄影图　　图4-36 产品面板的镜面效果

4. 顶面盖板提手位置的表现

提手位置是内凹的造型，因此才有比顶面颜色稍深的灰蓝色绘画。先选择把手范围的路径，如图4-37所示，建立选区，然后选择画笔工具，可选择稍小的笔刷，再选择稍深灰蓝色，对该选区范围进行绘画。绘画时注意光线的方向，应在靠近光线的一侧绘画，表现出把手的内凹造型效果，如图4-38所示。

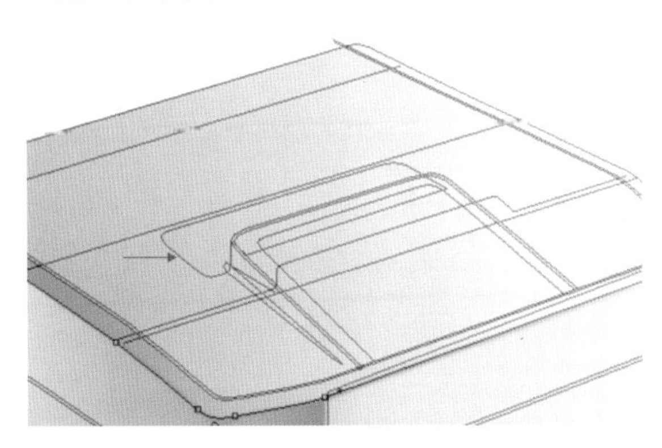

图4-37 把手范围路径

图4-38 把手明暗效果表现

4.5 洗衣机主体细节表现

4.5.1 细节效果的观察

在产品设计中，产品外观的细节存在较多缩小的造型特征。它们同样符合明暗过渡的原理，需要读者对细节细心观察，如图4-39所示的零件边界的细节及切角圆角的细节等。

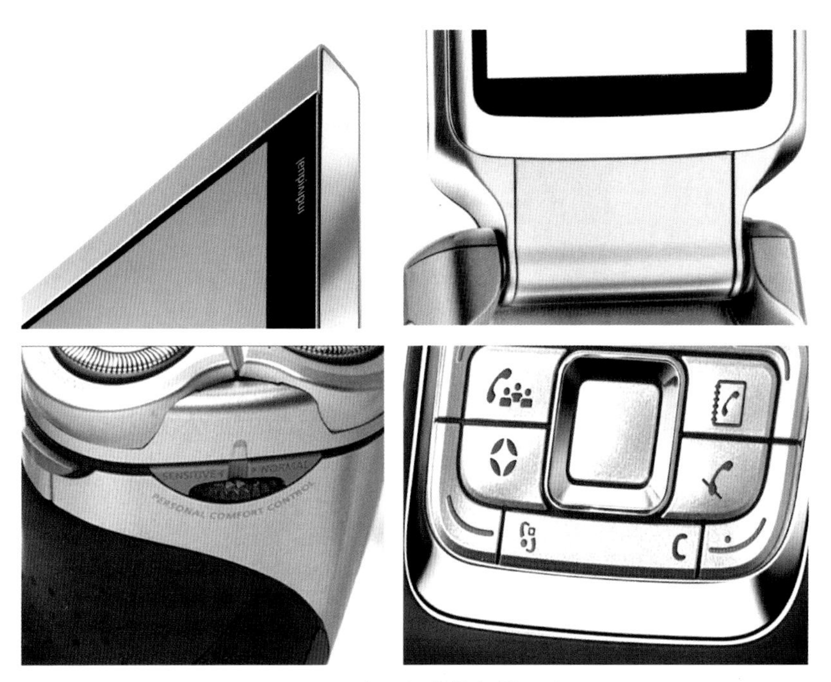

图 4-39 产品细节转折的观察

4.5.2 细节边线的刻画

下面对洗衣机较为精细的细节部位进行绘画，包括细微的转折圆角、分模线等。细节的刻画步骤有：①选择画笔工具，调整为较小的笔刷；②选择白色（如果是凹线则选择黑色）；③选择轮廓路径进行描边操作，描边时根据情况可以在描边选项面板中打开“模拟压力”的选项；④再利用橡皮擦根据情况对多余的笔刷痕迹进行擦除。图4-40所示为控制面板上沿圆角高光的刻画表现。图4-41所示为洗衣机顶面边缘分模线的刻画表现。图4-42所示为控制面板的轮廓线刻画，该线选择黑色绘画。

图4-40 控制面板上沿圆角高光

图4-41 洗衣机顶面分模线的刻画

图4-42 控制面板的轮廓线刻画

4.5.3　顶面折叠线刻画

最后对顶面翻盖的折叠线进行刻画表现。首先新建一个图层放置此部分细节内容，打开路径层显示在画面中，如图4-43所示。选择画笔工具并单击右键选择适当的画笔尺寸，如图4-44所示。再通过路径选择工具选择折叠线的路径，如图4-44所示，单击右键选择“描边子路径”，完成折叠线的刻画，如图4-45所示。为表现出折叠线的立体感，复制该图层，然后按下<Ctrl>+<I>键进行色彩反相操作，再按下<Ctrl>+方向键或利用移动工具向光源相反方向移动几个像素，最后利用橡皮擦工具擦除一些高光不明显的部位，效果如图4-46所示。

为表现出顶面浅灰色的光洁质感，在反射光源的位置即前倾斜面增加一个反光板的效果。首先绘画出该路径，如图4-47所示，利用该路径建立选区，新建一个图层，选择白色画笔进行绘画，绘画面积与方向如图4-48所示。

图4-43　显示路径

图4-44　折叠线的路径

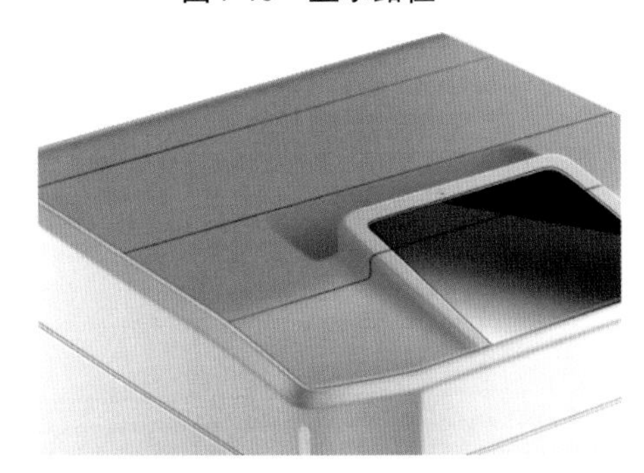

图4-45　折叠线刻画（一）

图4-46　折叠线刻画（二）

图4-47　反光板路径

图4-48　控制面板的反光板效果

4.6 控制界面的表现

控制界面根据使用的需要一般会设计有显示屏和操作按钮，而屏幕显示信息和操作按钮的功能存在着对应性。在本案例中，前期确定了按钮的布局、排列、大小和颜色等，在Photoshop软件中单独进行了绘画，如图4-49所示。读者也可以通过自己熟悉的其他软件如CorelDRAW进行绘画，注意选择空白底色的格式选项导出文件，再导入Photoshop。将界面图片拖动至洗衣机文件中，默认情况下会出现在前一步编辑图层的上方，也可以将界面的图层拖动至最顶端。然后选择菜单“编辑\自由变换”或按下<Ctrl>+<T>键对界面内容进行变形操作以适应控制面板的透视，此时画面中在界面图层上方出现带有八个方形点的调节框，如图4-50所示，按下<Ctrl>键拖动八个点对界面图层进行透视调整，以适应控制面板的方向和角度。最后效果如图4-51所示。

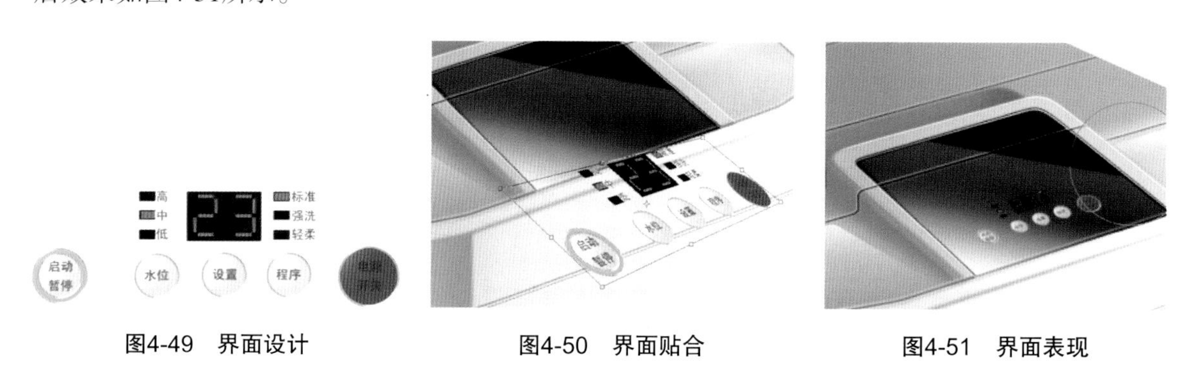

图4-49 界面设计　　图4-50 界面贴合　　图4-51 界面表现

4.7 辅助细节的表现

1. 侧面提手的表现

洗衣机侧面的提手是内凹的造型。首先绘画出提手范围的路径，再进行颜色深浅过渡的绘画，注意光线的方向如图4-52所示，即靠近光源的位置为暗色，远离光源的一侧为亮色，如此表现出内凹的效果。最后绘画出提手的分模线，如图4-53所示。

图4-52 光线方向

图4-53 提手内凹效果

2. 进水口的效果表现

进水口为一个圆管接口即圆筒造型，明暗变化较为简单，容易理解。其边缘需要留出接口外沿的空隙，效果如图4-54所示。

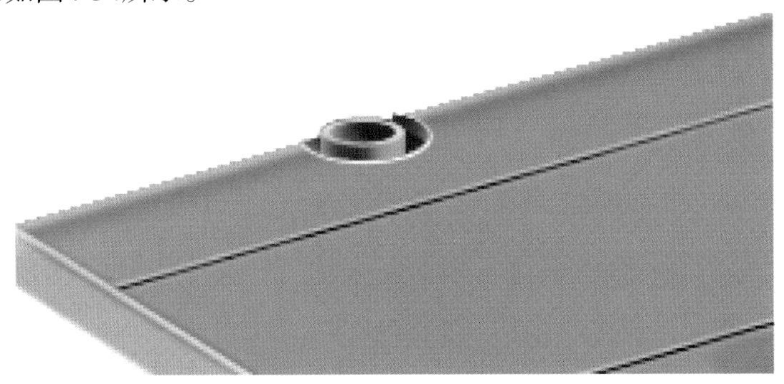

图4-54　进水口的效果

4.8　背景与阴影效果的表现

1. 背景表现

为体现出产品的场景感，需对洗衣机的背景进行设计表现。背景采用渐变色的效果，可利用渐变工具或大画笔进行绘画。单击工具栏上设置默认颜色的按钮设定前景色为黑色，背景色为白色。在图层面板最底层新建一个图层，单击并拖动鼠标进行渐变背景绘画。效果如图4-55所示。

2. 阴影表现

最后对该洗衣机产品的阴影进行绘画。阴影是物体的投影，而投影的轮廓会受物体外形轮廓和角度影响。在本案例中，洗衣机外观造型虽为立方体轮廓，但由于光源位置不在产品正面，因此投影的轮廓是不规则的。选择钢笔工具绘画出阴影的外轮廓，如图4-56所示，再建立选区，如图4-57所示。

选择画笔工具，对阴影进行绘画，绘画时，应注意阴影的明暗变化。一般来讲，靠近物体的位置稍暗并且边界清晰，远离物体的位置稍浅，甚至阴影边界变虚。读者还可以根据光源的方向，对阴影变化细节进行细化表现，效果如图4-58所示。

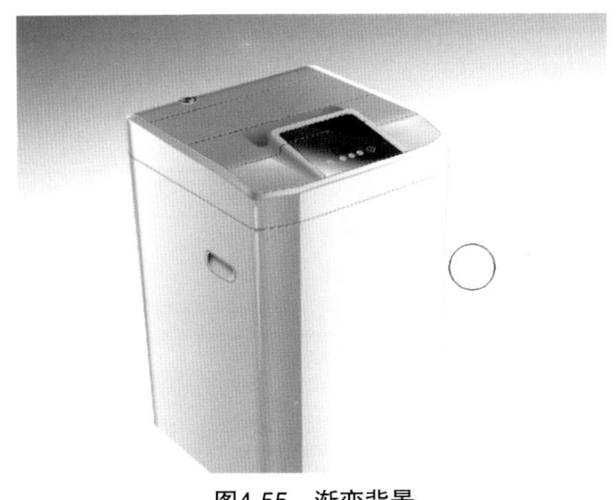

图4-55　渐变背景

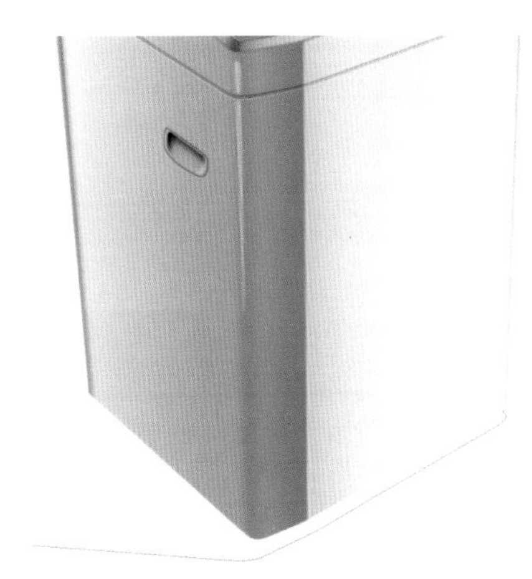

图4-56　阴影轮廓线

图4-57　阴影轮廓选区　　　　图4-58　阴影表现

至此，就完成了这款全自动洗衣机产品的设计表现，最终表现效果如图4-59所示。

图4-59　最终表现效果图

思考与练习

1. 初学者应多练习新建图层放置不同的绘画内容，以便后期进行调整和对设计表现层次关系的梳理。

2. 熟悉路径的复制、移动、变形、控制点增加及减少等操作。

3. 练习路径的调节，特别是对细节路径的调节，熟悉路径的控制点类型以及控制棒的运用。

4. 运用画笔、喷笔工具对造型简单的形态进行渲染表现。

第5章 Photoshop手机产品设计与表现

本章将讨论一款具有较强形态设计美感的翻盖手机外观的精确设计表现。该手机凭借其唯美优雅的外观设计获得了2011年度德国IF工业设计大奖，如图5-1所示。在学习过程中，需要耐心去观察同类设计的特点与细节，从优秀的设计中吸取好的创意方法、好的设计理念和造型设计技巧。

图5-1 获得2011年度德国IF工业设计大奖的GIONEE手机

5.1 手机方案的确定

对于一名设计师而言，对已出的设计作品都要尽可能地做到完美，这是一种态度更是一种精益求精提升自我价值的境界。同类手机产品之间的功能大同小异，其设计特别是外观设计是该类产品最大的竞争点，也是体现设计师价值最显性的因素。

目前，许多工业设计公司在完成手机设计方案的过程中，迫于研发时间和成本的压力，利用2D、3D的设计软件辅助完成手机6个立面的设计表现，然后通过平面图完成方案的前期预评审。而平面图的立体压缩感无疑会扼杀设计师的创意。图5-2所示为诺基亚N9手机的平面图，从平面图中无法感受到设计师的用心之处，即该手机形态造型的凌厉与大气。而在图5-3中，该手机的立体观感则是非常明显、简洁和清晰的。

因此，在设计定案前，需要设计师对手绘草图进行深入的推敲细化，然后从选出的手绘概念方案中，基于立体透视的视角结合平面图、手绘或3D计算机辅助设计等方式对产品进行线条、形态的反复调整和优化，以确定最佳的设计方案。这也是最能体现设计价值的环节。

图5-2　N9平面图

图5-3　N9立体透视图

5.1.1　规划工作内容

在进行设计表现这项任务前，需要做一些准备性和计划性的工作，这对设计专业的学生也是一个非常好的锻炼方式，即加强周期的概念和宏观的思维。准备工作主要包括：

1）设计表现应用的用途。即该设计表现任务完成后用作何种用途，根据用途设定工作的内容和文件规格要求。

2）设计表现完成的时间表。即计划需要投入多少时间来完成该项任务。

3）设计表现的视角。确定最佳的产品展示视角，既能表现出产品的设计美感，又能让大多数人包括评审方能清楚地了解设计意图。

4）设计表现任务完成后如何与工程师交接产品三维数据。这是非常重要和关键的工作。有的设计师往往过于追求视觉美感而忽略了外形数据的可实现性和可传递性，而导致设计方案在后期数据构建时与当初的设计出入很大，造成极大的设计风险。因此设计师需要在方案定案与设计表现前期和过程中，都能准确地描述或还原出其三维基本数据。

5）设计表现过程中的管理。包括对图层的管理、主辅色的设定等。本案例采用先填充底色再进行细节绘画的步骤。

5.1.2　形态的观察与思考

产品设计表现可参看同类或近似于初始创意的一些形态，可以是产品，也可以是创意图形、雕塑甚至自然界的事物，如图5-4和图5-5所示。其目的是加强设计师对形态的精确描述。对于初学者，可能较难把握抽象形态与产品造型的联系，可从一些经典的设计中直观地借鉴学习。

图5-4　墨水在水中的形态

图5-5　雕塑形态

5.1.3 材质的观察与思考

设计师在产品精确设计表现前，需考虑产品材质感的表达。在工业设计方法中，可以通过形象板等多种方法对产品的假想质感进行对比，确定用于产品表面工艺的质感效果，进一步明确设计的方案细节。图5-6所示为对多种产品材质质感的观察对比。本案例采用亮丽的金属色与塑料本色搭配。

图5-6 对多种产品材质质感的观察对比

5.1.4 色彩的思考

色彩作为产品设计较为直观的因素，是诠释创意设计的最佳方式之一。色彩的定义应根据设计目标的要求而定，不同的目标人群和设计定位应采用不同的色彩组合。色彩的设计运用包括单色、双色、多色的应用，同一色彩，不同的明度和饱和度其设计含义也不同。图5-7所示为一组对色彩观察的参考图片。本案例采用黑色与香槟橙色搭配，以营造醒目的色彩艺术感。

图5-7 色彩的观察

5.1.5 草图的处理

根据设计要求，先在Photoshop中新建文件，再将草图导入该文件中。为辅助后期的路径绘制，草图放置在图层最顶端，并设置较低的透明度，必要时还可调整其亮度和对比度等色彩属性。

5.2 手机形态的透视

利用直线辅助的方法对手机的透视进行精确调整。可将该翻盖手机看做是两个立方体的结合，其透视遵循透视的一般规律。

5.2.1　基础透视线框

需要表现的手机产品造型是开启的状态，其透视较为复杂，因此需要通过一些辅助的方法来帮助对其透视的整体感进行控制与把握。在Photoshop软件界面的左边工具栏中选择钢笔工具，通过点画的方式根据草图的位置画出手机的立体轮廓——简化透视图。再利用路径选择工具对控制点进行拖动调整，然后将草图图层隐藏，最终效果如图5-8所示。

该线框作为重要的基本透视参考，可以将其保留下来，作为后期路径绘制的参考。在草图的图层上方新建一个图层，选择画笔工具，设置较小的笔刷尺寸，如图5-9所示。再选择钢笔工具，单击右键选择“描边子路径”，在刚才所绘制的透视线框上进行底图绘画，此时可获得较为精确的透视底图。再将该图层设置为较低的透明度约18%左右，如图5-10所示的右下角的调节。

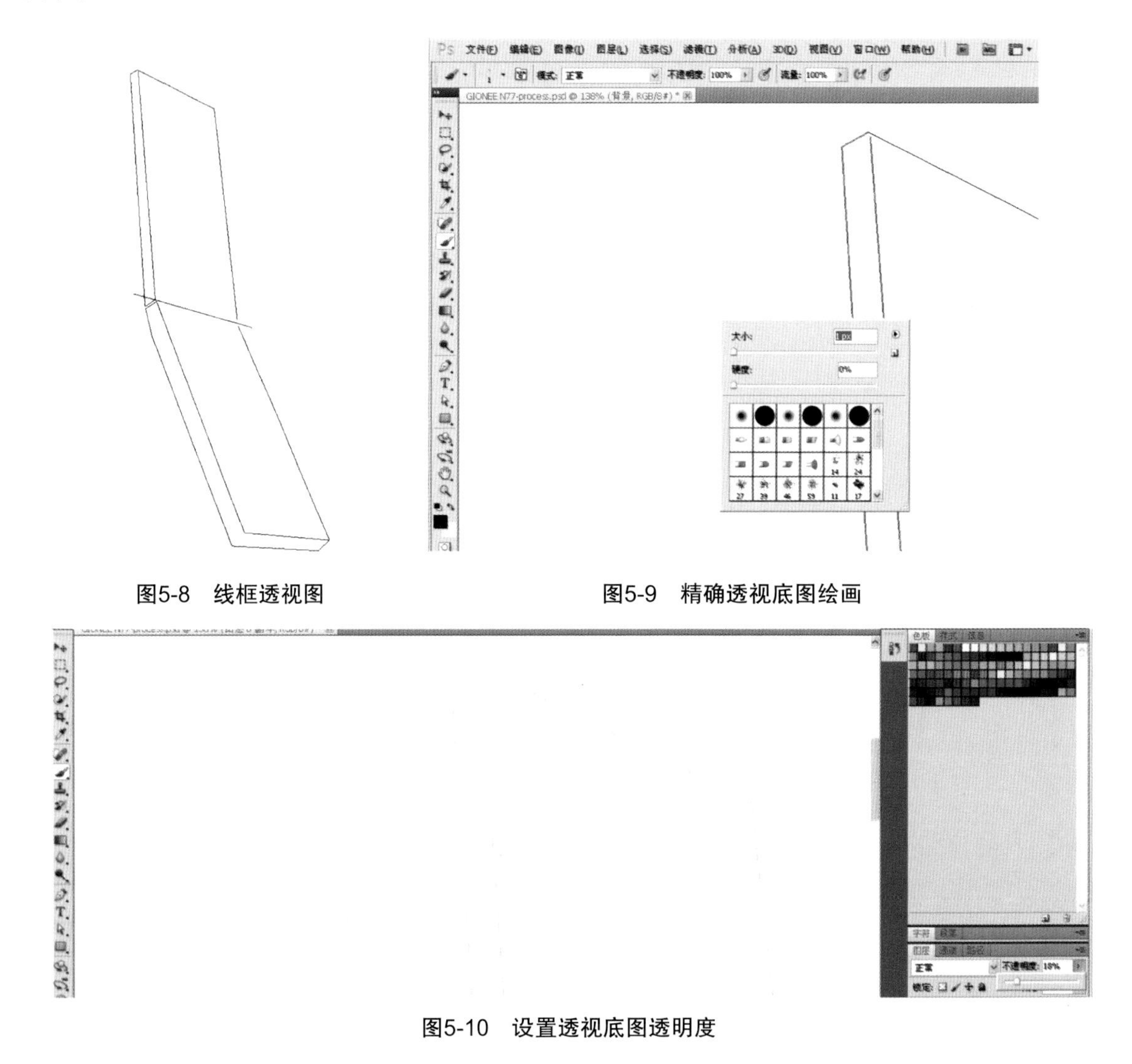

图5-8　线框透视图

图5-9　精确透视底图绘画

图5-10　设置透视底图透明度

5.2.2　路径的规划

1. 手机设计特点

该手机设计采用圆角过渡的方式，将边角线连贯形成一个流线的形态。上盖采用边角圆

角过渡设计，下盖则采用前后面的圆角过渡造型，中间翻盖连接位置以开启使用的状态为主形态，将上下盖的边角线连贯成一个整体。其造型浑然一体，流畅简洁。

2. 路径的规划

此手机方案的四边均是平行线，考虑到在绘画表现过程中，需灵活利用路径产生不同的精确区域，因此，路径的封闭与开放可根据读者的构思进行规划。如果每个产品外观的区域和转折面都绘画出一个路径，则画面的路径非常繁琐，不易查看。因此，路径不在多，而在于区域之间的配合，要能灵活、快速获得精确的绘画区域。熟练的读者还可在绘画过程中，根据需要灵活增加新的路径。

5.2.3 轮廓路径的绘制

首先，根据草图和前面的透视线框，绘画出手机的轮廓路径，如图5-11中部所示。利用两个路径简洁明了地表现出该手机形态的特点，再深入绘制其他路径及其细节，如图5-11右侧所示。

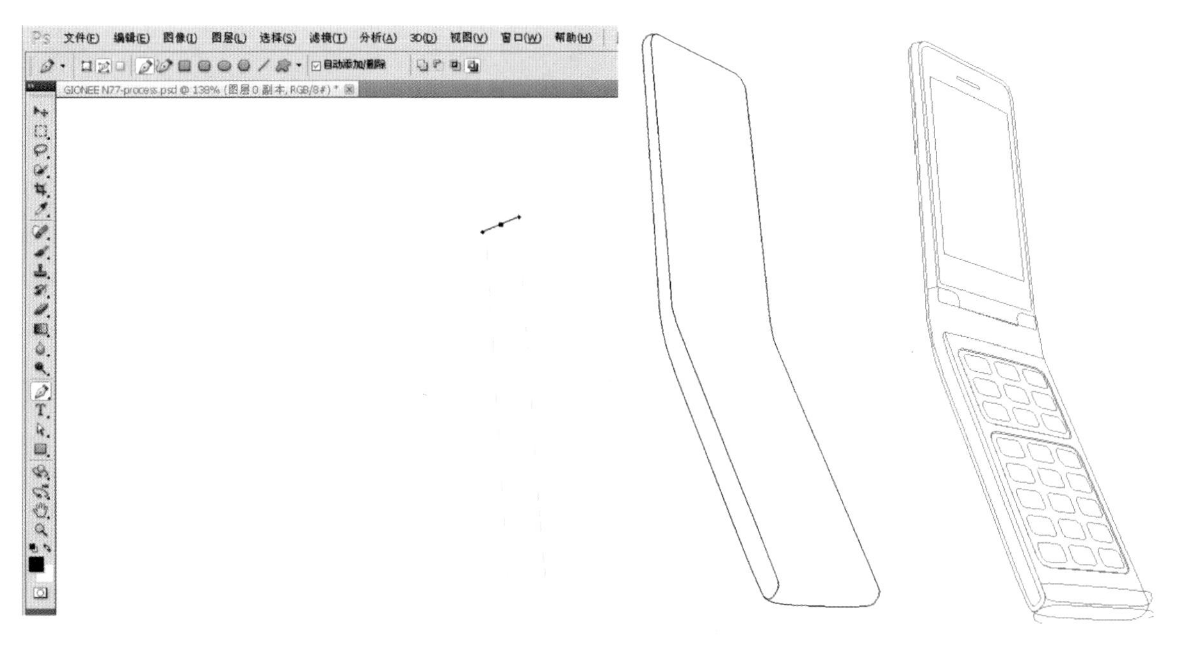

图5-11 手机轮廓路径

5.3 手机方案外观效果表现

5.3.1 填充底色

利用路径选择工具选择手机外轮廓路径，单击右键建立选区，如图5-12所示。单击工具栏下方前景色按钮打开调色盘，选择橙色进行填充，如图5-13所示。再选择上下盖黑色零件区域路径，建立选区，图5-14中的虚线范围与外轮廓的交集部分，填充深灰色，如图5-15所示。

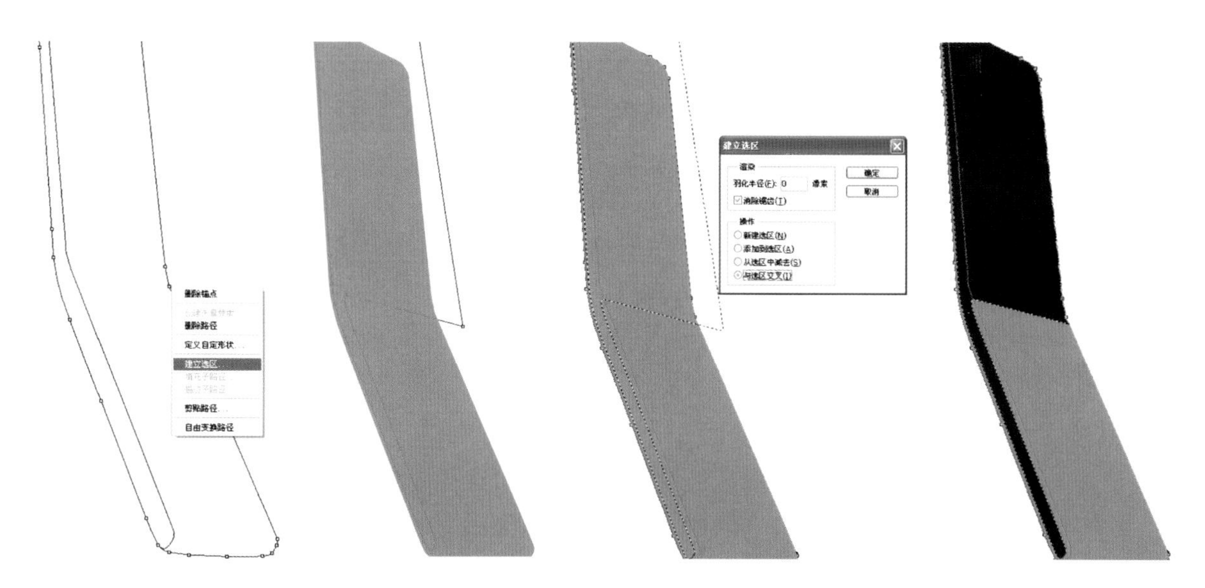

图5-12　手机外观轮廓路径　图5-13　填充底色　图5-14　黑色零件区域路径　图5-15　黑色零件填充底色

5.3.2　主体光源变化表现

填充了两个主底色后，开始对手机的立体光影明暗和材质进行设计表现。首先假设其光源从右向左照射。在底色图层的上方建立一个新的图层，用以存放手机的主要光源绘画效果。选择画笔工具，调整笔触尺寸，选择白色，调整画笔不透明度使之较低，在手机下盖的右侧自上而下画出一笔，表现出手机接近光源的一侧，如图5-16所示。

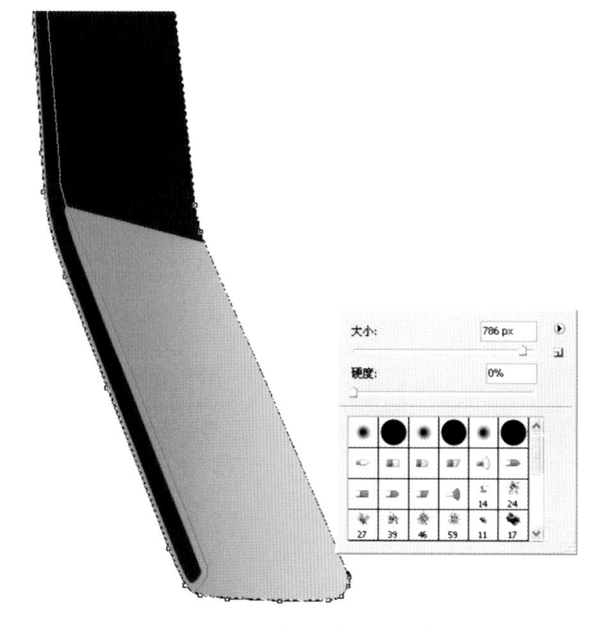

图5-16　手机下盖光影底色

5.3.3　底部明暗变化

接着，选择较小的画笔尺寸，选择黑色，新建一个图层，在手机下端前面与后面过渡的转折面处，自左向右绘画出该位置的明暗变化，如图5-17所示。橙色部分是金属色，其明暗过渡较为明显，因此选择一个浅橙色，在前一步骤的下方绘画一笔，表现出该转折面的明暗变化，如图5-18所示。

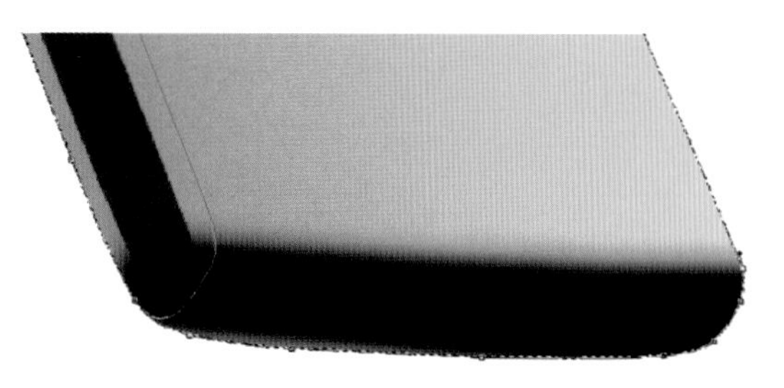

图5-17　底部明暗变化

图5-18　底面反光面

5.3.4　侧面光源表现

此步骤，可灵活利用路径的运算获得相应的选区范围。对画面中正面与侧面相近的路径进行选区运算，如图5-19所示，侧面选区是利用侧面路径和主体轮廓路径的交叉运算操作获得的。有了侧面的选区后，新建一个图层（注意本图层放置在上一步骤所画的黑色零件图层的下方），利用画笔工具，吸取主体橙色填充底色，然后选择较浅的橙色在下盖侧面上方轻画一笔，以表现出该产品金属质感敏感的光线反射效果，如图5-20所示。

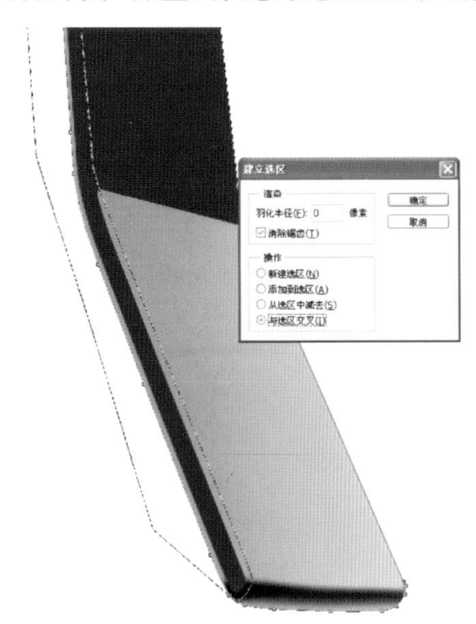

图5-19　侧面选区

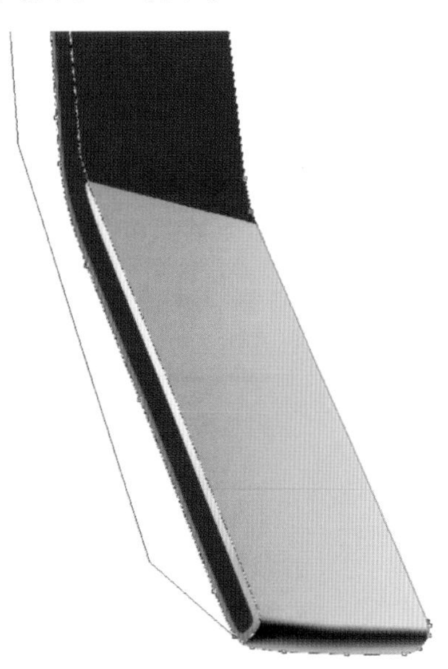

图5-20　侧面反光效果

5.3.5　按键的设计表现

手机按键是较为繁琐复杂的设计表现内容，带有较多的重复性工作，因此可以利用复制粘贴的方式进行。

先根据轮廓范围，绘画出正面的按键内容，包括按键的轮廓路径，如图5-21所示。选择该路径层，选择菜单“编辑\自由变换”工具（快捷键为<Ctrl>+<T>）调出变换调节外框控制点，对路径进行透视变换，如图5-22所示。

图5-21　按键轮廓路径

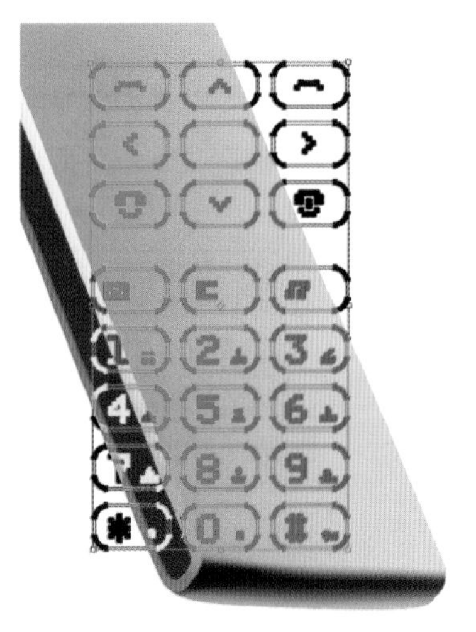

图5-22　按键路径的变换

调整完的整体按键透视效果如图5-23所示，对于部分按键透视不正确的位置还可进行微调。最后对按键的立体感进行刻画，此时需要复制按键轮廓路径至按键的凸起面，然后进行自由变换至稍大的轮廓，注意两个路径左上右下对角过渡的位置需一致，如图5-24所示。

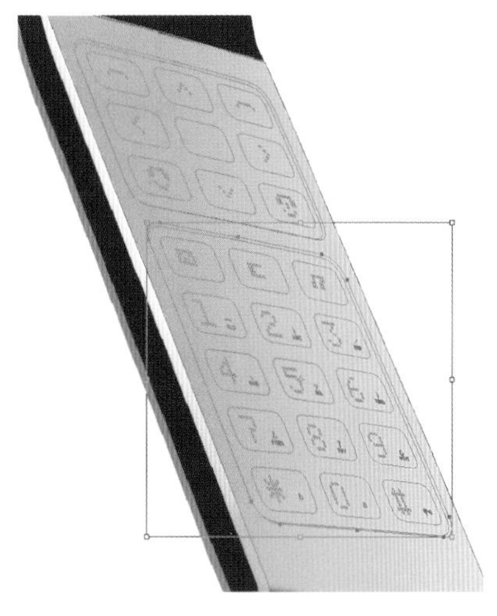

图5-23 键盘的路径微调

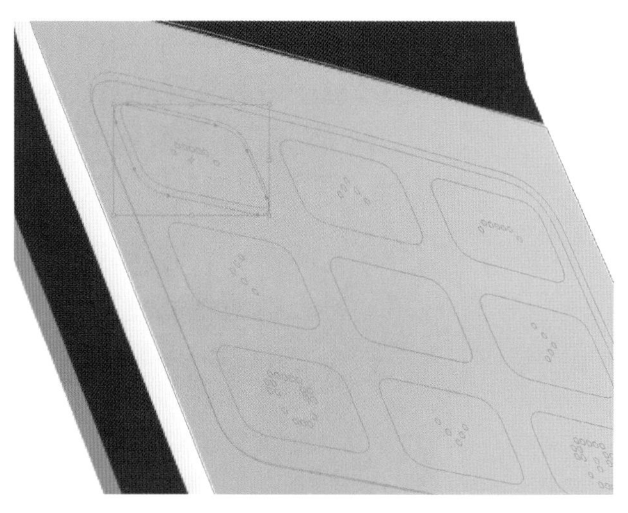

图5-24 按键的立体感路径绘制

在主体图层上方新建一组图层以放置按键绘画的内容，现在以其中左功能键为例介绍按键的绘制方法。选择按键的下方路径，建立选区，选择深橙色和浅橙色绘画出按键的立体感。绘画时注意思考按键的光影变化原理，如图5-25所示。该案例中，按键采用较为平整的小行程按键，表面为平面，因此再选择该按键的上方路径，建立选区填充橙色。效果如图5-26所示。最后在按键的左侧边界利用路径描绘出较细的明暗交界线。

图5-25 按键的刻画

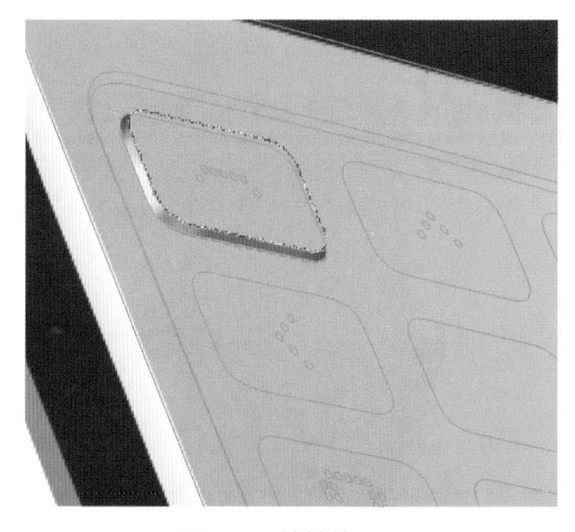

图5-26 按键的顶面

5.3.6 按键区域表现

为使按键的凸起不影响上下盖的“紧密”贴合，在按键的周围设计了一个下沉面。利用两个下沉面对按键进行“分区”设计，简化了按键的视觉繁琐感。如图5-27所示，选择下沉区域的轮廓路径，利用“减去”操作，获得相应区域，选择画笔工具和相应颜色，对该区域自右向左绘画出从暗到亮的变化，如图5-28所示。

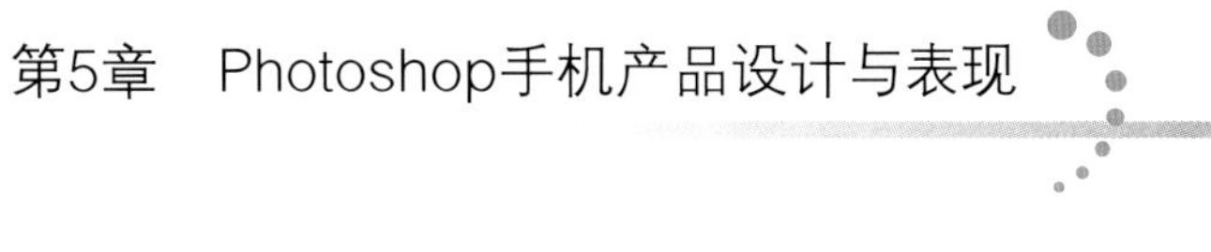

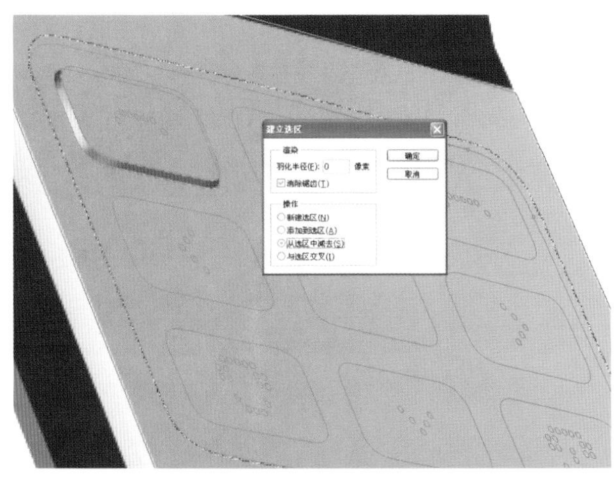

图5-27 下沉面路径选择

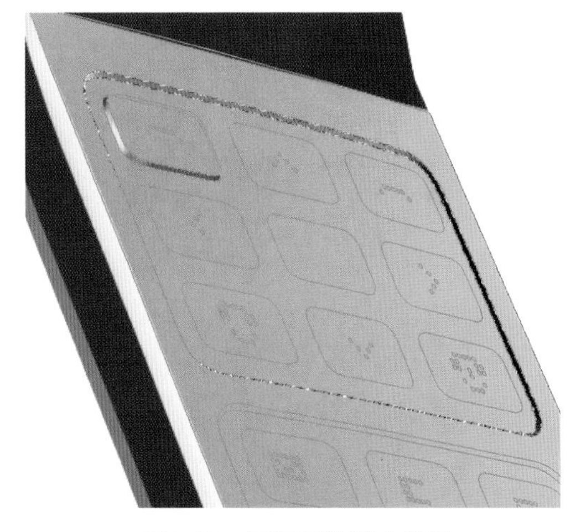

图5-28 下沉面的明暗效果

最后利用复制粘贴并调整透视的方法获得键盘所有按键的明暗效果，如图5-29所示。其中为了形成突异的视觉变化效果和突出主要中心功能键，对中心功能键进行色相、明度和饱和度的调整，以获得亮银色的按键质感，如图5-29所示。

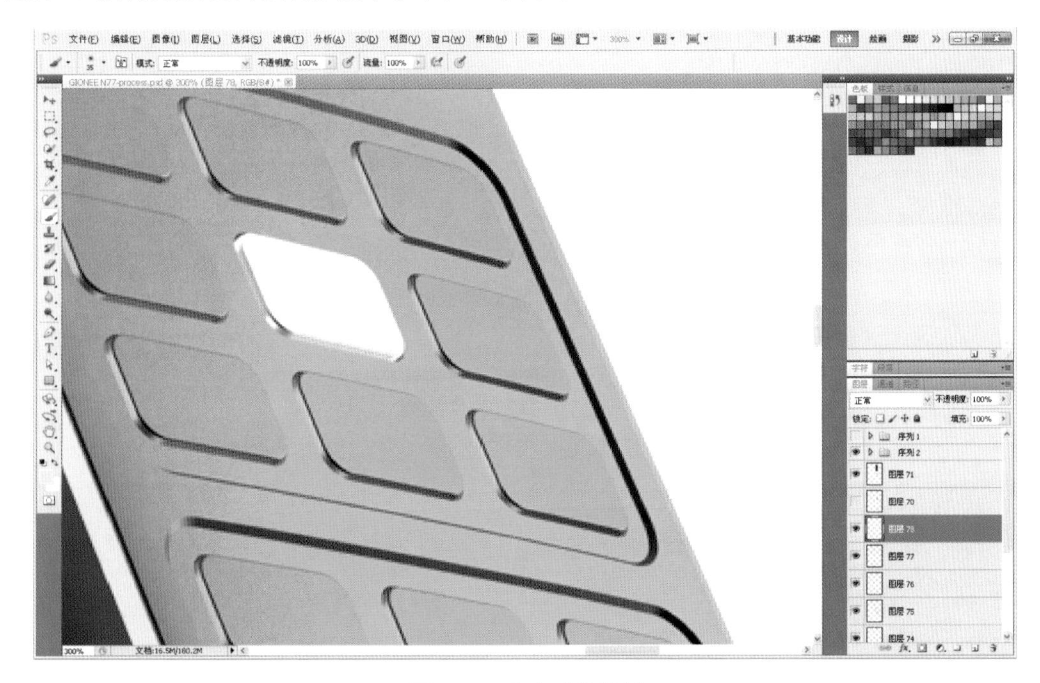

图5-29 中心功能按键

5.4 转轴的设计表现

翻盖手机的转轴设计一直是设计师关注的焦点之一，若能巧妙地和整体形态协调可成为设计的一大特色，亚洲手机品牌的翻盖手机设计已成为设计界的一大亮点。其主要由设计师的创意决定，有的设计师关注手机翻开的状态，这样，为使上下盖的线条更流畅，转轴则采用简化的处理方式，如图5-30所示；有的设计师关注翻盖手机闭合状态的整体感，这种设计则可将转轴设计得更具整体感，如图5-31所示。

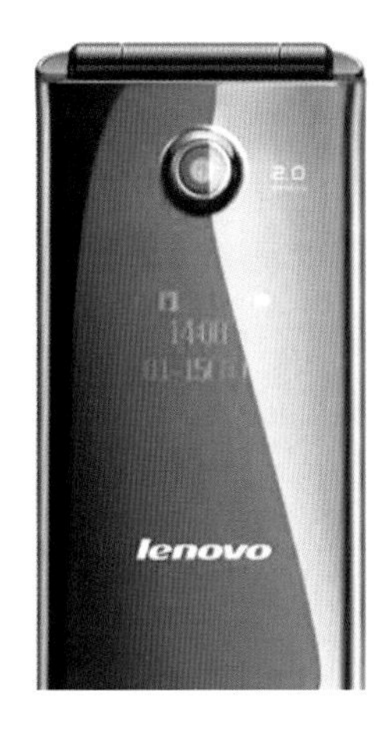

图5-30　开启为主状态的转轴设计

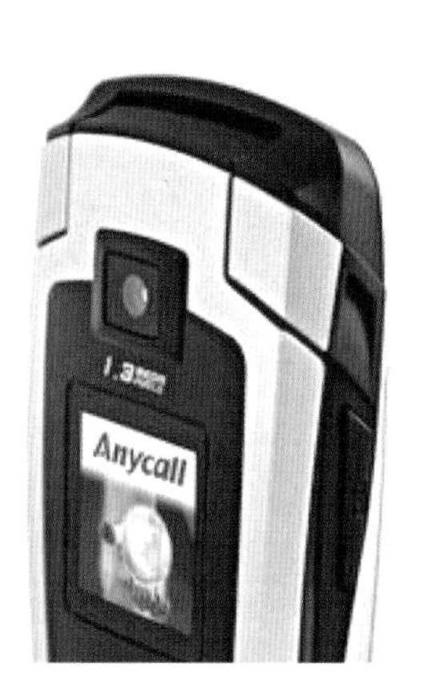

图5-31　闭合为主状态的转轴设计

下面开始对转轴的位置进行绘画。先选择转轴的外轮廓路径，如图5-32所示，建立选区，填充深灰色或黑色（根据周边的零件色差决定），再选择较小的画笔，选择浅灰色，在转轴接近光源的方向绘画出转轴的受光面，如图5-33所示。

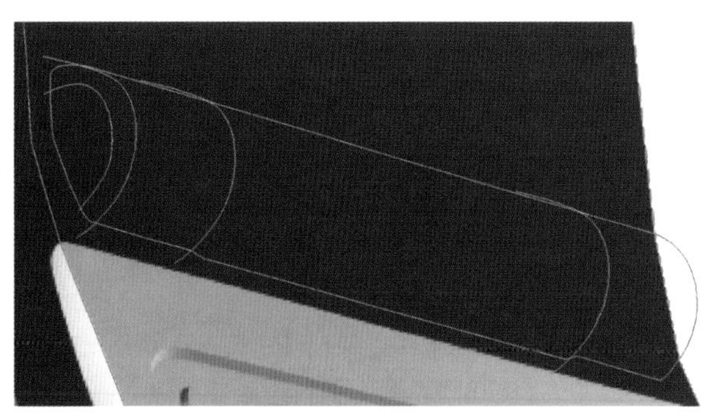

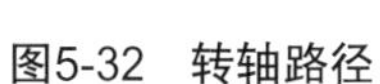

图5-32　转轴路径

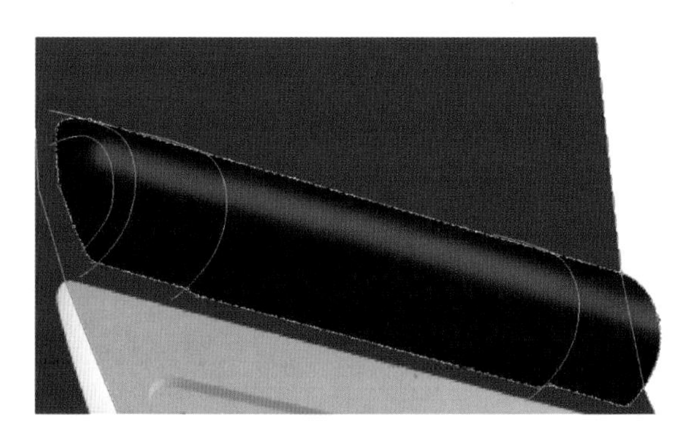

图5-33　转轴受光面

转轴两端设计了斜角面，利用路径的运算获得对应的区域，绘画出斜面的光影明暗，如图5-34~图5-36所示。

下面对转轴的分模线进行绘画。先新建一个图层，选择画笔工具，调整为小的画笔直径，选择浅灰色，如图5-37所示，选择分模线的路径，单击右键选择“描边子路径”，如图5-38所示，在选项中选择画笔工具进行描绘，结果如图5-39所示。为表现出分模线的立体感，需要让

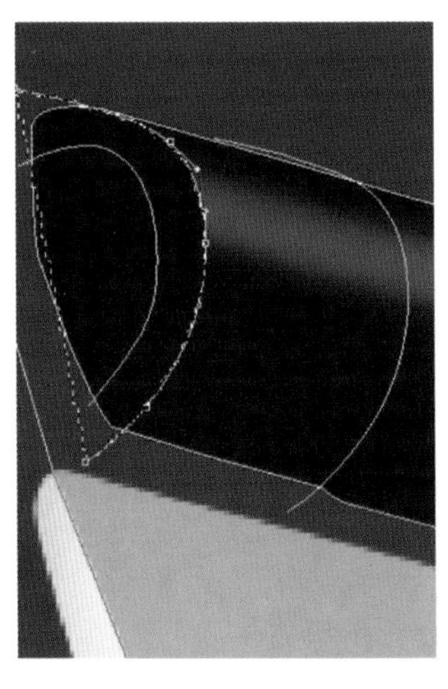

图5-34 斜边路径

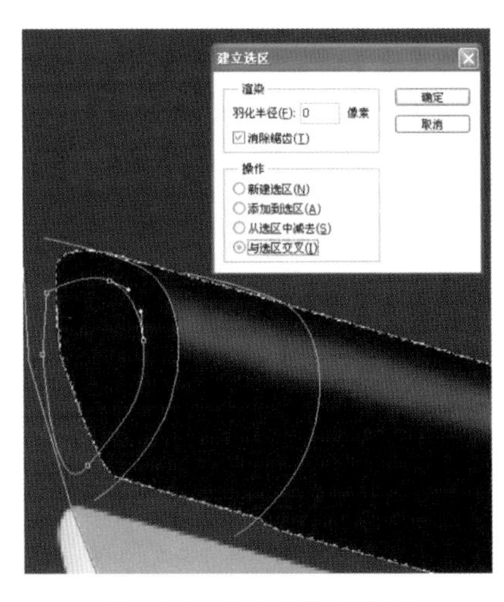

图5-35 建立斜角面选区

图5-36 转轴斜面

线产生明暗的变化。复制该图层，然后在菜单中选择“图像\调整\色相饱和度”或按下<Ctrl>+<U>键打开色相饱和度的调节面板（也可以利用反相<Ctrl>+<I>的调节获得近似效果），如图5-40所示，将明度滑点拖动至最左端，原先浅色线变成了黑色线，选择移动工具将黑色线所在图层向光源方向移动几个像素，即可获得分模线的立体感，如图5-41所示。

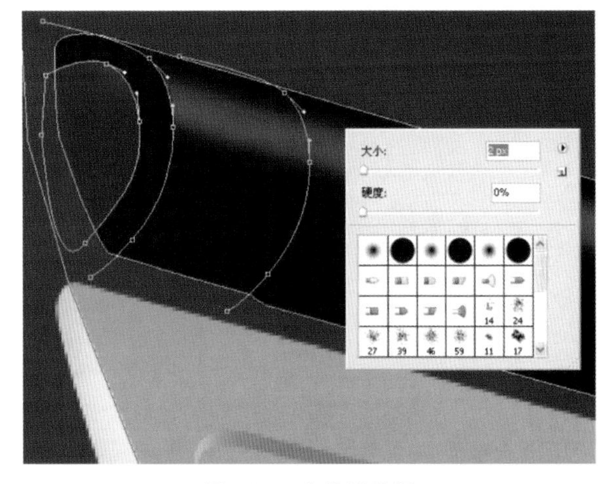

图5-37 分模线路径

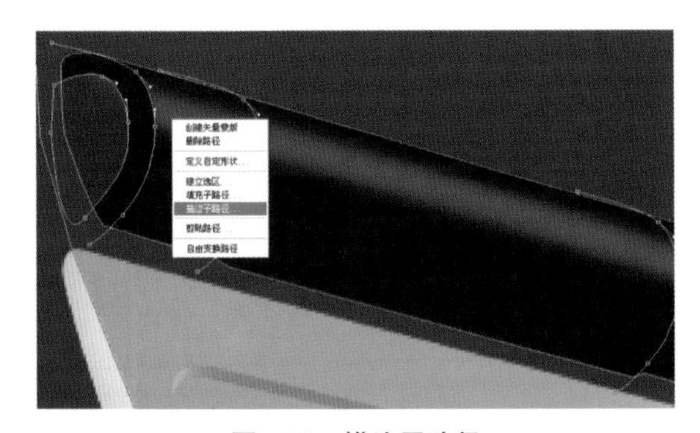

图5-38 描边子路径

图5-39 描边效果

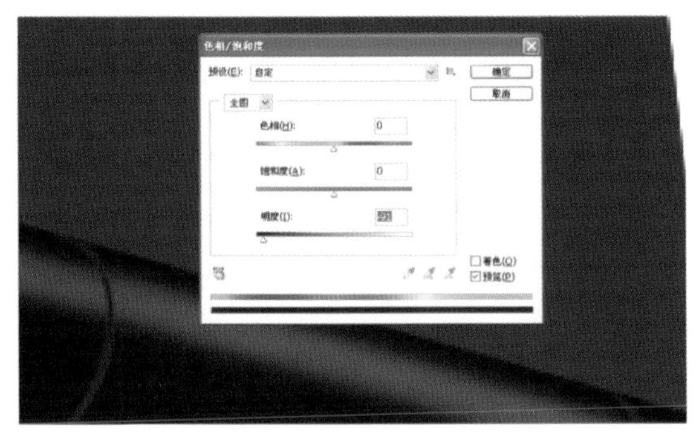

图5-40 线的明度调整

图5-41 分模线的立体感

5.5 黑色零件的明暗表现

在对黑色零件底色填充的基础上，根据光源方向对黑色零件进行明暗表现。因为该零件颜色较深，所以主要用提亮的方法进行表现。这里根据所画路径的情况，利用路径交叉运算的方法获得黑色零件的区域范围，如图5-42所示。利用大尺寸画笔、中灰色，在靠近光源与反光的位置进行绘画，如图5-43所示。

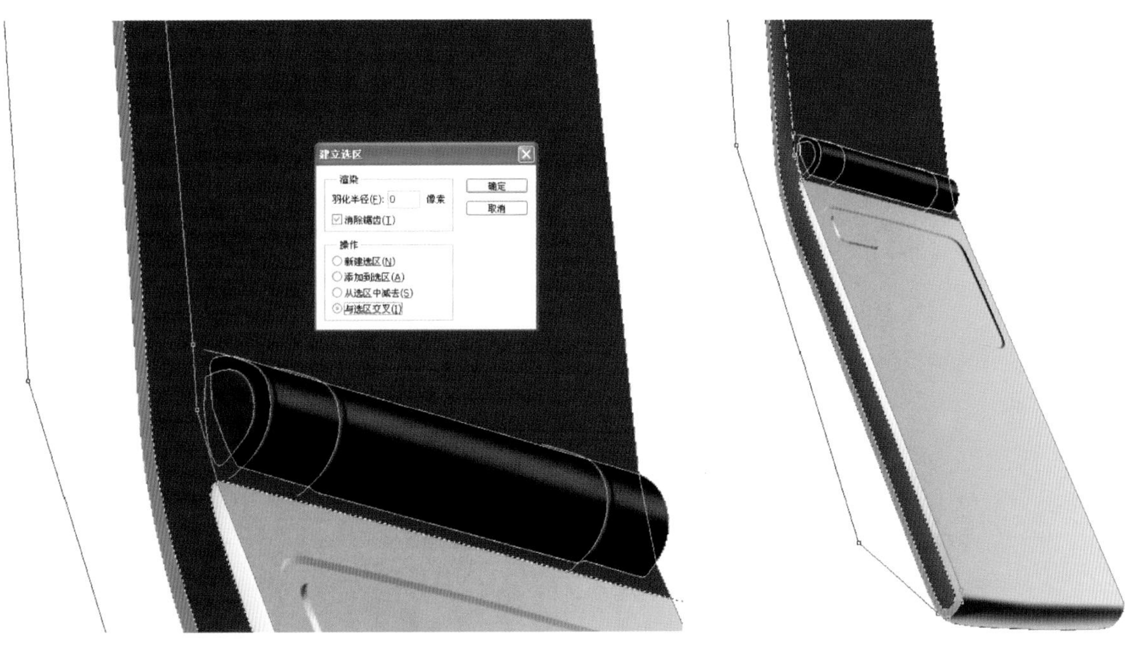

图5-42　路径运算　　图5-43　黑色零件的明暗

5.6 边角明暗交界线与分模线

首先对翻盖手机边角线的明暗交界线进行刻画，表现出产品的光影转折效果，主要是对产品左侧的转角线进行表现，如图5-44所示。根据该转角的圆角大小选择适当的画笔直径，选择深灰色或黑色，再选择该路径，单击右键选择“描边子路径”，再利用橡皮擦工具对部分区域进行擦拭修整。

图5-44　边角明暗交界线

接着对整个产品的分模线进行刻画。需要先描绘出相应的路径，选择稍小的画笔直径，选择黑色，再选择分模线的路径，进行描边子路径，如图5-45所示。图5-46所示为描边后效果。为表现出分模线的立体感和缝隙感，需要利用图层复制与色相反相的操作，以获得分模线边缘反光的白色线，并对白色线进行一定角度的移动，再利用橡皮擦工具对某些区域进行擦除，从而获得较真实的光影效果，如图5-47所示。

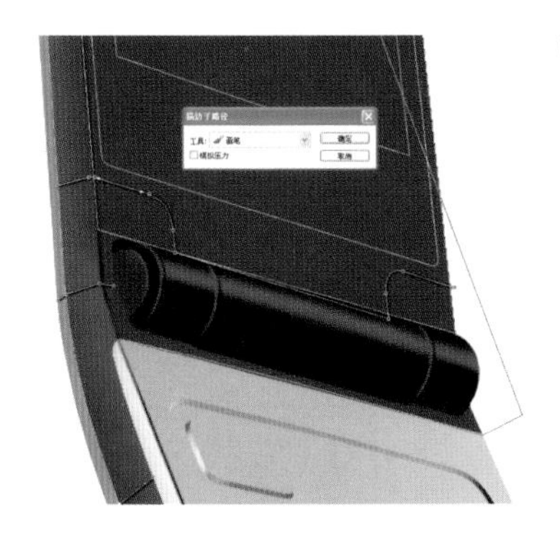

图5-45　描边分模线路径

图5-46　描边分模线

图5-47　分模线的缝隙感

5.7　其他细节绘画

1. 侧面接口字符刻画

侧面有USB和耳机接口，分别利用该字符路径填充和底色一致的颜色，然后双击该图层利用内阴影的样式表现出字符的内凹感，如图5-48和图5-49所示。

2. 声音接收器的刻画

手机下方有声音接收器，用前面介绍的按键与下沉面的表现方法，表现出接收器的外观造型，如图5-50所示。

图5-48　侧面接口

图5-49　接口盖板

图5-50　声音接收器外观造型

3. 键盘的细节刻画

在进行手机键盘与外壳之间的分模线刻画表现时，利用相应的路径建立选区，填充稍深的橙色，如图5-51和图5-52所示。在图5-52中发现前面绘画的键盘周边下沉面的左边线斜面不明显，因此，利用路径相减运算获得选区，填充稍浅的橙色，表现出下沉面左边线的立体感，如图5-53所示。

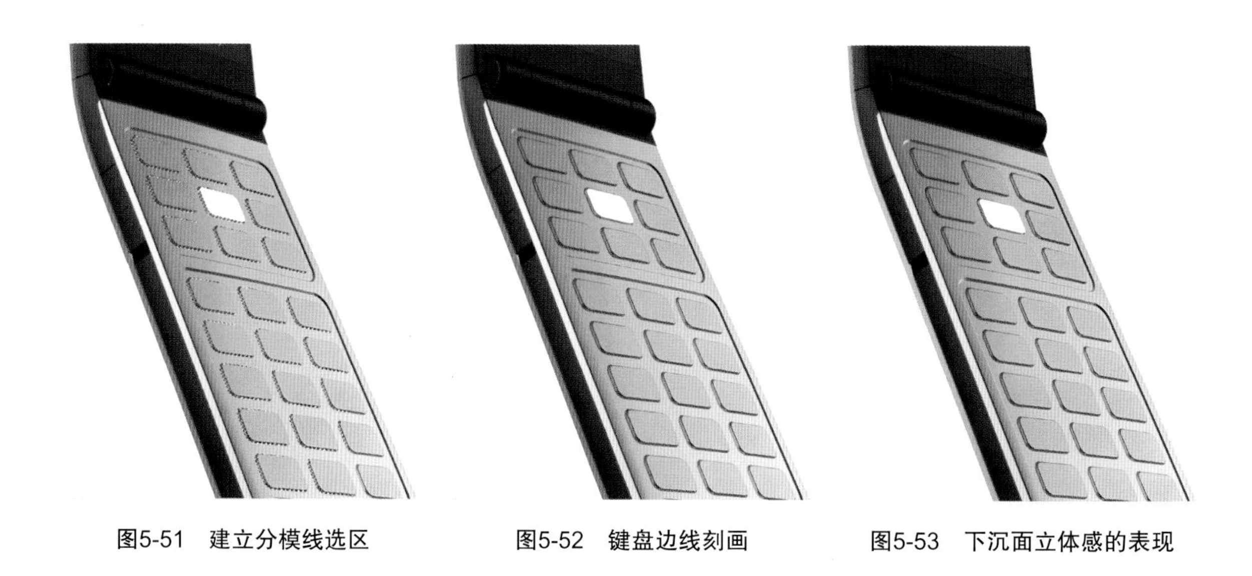

图5-51　建立分模线选区　　图5-52　键盘边线刻画　　图5-53　下沉面立体感的表现

5.8　键盘字符的绘画

键盘完成后对按键中的字符进行绘画，需要表现出字符微妙的发光感。背光按键在电子产品中是非常常见的，其特点是突出了字符的识别度，通常采用蓝色和白色光线，如图5-54所示。从发光效果看，字符本身发光，并且周边带有光晕。

图5-54　背光按键

选择字符路径，图5-55中的字符路径和按键轮廓路径在同一路径层上。如果单独选择字符路径比较麻烦，则可将该路径层复制至新路径层，再将轮廓路径删除从而获得单独的字符路径层。建立选区如图5-56所示，在新建的图层中填充稍亮的颜色，如图5-57所示。接下来表现光晕感。新建一个图层，利用上一步骤的选区填充白色，调整图层透明度约40%左右，再选择菜单中“滤镜\模糊\高斯模糊…”，选择稍小的半径值，即可看到字符有了发光的感觉，如图5-58所示。

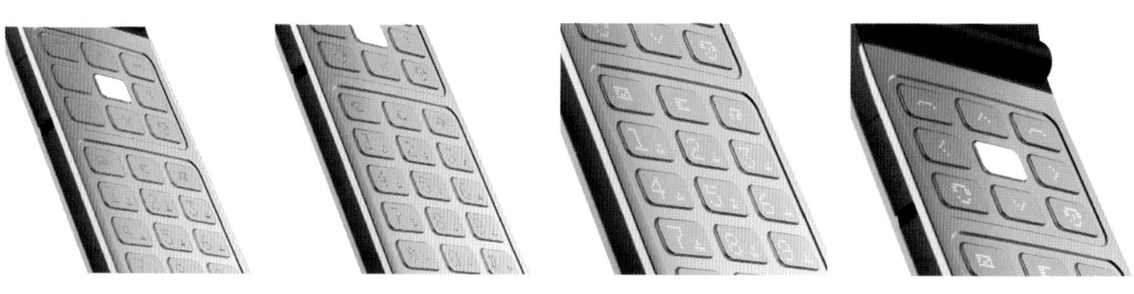

图5-55　字符路径选择　　图5-56　建立字符选区　　图5-57　填充亮色　　图5-58　背光字符

5.9　质感表现

5.9.1　按键的质感表现

中心功能按键考虑采用激光工艺，表面呈现出发射状的金属质感，这种工艺在按键等零件的表面工艺上较为常见，如图5-59所示。

图5-59　激光镜面质感

中心功能按键为整个按键的点睛之处，可利用渐变工具对其进行绘画。先选择该按键路径建立选区，在工具栏中点选渐变工具，单击界面上方该工具选项的长方形渐变色块打开编辑面板，利用下方的控制块，调整出多个灰白渐变的效果，如图5-60所示。在按键的中心处点下并向外拖动，即可绘画出渐变的激光表面质感，如图5-61所示。

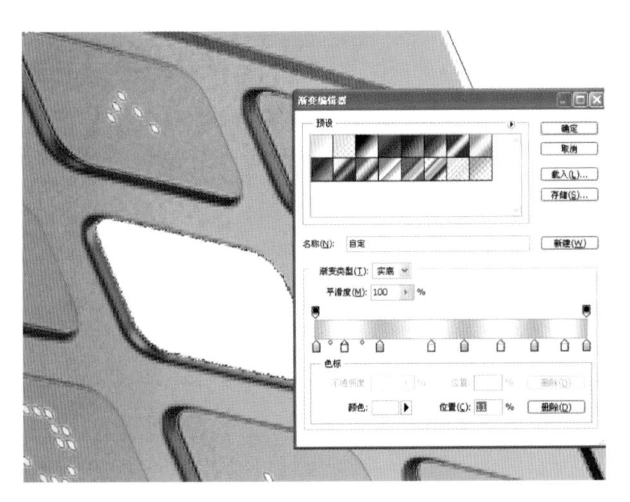

图5-60　渐变工具编辑

图5-61　激光表面质感

5.9.2　品牌标志的刻画

品牌标志考虑银色丝印工艺，光影变化明显。先通过导入或者绘制的方法获得标志路径，然后利用变形工具<Ctrl>+<T>对标志进行透视方向的调整，使之贴合在上盖下方，如图5-62所示。先填充白色，再选择画笔工具和灰色，在远离光影的位置绘画，通过渐变色表现出其质感，如图5-63所示。

图5-62　标志路径调整

图5-63　标志光影变化

5.9.3　屏幕深度感的表现

下面对手机的LCD屏幕进行表现。传统的手机屏幕由两部分构成，一个显示镜片组，由多个镜片组成，用于显示手机的信息画面，在镜片的上方，一般会设计有透明的塑料镜片，起保护屏幕的作用。因此，在屏幕与保护镜片之间存在着一点落差，所以屏幕看起来有一种深度感。选择屏幕路径，如图5-64所示，建立选区，填充比周围稍深的黑色。新建一个图层，选择显示范围的路径，填充比周围稍浅的灰色，如图5-65所示。接着，双击其所在图层，打开图层样式，选择内阴影选项，调整光线方向与阴影选项，如图5-66所示。

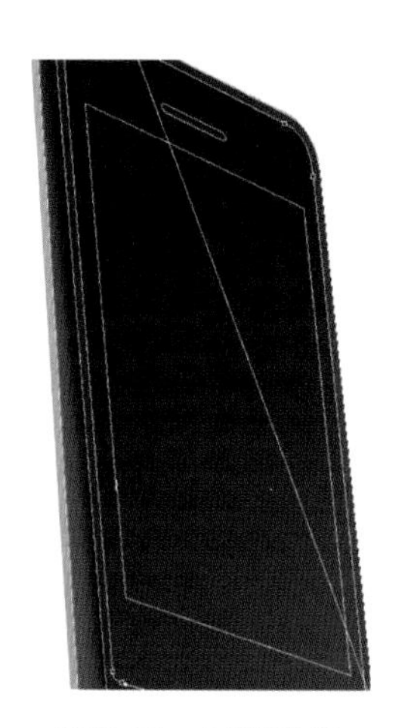

图5-64　屏幕路径

图5-65　填充颜色

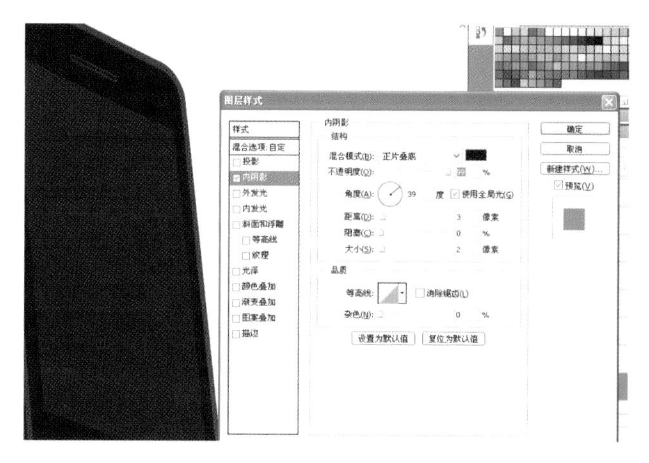

图5-66　屏幕内阴影

5.9.4　镜面质感表现

屏幕上方的镜片是光亮的表面质感，需要增加反光板的反射以表现出该质感的特点。先新建一个图层，选择镜片范围的路径，建立选区，如图5-67所示。再选择大尺寸的画笔和灰色，在靠近光源的方向轻轻画出一笔，如图5-68所示。接着选择多边形选区工具将镜片左上角一半的位置选中，单击删除键删除部分绘画的内容，如图5-69所示。这样就表现出了镜片的反光感。

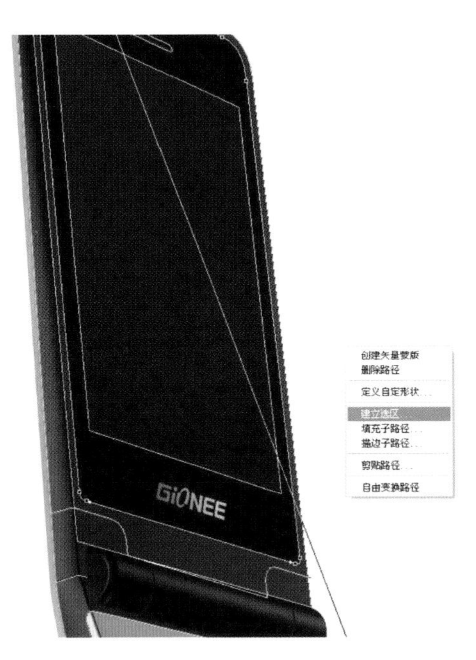

图5-67　镜片路径

图5-68　镜片绘画

图5-69　屏幕的反光板效果

最后，利用镜片的轮廓路径描出黑色和灰色的线，对镜片的分模线和高光线进行表现，如图5-70~图5-73所示。

图5-70　镜片分模线

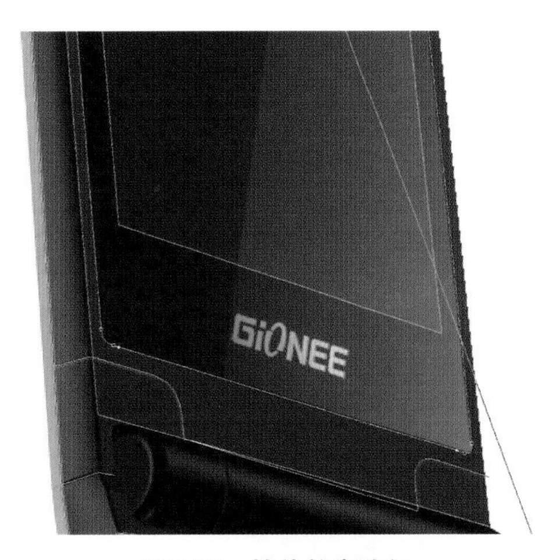

图5-71　镜片轮廓路径

图5-72　镜片高光线

图5-73　镜片最终效果

5.9.5 其他细节质感刻画

对手机其他位置的细节进行刻画，如图5-74所示。

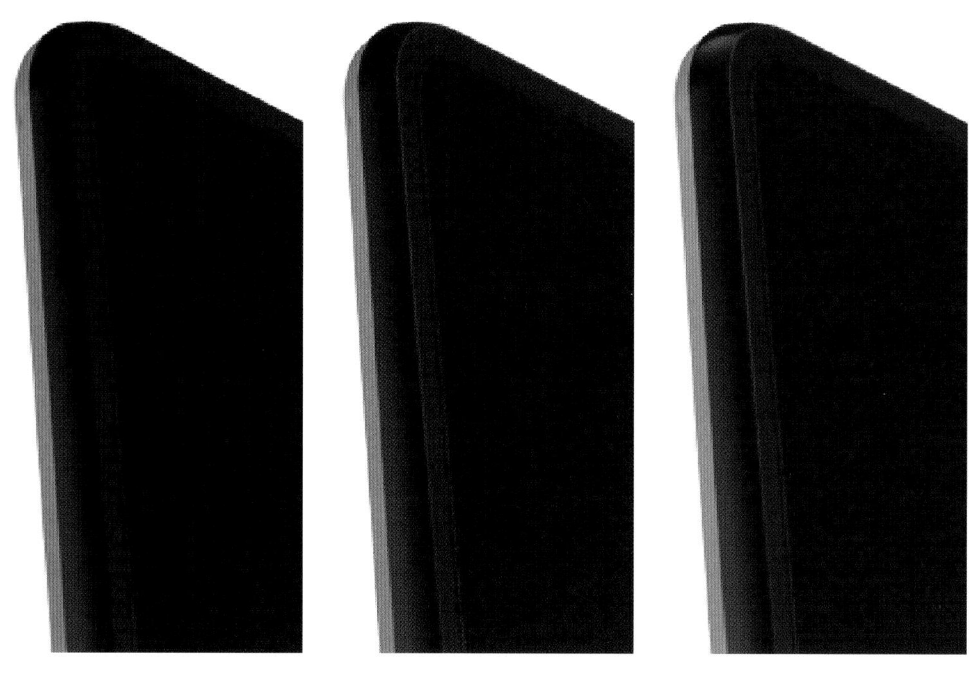

图5-74 细节表现

5.9.6 磨砂质感表现

塑料本色的表面质感一般会有抛光和磨砂两种大类型，在磨砂的类型中又根据不同的设计要求和创意分为细磨砂和粗磨砂等。在本案例中，手机黑色部分的零件采用细磨砂的塑料本色质感。将黑色塑料零件的所有内容图层进行图层链接操作，然后合并图层，如图5-75所示。选择菜单“滤镜\杂色\添加杂色…”，选项如图5-76所示，选择稍小的数量以体现磨砂的细腻感，磨砂质感效果表现如图5-77所示。

图5-75 合并图层

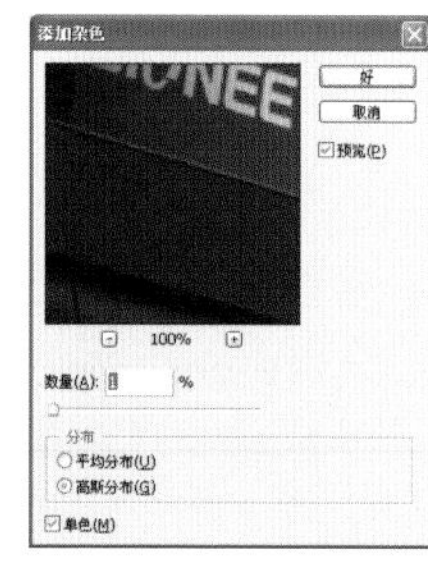

图5-76 杂色选项

图5-77 磨砂质感表现

5.10 手机打开状态最终效果

至此，完成了该翻盖手机打开状态的主视角精确表现，如图5-78所示。

图5-78 手机打开状态最终设计表现效果

5.11 手机背面视角的设计表现

本案例中翻盖手机外观造型的设计特点在背面的视角中得以充分展示，上盖和下盖的线条连贯流畅具有整体感，外观元素简洁而协调。本节将简要地介绍此视角的设计表现过程。

5.11.1 路径绘制

首先建立路径，要特别注意透视的关系，如图5-79所示的上沿和下沿的基础透视关系。基于基础路径继续完成主体路径、细节线条和字符的路径绘制，如图5-79和图5-80所示。

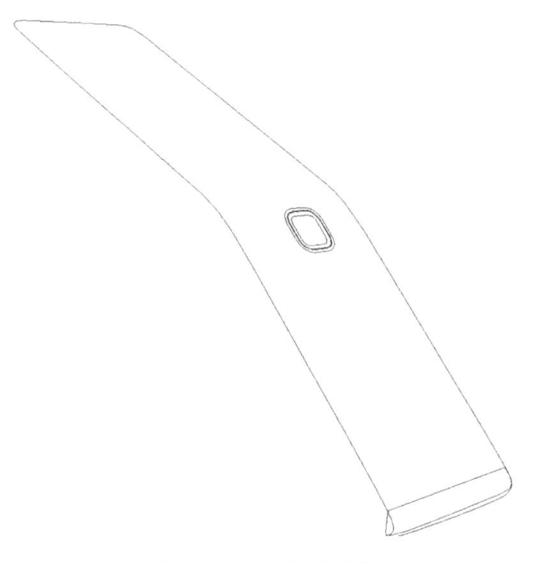

图5-79 手机基础路径

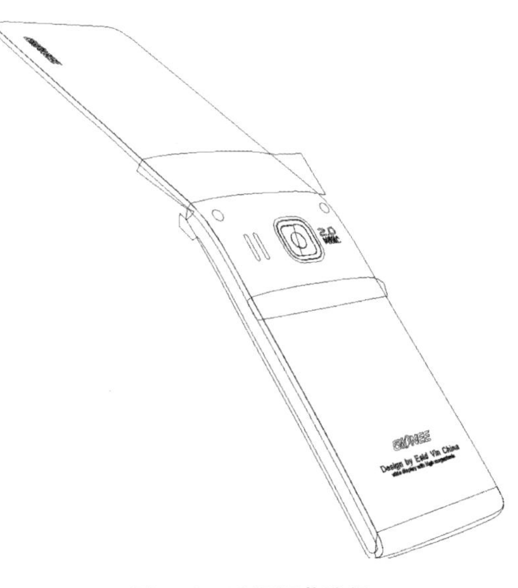

图5-80 手机细节路径

5.11.2 主体明暗表现

基本思路是基于路径，建立选区，填充底色，然后在底色上层利用画笔工具在对应的路径选区范围内绘画出该产品的明暗造型。需要注意的是该产品的背面具有一定的曲面造型变化，而并非是平面的。因此，在背面的两侧利用浅色和深色表现出曲面设计感，如图5-81所示。对局部造型明暗过渡的位置作细化修饰，如图5-82所示的两侧和底部。

图5-81 手机主体明暗　　图5-82 局部造型细化修饰

5.11.3 字符效果表现

背面的字符设计需考虑符合整体的风格特点，简洁而文雅。先绘制出字符的路径，再逐一通过自由变换工具将其调整至指定位置，然后建立选区，填充比主体色稍深的颜色。再利用字符的区域绘画出字符因光线变化而产生的明暗变换感，如图5-82所示。

5.11.4 摄像头的表现

摄像头的外观效果以其精致的造型和细致的质感成为背面视角的点睛之笔。首先，选择镜头内圆路径，填充中灰色，表现出镜头内圈的效果，如图5-83和图5-84所示。接着，在其上方绘画出一层半透明的白色范围，表现出镜片的反光感和通透感，如图5-85所示。再利用外圈路径，建立选区，如图5-86所示。选择画笔工具，调整小笔画直径，分别选择黑色和白色对镜头外圈的对角位置进行绘画，效果如图5-87所示。

图5-83 背面摄像头　　图5-84 镜片效果

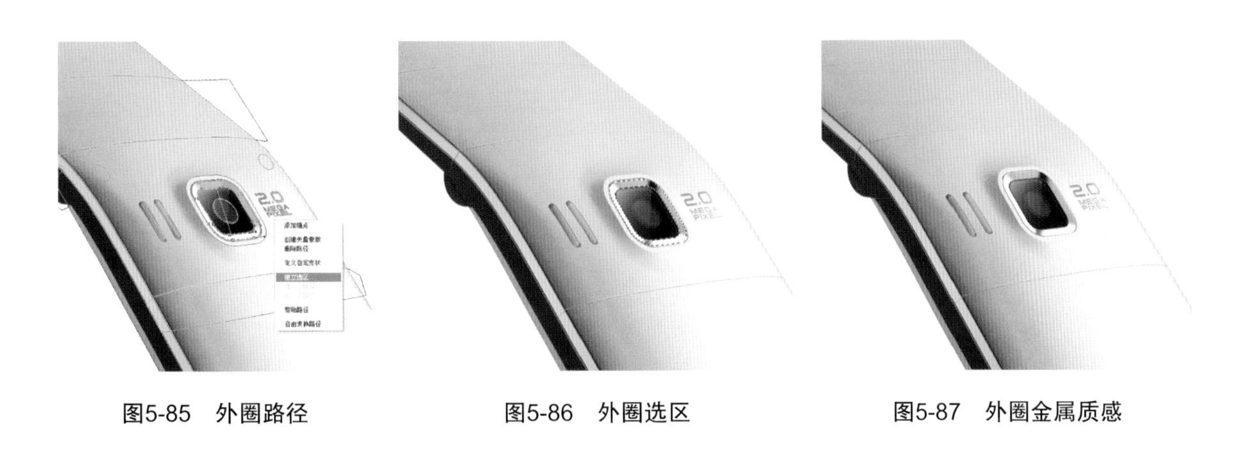

图5-85　外圈路径　　图5-86　外圈选区　　图5-87　外圈金属质感

5.11.5　手机背面最终效果

最终完成的翻盖手机背面效果设计表现如图5-88所示。

图5-88　手机背面最终效果

思考与练习

1. 对手机的透视进行思考，临摹多款手机的外轮廓线。
2. 观察思考发光效果的设计表现。
3. 参考现有的产品摄影，临摹练习金属质感、磨砂质感的表现。

第6章 交通工具外观造型设计表现

本章将以轻轨车辆车体造型创意方案为例，对交通工具外观造型设计表现过程进行讨论。

6.1 草图的处理

将前期概念创意完成的手绘草图导入Photoshop中，将其所在图层调整至低透明度，以作为后期路径绘画的参考，如图6-1所示。

图6-1 草图的处理

6.2 曲线的设计

6.2.1 轮廓曲线路径的设计

基于草图的透视与比例参考，对基础曲线路径进行设计与绘制，包括主要的轮廓线、主体造型的特征线等，如图6-2所示。绘制时注意观察该车体形态的特征。

6.2.2 主特征曲线路径的设计

对车身外观曲面轮廓的造型线、转折线、分界线进行设计与绘制，包括前脸、顶部、侧面等主要特征曲线路径的绘制，如图6-3所示。

图6-2　轮廓曲线路径绘制

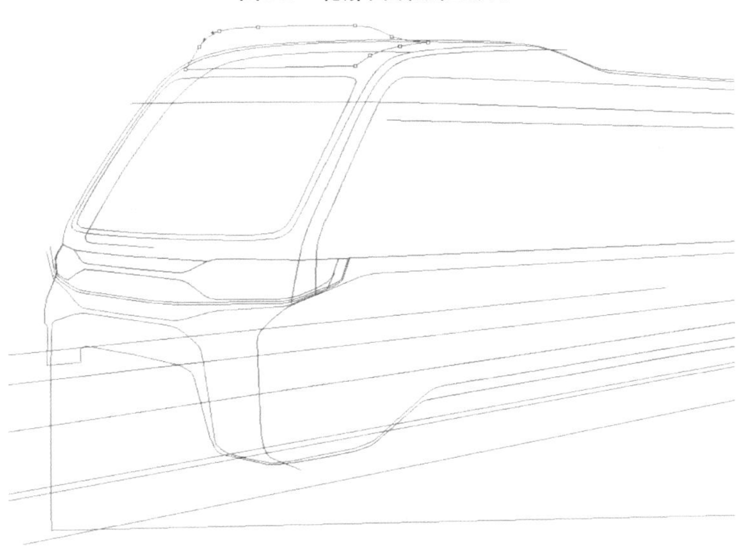

图6-3　主特征曲线路径绘制

6.2.3　侧面曲线的设计

对车窗的路径曲线进行绘制。需注意透视和曲线比例的关系，初步可利用直线绘画作辅助，如图6-4所示。

图6-4　车窗曲线路径绘制

6.2.4 车灯轮廓曲线设计

对车灯的轮廓进行设计与路径曲线绘制，如图6-5所示。特别需要注意车灯的左右透视对称性关系。

图6-5 车灯轮廓曲线路径绘制

6.2.5 其他细节曲线的设计

最后进行其他细节路径曲线的设计与绘制，如图6-6所示。

图6-6 其他细节曲线路径绘制

6.2.6 曲线的细致调整

根据整体曲线路径的比例与曲率变化光滑程度，通过控制点对不协调的曲线进行细致反复的调整，直到达到预期的曲线效果。此处依然需要注意空间上的左右对称关系。

6.3　整体曲面设计表现

6.3.1　任务规划

对整个工作任务进行一些科学合理的规划安排，包括对图层的分组管理、光线光源的设置、颜色分配方案等。

6.3.2　整体填色与明暗关系

选择外轮廓曲线路径，建立选区，对车身轮廓进行底部浅灰色填充。再选择画笔工具对车体的明暗交界线进行绘画，表现出车体的曲面转折关系，如图6-7和图6-8所示。

图6-7　整体底色填充　　　图6-8　明暗交界线

6.3.3　基础造型与底色填充

选择前车窗轮廓曲线路径，填充为黑色，如图6-9所示。同时表现出车灯周边的基础造型，如图6-10与图6-11所示。

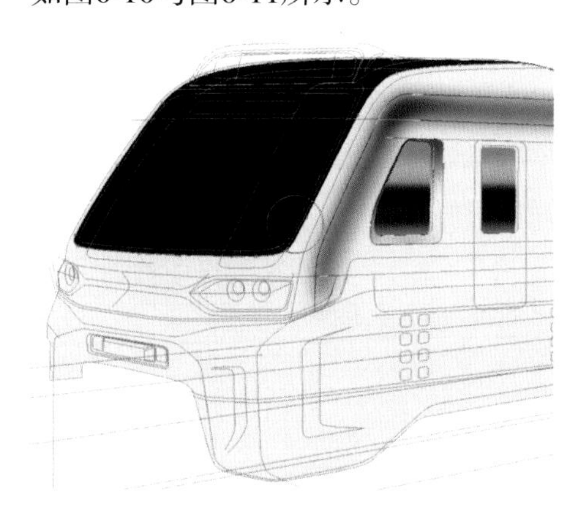

图6-9　前车窗表现

图6-10　前脸基础造型

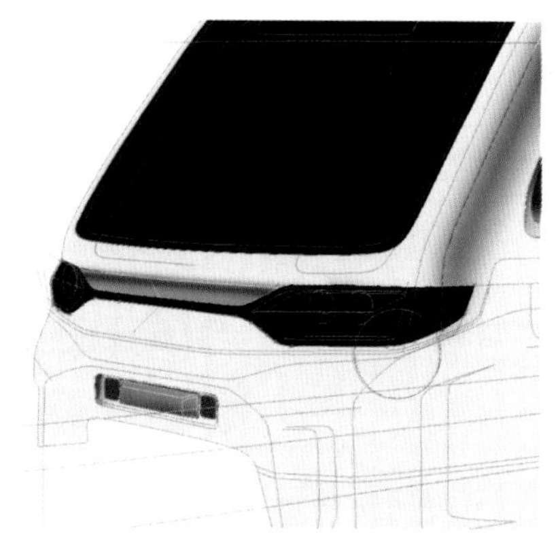

图6-11　车灯底色

6.3.4　前脸造型表现

接下来对车身前脸的造型特征进行设计表现，利用路径建立选区并填充颜色，然后对区域转折位置进行描边，绘画明暗交界线，表现出明暗过渡的基本效果，如图6-12和图6-13所示。然后对前脸造型下方的内凹面进行路径选择与运算，再进行色彩填充与绘画，如图6-14~图6-17所示。

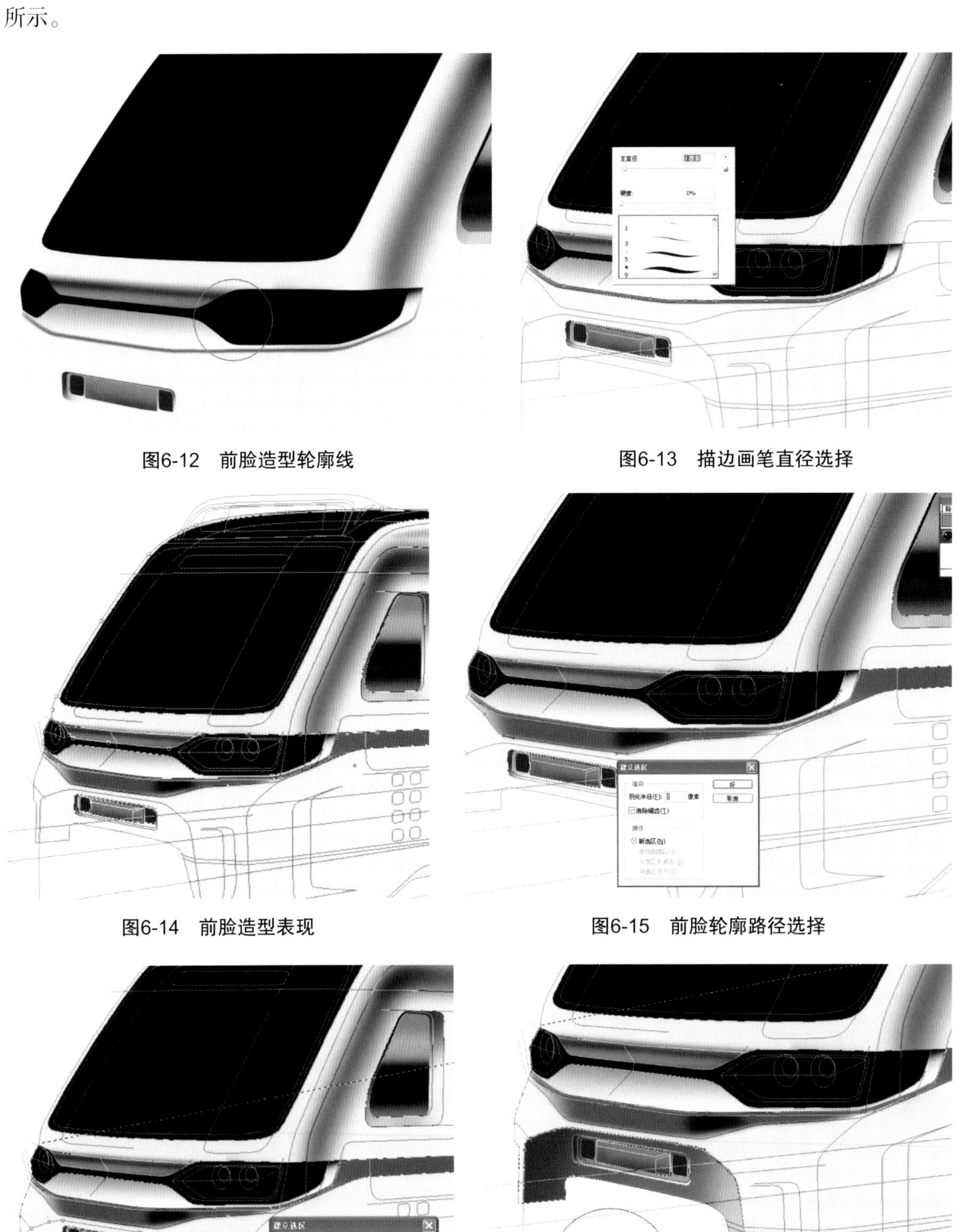

图6-12　前脸造型轮廓线

图6-13　描边画笔直径选择

图6-14　前脸造型表现

图6-15　前脸轮廓路径选择

图6-16　前脸轮廓路径运算

图6-17　前脸下方内凹造型

对该造型凸起的迎光面进行浅色喷画，表现出受光效果，如图6-18所示。

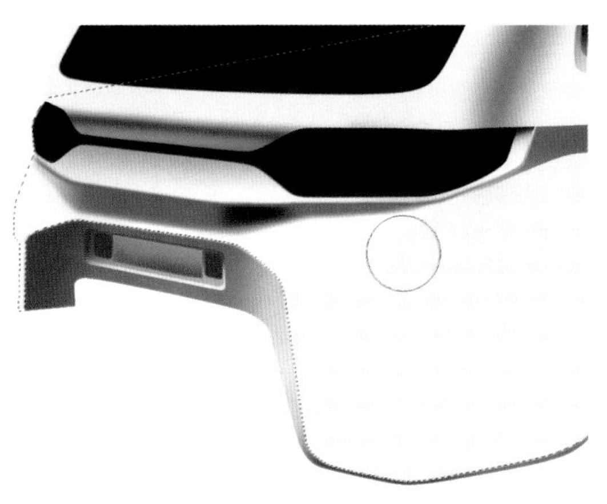

图6-18　凸起的迎光面表现

6.3.5　侧面的表现

选择侧面相应路径，对侧面的明暗进行表现。喷画过程中需要观察周边的明暗关系，避免过暗或过亮的效果，如图6-19~图6-22所示。

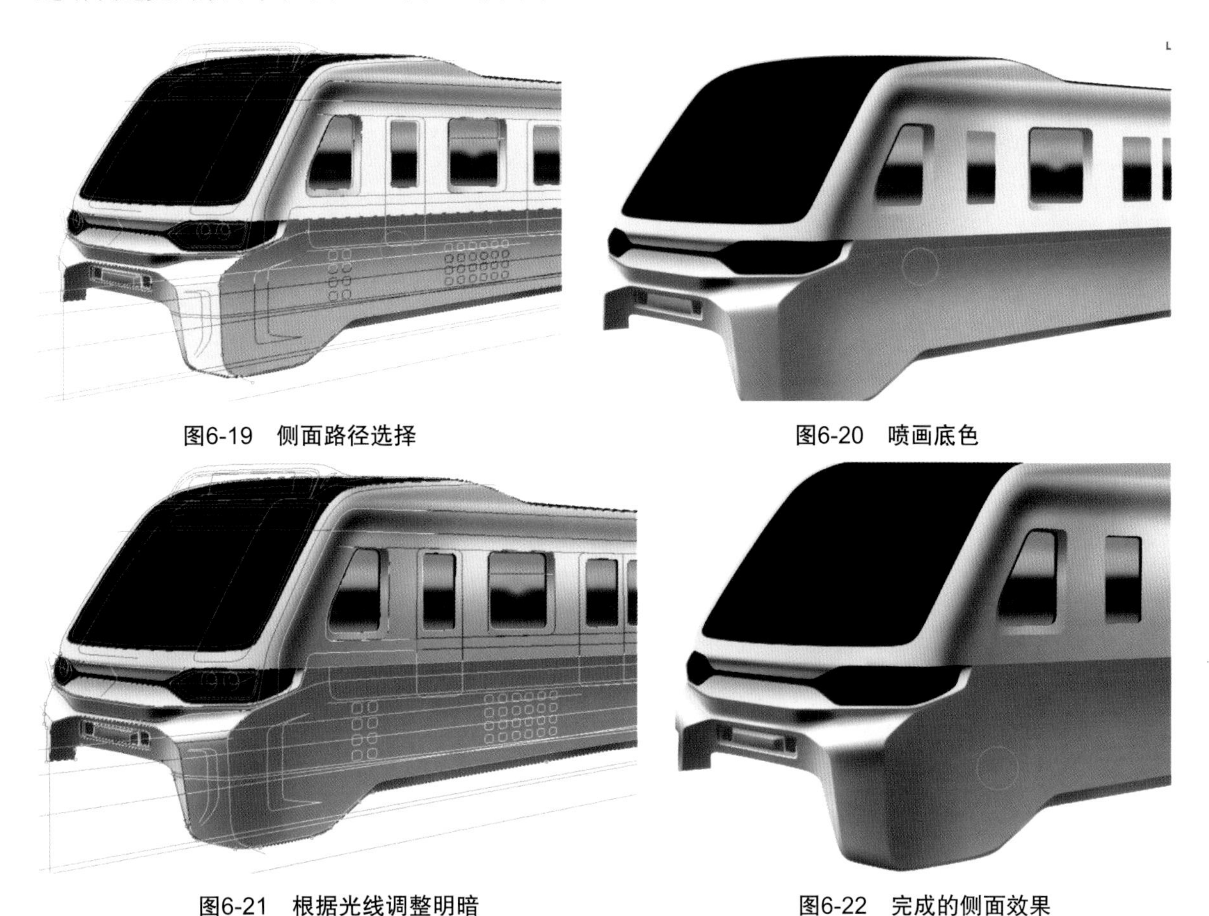

图6-19　侧面路径选择

图6-20　喷画底色

图6-21　根据光线调整明暗

图6-22　完成的侧面效果

6.3.6　外轮廓描边

选择外轮廓线，对车体的外轮廓进行描边绘画，如图6-23和图6-24所示。

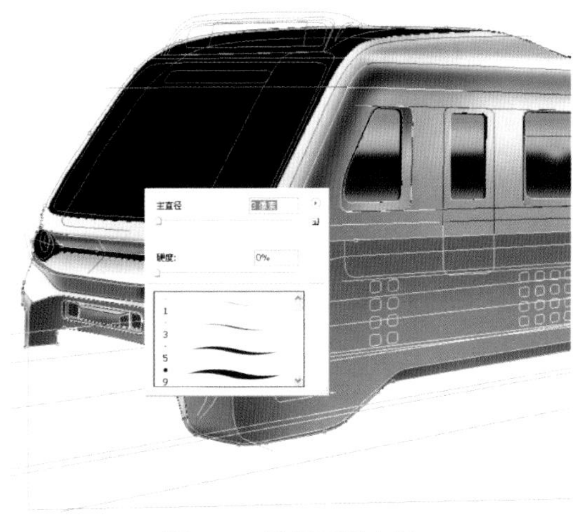

图6-23　选择画笔直径

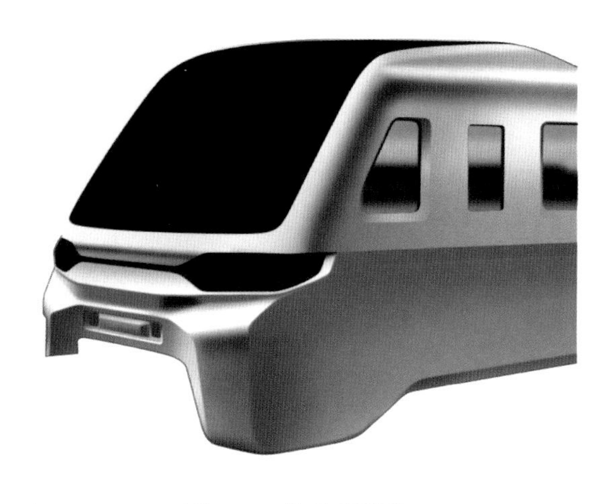

图6-24　外轮廓描边

6.3.7　细部细节造型的表现

分别利用细部的路径进行路径运算，以获得相应选区，对细部造型进行绘画表现，如图6-25~图6-28所示。

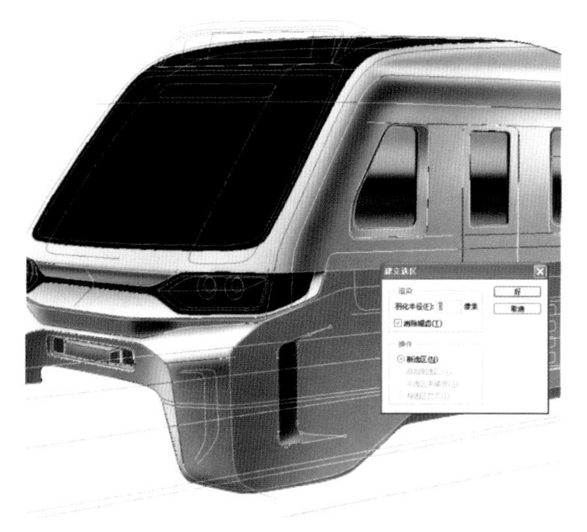

图6-25　细部路径选择

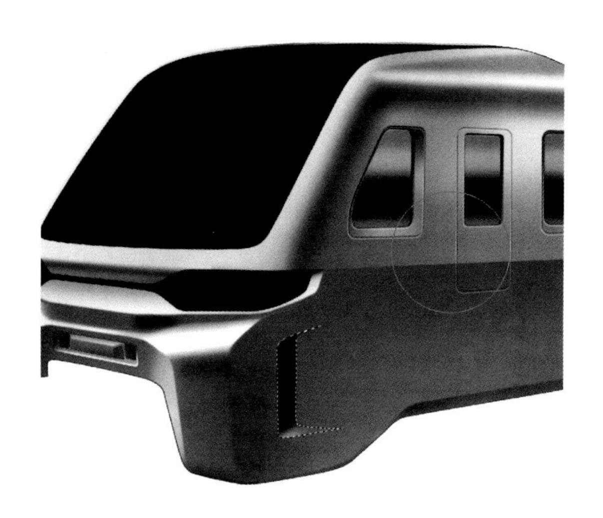

图6-26　细部造型绘画

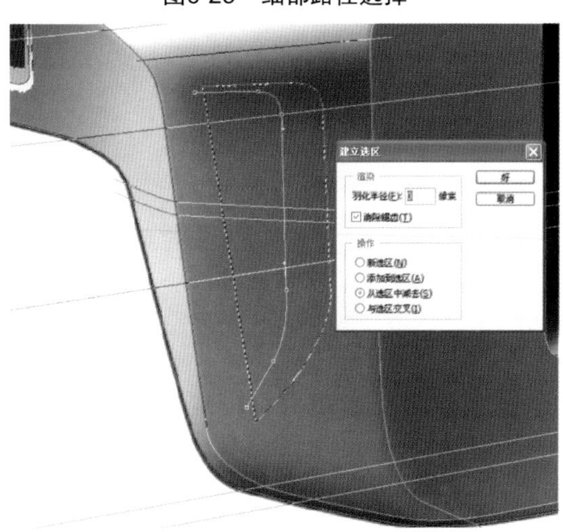

图6-27　路径运算

图6-28　细部绘画完成

6.4　车灯的设计与表现

车灯的外轮廓与主体造型形成内嵌的设计风格，车灯轮廓线交接过渡的特点与车体的造型特点相呼应。

6.4.1　路径选择

选择车灯灯罩外轮廓线路径，进行运算后建立选区，填充为浅灰色，如图6-29和图6-30所示。

图6-29　车灯路径选择

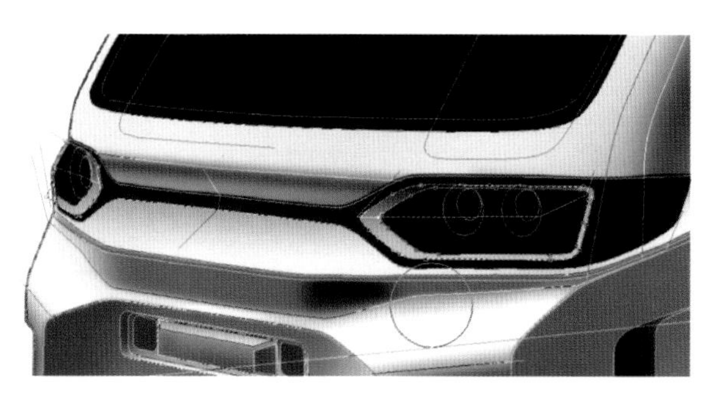

图6-30　车灯底色填充

6.4.2　车灯灯泡绘制

选择车灯轮廓路径，进行描边和立体感的明暗表现，如图6-31和图6-32所示。

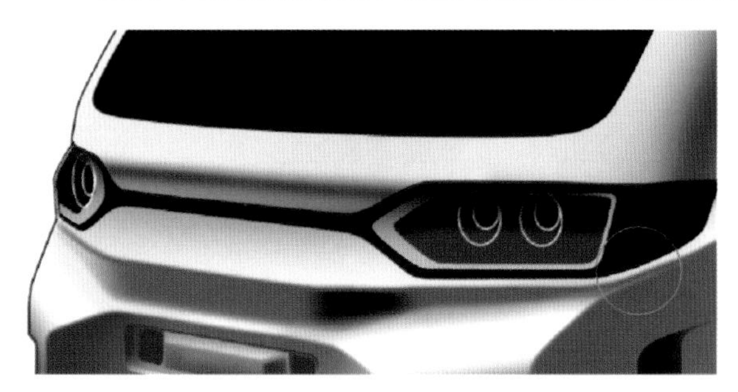

图6-31　车灯轮廓路径

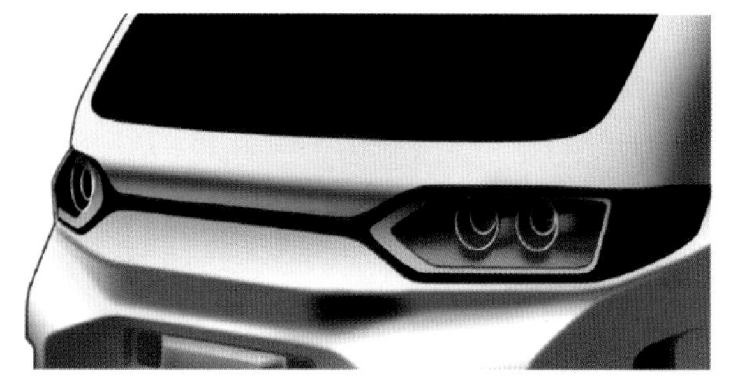

图6-32　灯泡明暗表现

6.4.3　车灯质感

最后，对车灯的质感进行表现。车灯内胆采用电镀的光洁表面，车灯灯罩采用透明的反射质感，如图6-33和图6-34所示。

图6-33　车灯内胆质感

图6-34　灯罩透明质感

6.5 侧孔的表现

根据侧孔的轮廓路径，分别填充不同的颜色，表现出侧孔的立体感，如图6-35和图6-36所示。

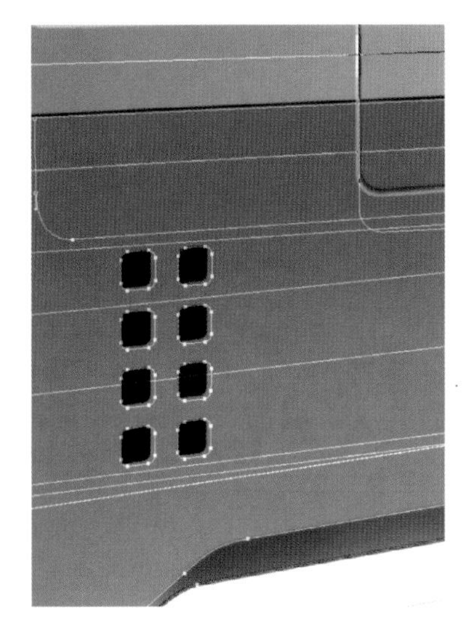

图6-35 侧孔路径

图6-36 侧孔立体感

6.6 前车窗的表现

车窗具有通透感和反射感的材质，因此需要绘画出反光板的范围，如图6-37所示的路径绘制。利用该路径建立选区，绘画出半透明的浅色，如图6-38和图6-39所示。

图6-37 前车窗路径选择

图6-38 车窗的反光板绘画

图6-39 车窗质感

6.7 提示牌造型设计

6.7.1 基础造型

提示牌是指车顶的站台提示公告牌，整体造型应与车身浑然一体并具有后仰的趋势。先绘画出其整体造型，注意采用圆润的形态，喷笔尺寸不能太小，如图6-40所示。

图6-40　基础造型

6.7.2　内凹造型层次

基础造型完成后，对该提示牌的内凹面进行设计表现，其光源变化与外部造型相反，如图6-41和图6-42所示。

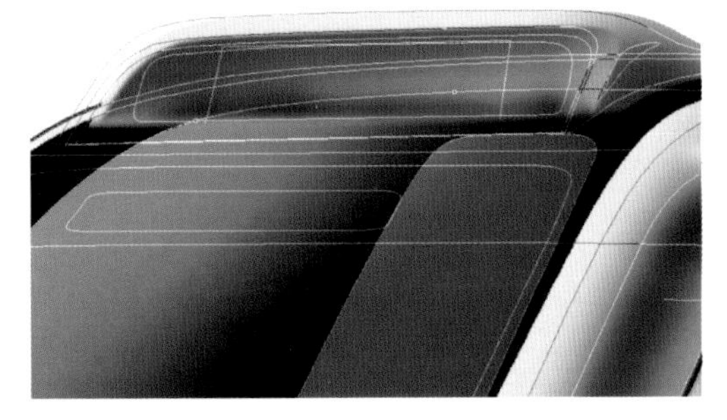

图6-41　内凹造型

图6-42　内凹的屏幕

6.7.3　内部屏幕设计

屏幕采用红色LED灯阵。首先喷画暗红色，表现出灯阵的光晕效果，如图6-43所示。

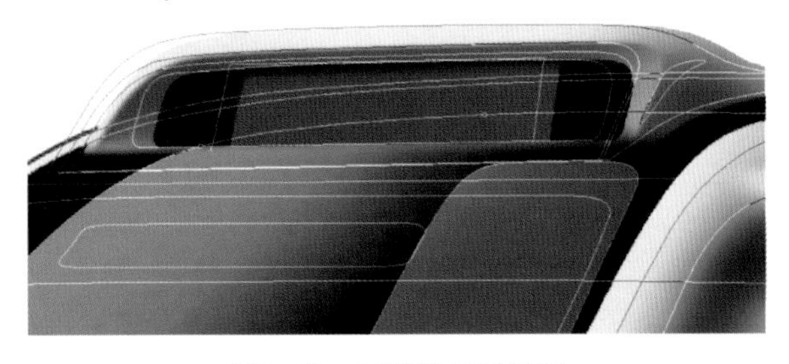

图6-43　灯阵的光晕效果

接着，输入文字，再将矢量文字图层“栅格化”转化为图形图层。利用选区工具，做出网状选区，再删除网状选区范围让文字形成点阵效果，然后利用变形工具调整透视，如图6-44所示。最终效果如图6-45所示。

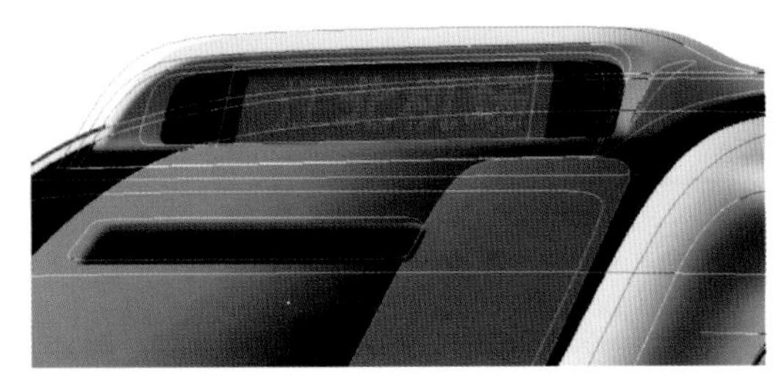

图6-44　文字处理

图6-45　最终效果

6.8 细节高光

对车身的细节高光进行设计表现，主要利用路径的“描边子路径”功能进行。先调整画笔直径为稍小数值，选择图6-46中正面轮廓的路径，进行车窗、车灯的轮廓高光表现，如图6-47所示。

图6-46 车身正面细节路径选择

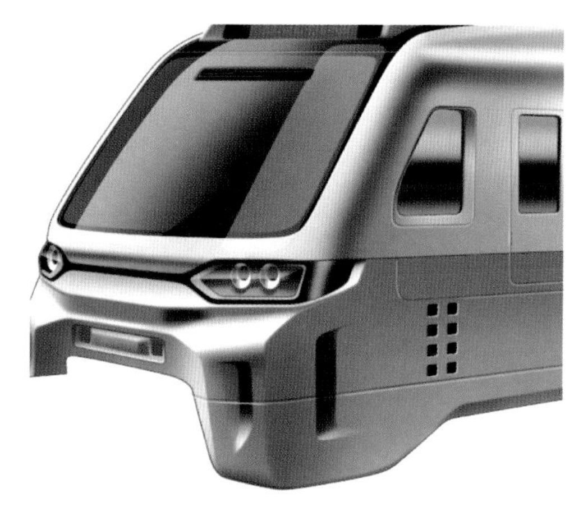

图6-47 车身正面细节高光线绘画

再选择侧面的轮廓路径进行描边操作，表现出侧面细节高光线，如图6-48和图6-49所示。

图6-48 车身侧面细节路径选择

图6-49 车身侧面细节高光线绘画

最后，对其他造型面的转折线进行高光刻画，如图6-50所示。

图6-50 其他车身细节高光和阴影表现

6.9　最后的设计效果

图6-51所示为最终完成的轻轨车辆车体外观造型设计表现。

图6-51　最终设计表现效果

思考与练习

1. 对大体量的交通工具产品进行临摹练习。
2. 基于草图绘制出交通工具的路径。
3. 熟悉掌握大体量交通工具的明暗变化关系。

第7章 Alias的思想

本章将介绍Alias软件的特点及常用工具，为后面基于Alias的工业设计表现奠定基础。

7.1 功能强大的Alias

7.1.1 Alias是什么

Alias是一款面向工业设计创意、建模、渲染、方案整合的创意设计工具软件，目前已更新至2013版。与其他大多数三维应用软件不同，Alias独特的功能可以满足专业设计人员特殊的需求，特别是设计流程中不同环节对软件的不同需求。图7-1所示为软件的介绍界面。

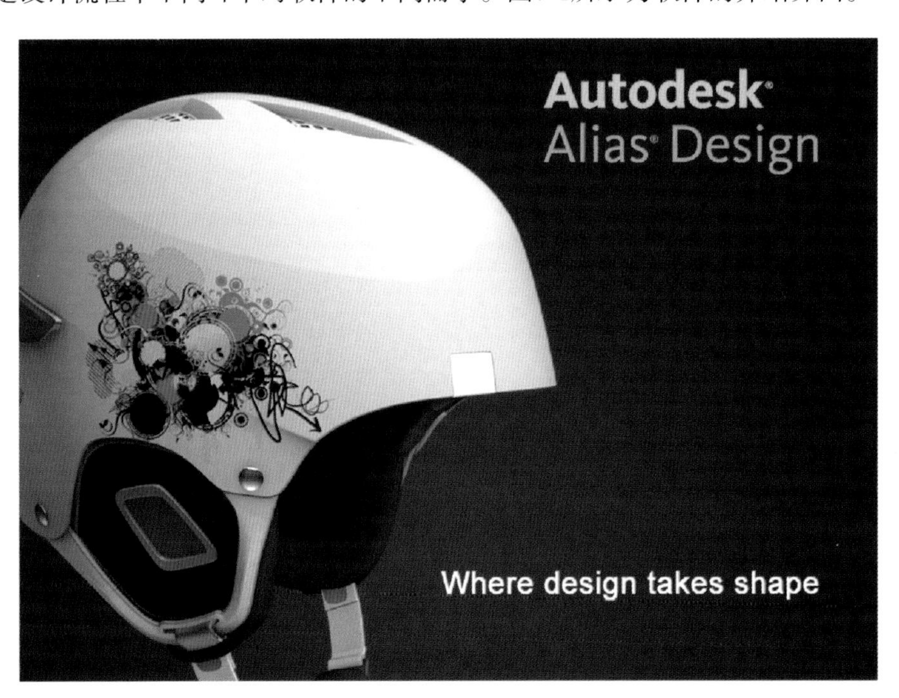

图7-1 Alias软件介绍界面

7.1.2 Alias能做什么

Alias非常适合以下几方面的设计应用：

（1）创意构思 设计方案、概念方案的草图绘制和插图绘制，如图7-2 ~ 图7-4所示。

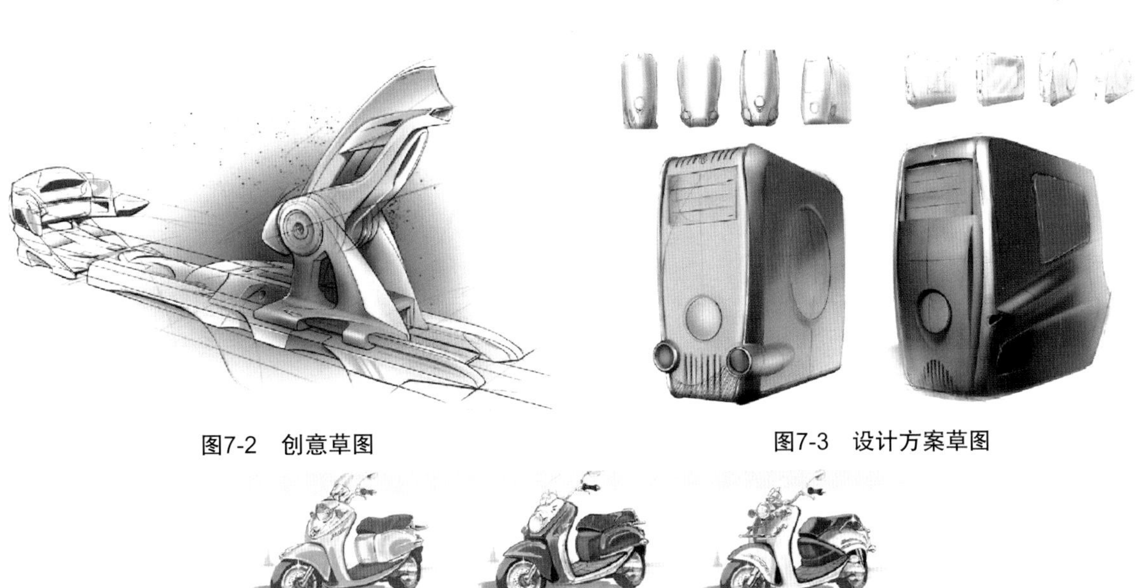

图7-2　创意草图

图7-3　设计方案草图

图7-4　方案对比草图

（2）覆盖图形创意　基于三维模型的设计方案创意，即在现有三维数据基础上绘制草图。图7-5所示为设计师在空白纸面上进行的原始概念设计与表现。图7-6所示为基于计算机三维模型（含有明确的工程数据和透视关系）的设计与表现。图7-7所示为基于三维模型的覆盖性设计方案的设计表现。

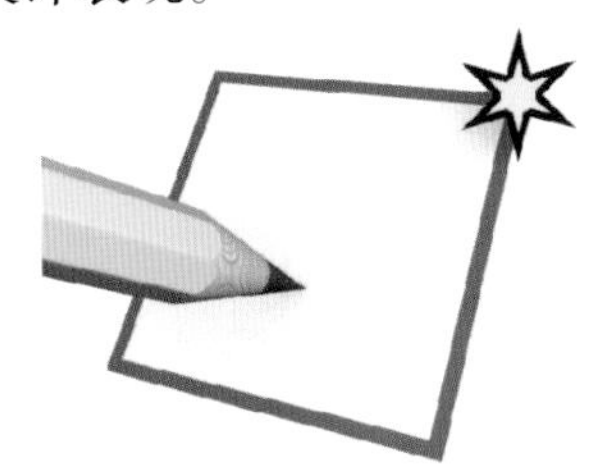

图7-5　原始概念设计与表现

图7-6　基于三维模型的设计与表现

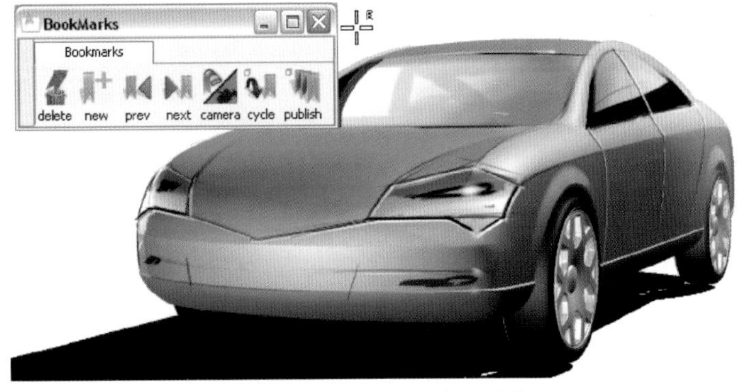

图7-7　覆盖性设计方案设计表现

（3）概念性建模和渲染　通过曲线、曲面构建成产品三维模型，基于模型进行效果渲染，从而进行形态和颜色的研究（渲染功能并非在所有产品中都提供）。对比Alias提供了灵活的建模与对应调整的方法，如图7-8和图7-9所示。

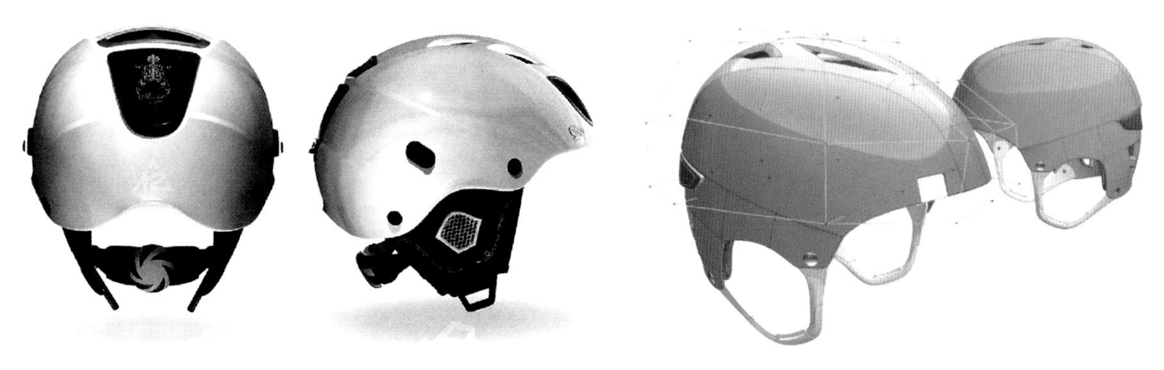

图7-8　设计方案的建模渲染　　图7-9　设计方案的建模与调整

（4）逆向工程　基于油泥模型的点云数据进行曲面构建，创建以生产制造为目的的模型，如图7-10所示。

图7-10　Alias的逆向工程建模

（5）设计交流与合作　团队中的技术建模人员、工程人员和设计人员可通过在相同的工作文件中添加注释和绘图进行交流。使用 Alias可进行设计演示。在设计评论过程中，可为实时数据添加注释并动态修改二维图像或三维几何体。

（6）动画　可以创建设计动画来表达使用周期、转盘动画、飞越序列或分解图的过程动画。

（7）图像输出　为印制相关宣传资料创建高品质打印图像。无论是设计人员或建模人员创建的概念模型，还是高质量的 A 级技术曲面模型，Alias软件都可提供相应的工具来捕捉复杂形状并对其进行可视化，同时可进行效果图渲染。

7.1.3　更人性化的新增功能

新版Alias清爽漂亮的用户界面适于用户长时间的应用和有利于提高工作效率，如图7-11所示；改进了色彩曲线的显示，便于曲线的判别和操作编辑；改进了选择模式，提高了操作效率。

另外，在曲线绘制与编辑模块中，改进了曲线工具，提高了曲线光顺级别，提高了CV曲线的选择移动功能，改善了曲线混合的默认设置，改进了曲线重建。

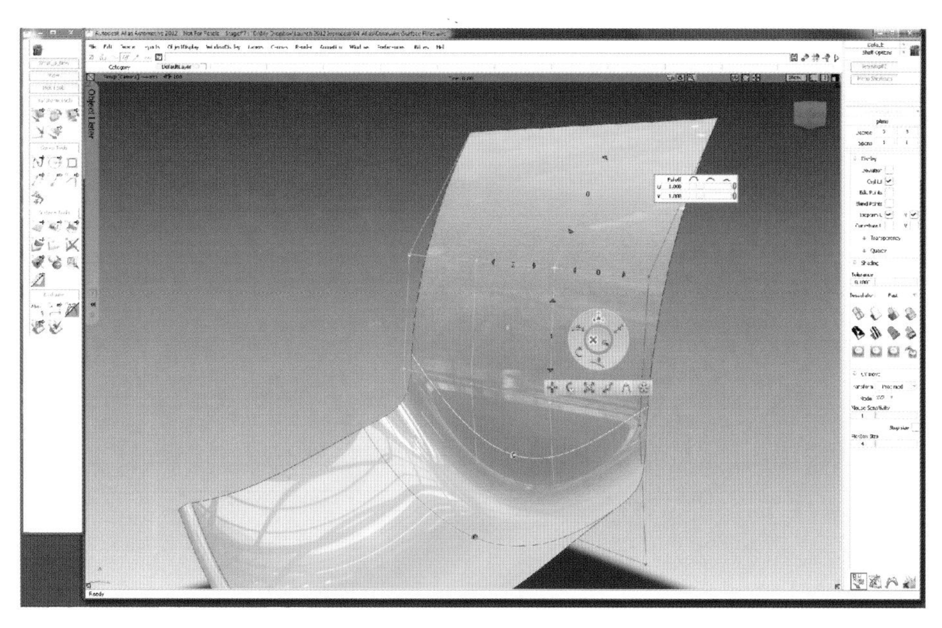

图7-11　新版Alias的界面

7.1.4　Alias软件的特点

Alias软件具有优秀的交互使用方式设计，快捷智能的设计辅助方式，如直线的智能绘画、圆的智能绘画、对称的使用、特定选区的自由建立等。概括地讲，Alias软件的特点如下：

（1）面向概念设计　完整的草图与设计表现，可完成从创意草图到方案效果图的表现；直观的绘画工具界面，有利于提高工作效率；整合了2D和3D环境，即概念创意、方案设计与工程的有机结合；设计的可视化和可修改，让设计师从容管理设计工作；强调全面的草图设计，加强了设计师的创意空间；植入MAYA模块，通过MAYA独特形态的创意方式加强创意设计的空间。

（2）面向三维建模　灵活的建模方式，适合设计创意初期阶段的建模方式；3D　NURBS雕塑法，适用于设计创意的调整和控制；自动化的曲面构建工具，适用于曲面构建过程的各种调整控制；动态的形态建模，通过对形态的预览、扭曲、拉伸等操作，实时获得调整的结果。

此外，该软件还提供了曲面精确构建的一些工具。

读者还可以登录http://aliasdesign.autodesk.com/与全球Alias用户和爱好者进行沟通交流。

7.2　Alias的学习“思想”

7.2.1　给 Alias 新手的建议

Alias软件提供了一个强大的集成工具集，为设计过程提供技术支持。该界面中包括 Alias软件特有的行为。

初学者可先从认识软件的整体界面开始，了解该软件由几个板块组成，每个板块分别是哪类功能。在此基础上，再随着本书的讲解，逐层深入，先掌握简单案例的绘画，再深入了解常用的工具命令。基于原有的绘画基础及平时的练习，相信初学者一定能很快掌握这个软件，并投入设计工作中应用。

另外，初学者要善于利用菜单上的“Help”选项。“Help”菜单中包含“What’s this?”功能。若要显示特定工具或菜单项的联机帮助，请选择“Help\What’s This?”，然后单击要查看帮助的工具或菜单项（说明：本章将以Alias的Paint模块为主讲述，版本以2011版和2009版为例）。

7.2.2 默认文件路径

首次启动 Alias 软件时，系统会提示创建一个“user_data”目录。此目录创建在“My Documents\Autodesk\Alias”（Windows）或“Documents\Autodesk\Alias”（Mac）中（目前Alias软件属于Autodesk，所以不同版本可能存在差异，如2009版的路径为My Documents\StudioTools\user_data）。

“user_data”目录中包含 Alias 软件所需的项目文件夹。默认情况下，Alias 软件会创建一个“Demo”项目供使用。一个项目中包含多个文件夹，其中最重要的是“wire”文件夹（在该文件夹中保存实际文件）和“pix”文件夹（图像的默认保存位置）。

当然，用户在使用过程中，可根据自己的使用习惯及项目管理的情况自由设置自己的文件路径，如图7-12所示。

图7-12 默认的文件管理路径

a）2010以后的版本 b）2009版

7.2.3 启动程序与基本界面

双击桌面程序图标启动程序，图7-13所示为软件开启后的界面。整体界面总体显得文雅大气，看起来比以前的版本清爽舒服了许多，界面布局也做了一定变化，默认状态采用左右窗口布局。

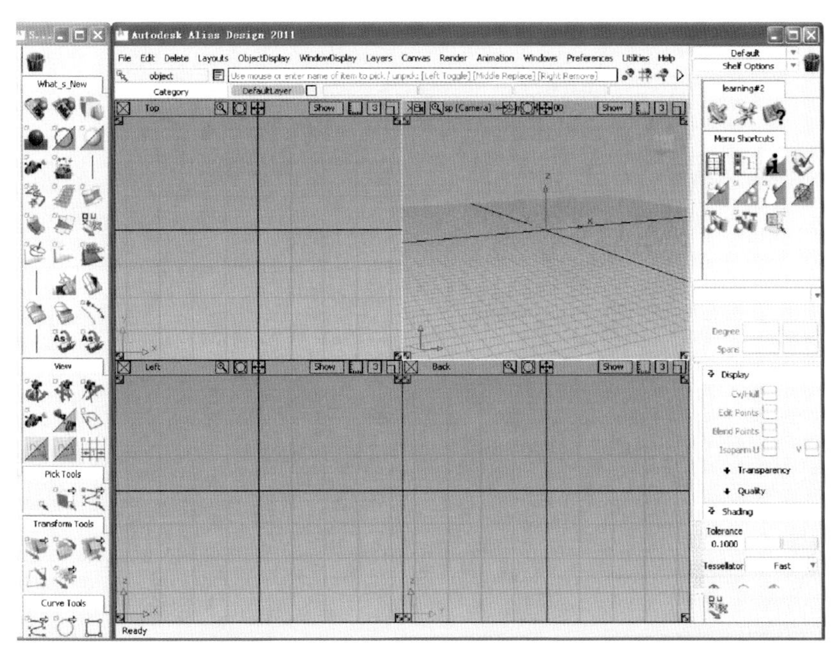

图7-13　2011版Alias软件界面

7.2.4　切换工作流程模块

点选上方菜单“Preferences\Workflows\Paint”切换到创意草图工作流程“Paint模块”，本章主要讲述Paint模块环境的设计表现，快捷键是<Ctrl> + <2>，如图7-14和图7-15所示。

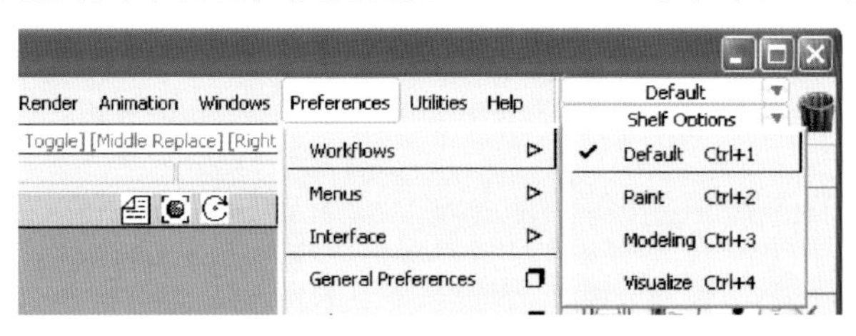

图7-14　工作流程的切换

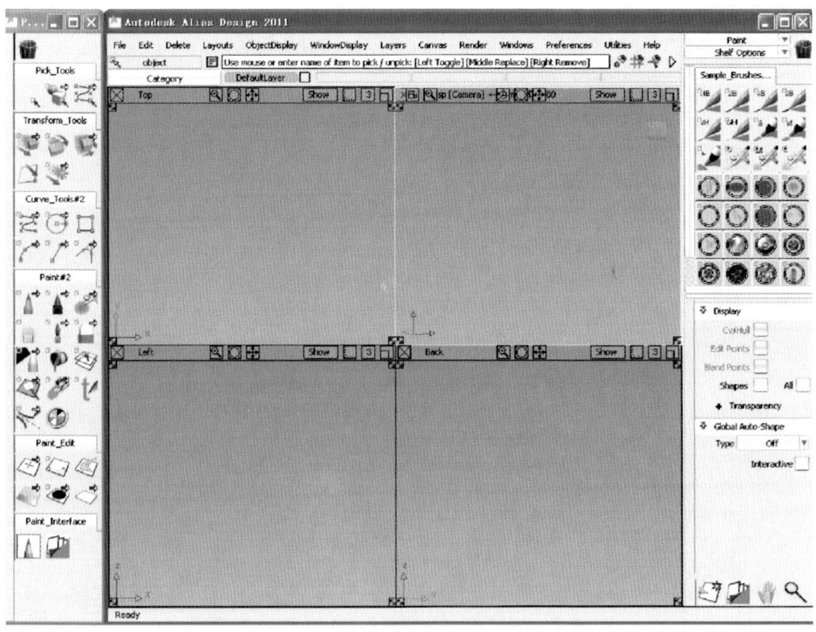

图7-15　绘画流程模块“Paint Workflow”

此软件界面对初学者来说可能是非常繁杂的，这极易使初学者产生一种恐惧感而影响学习的积极性。鉴于此，建议初学者先从界面几个大板块的构成认识开始，了解界面的构成。从简单的界面入手学习，如先关闭图7-15中左右两个功能繁多的板块，通过菜单栏的“Windows”项打开和关闭某些界面板块。如此看起来要简洁多了，如图7-16所示。

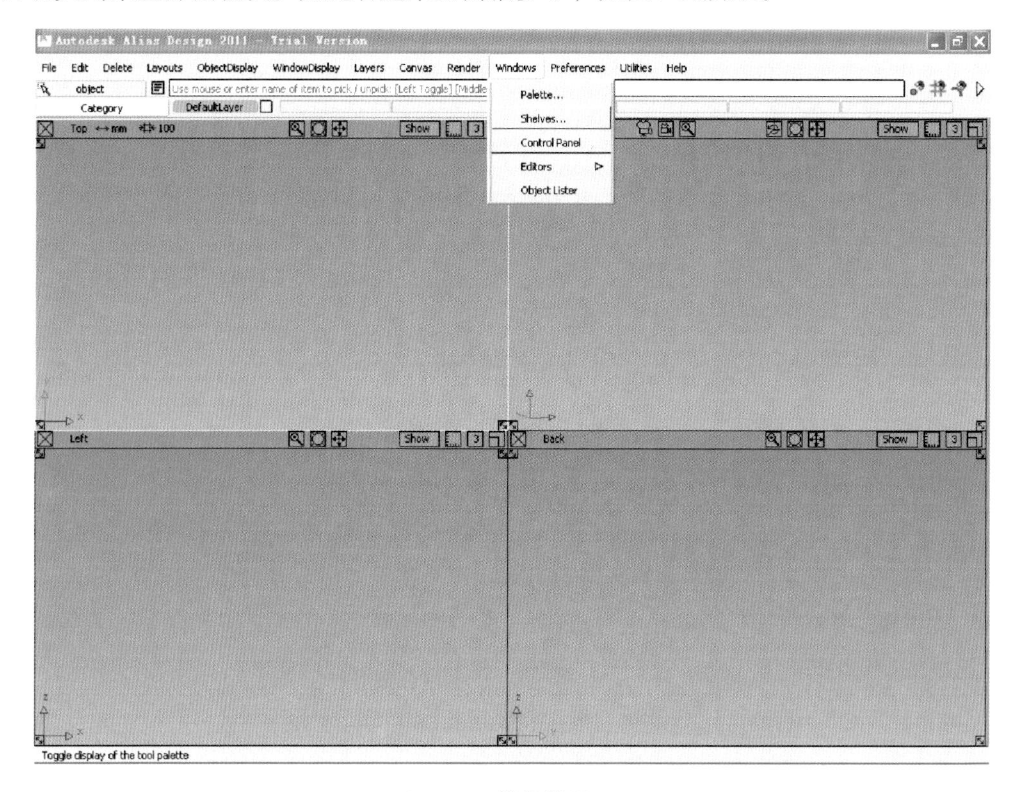

图7-16　简化的界面

7.3　工作界面及常用工具

7.3.1　工作界面构成

现在，先了解一下整体界面的构成，提高对软件的认识，建立软件宏观整体的概念，以提高学习效率，如图7-17所示。

1）左边蓝色区域的界面板块为常用工具架。

2）中间上方红色区域为菜单栏，这是Windows系统下的软件所共有的。

3）中间上方紫色区域为图层及捕捉控制栏。该区域右边的曲线磁铁图标，在后期精确表现效果图时较常用。

4）中间大片橙色区域为绘画工作区域。默认包括4个视图，绘画时只需要选择其中一个视图作为绘画画面即可，如选择Top视图右上角的画面切换图标，可放大Top视图作为主要绘画画面，如图7-18所示。

5）中间下方为状态栏。

6）右边绿色区域为控制面板，对不同工具的选项进行调节。其中在其下端有几个常用的图标，分别是新建画布、图层编辑管理、拖动画面、放大缩小画面。

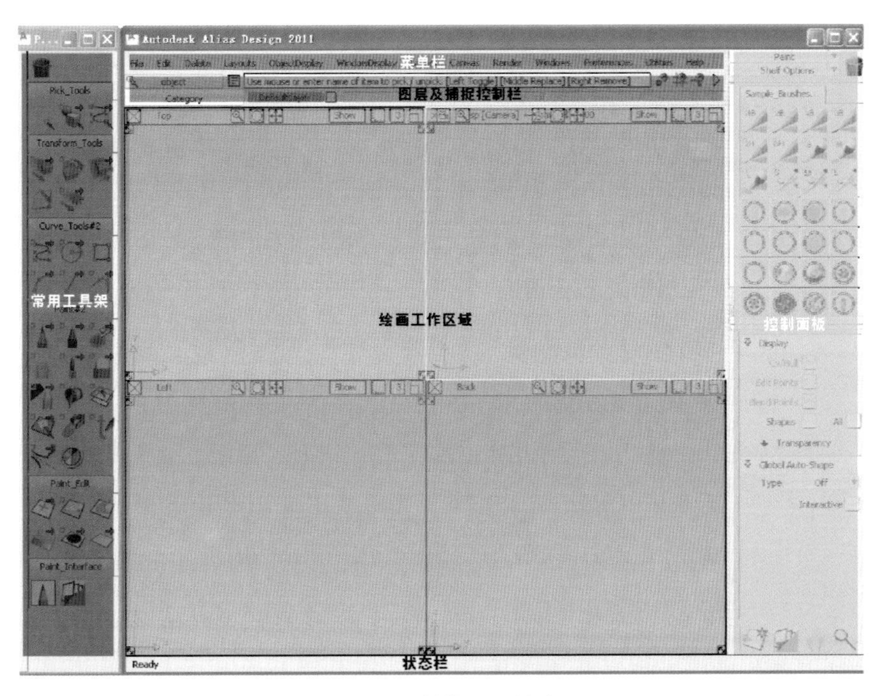

图7-17　整体界面构成

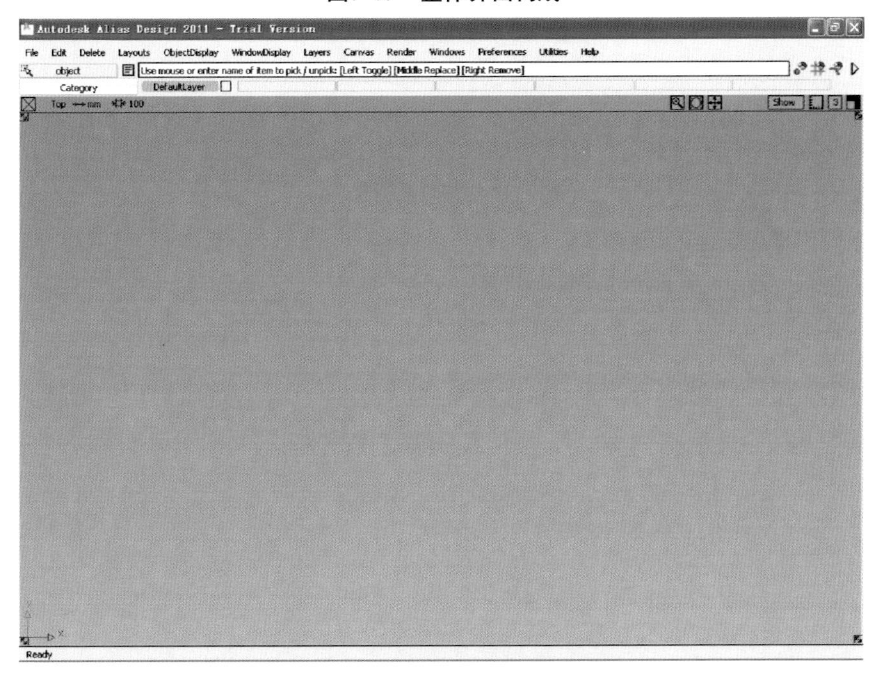

图7-18　Top视图作为主要绘画画面

7.3.2　新建文件——画布“Canvas”

选择菜单上“File\new...”命令新建一个画布文件，弹出创建新画布的设置面板，如图7-19所示。图中默认为透明背景，也可选择白色背景，在面板中单击设置画面底色（“Background layer color”选项后面红圈所示的倒三角符号），选择选项中的“White”（白色），选择结果如图7-19中的右图所示。从其他模块“Workflows”进入绘画板块“Paint”后，画面也会弹出提示，如图7-20所示，表示将删除画面上的物体及相关软件元素然后创建一个新的画面。单击“Yes”按钮即可开始新的绘画，如图7-21所示。

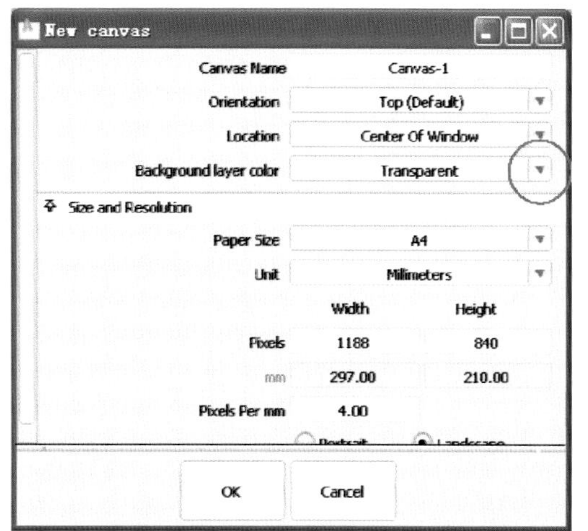

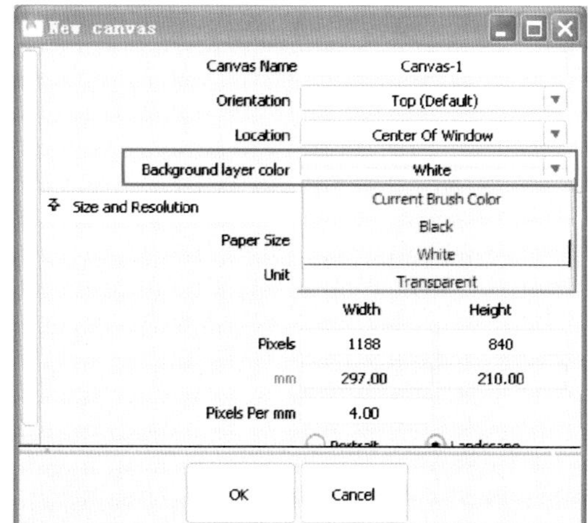

图7-19　创建画布

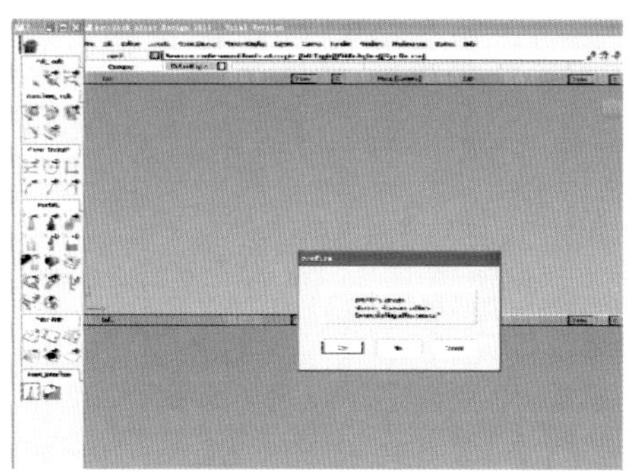

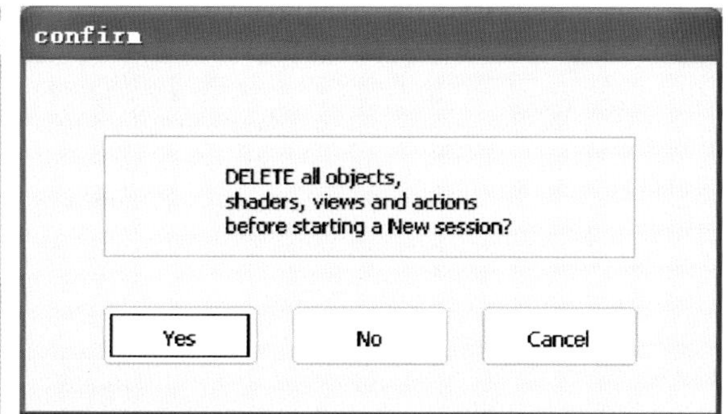

图7-20　新建画布文件

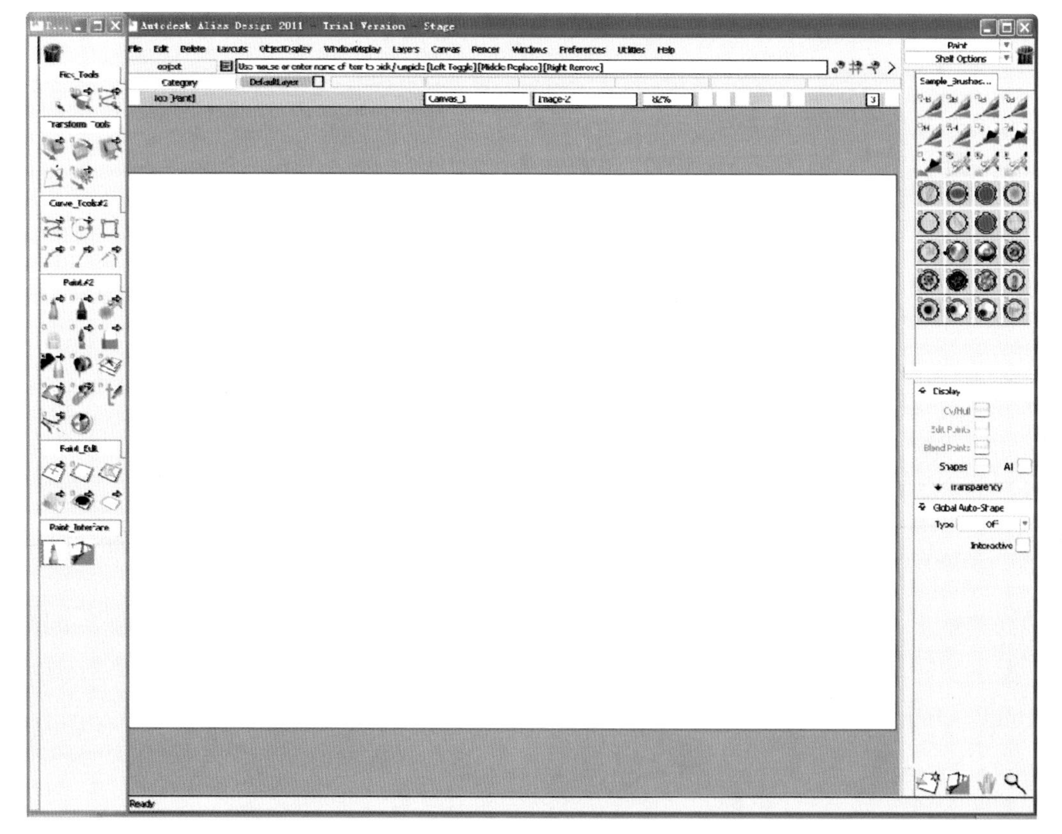

图7-21　新建空白文件

7.3.3 常用的工具

新建画布后的工作界面如图7-21所示，选择常用的工具即可进行创意绘画。常用界面左边的面板工具架“Shelves”和右边的控制面板“Control Panel”的构成如下所述。

工具架（Shelves）栏目组自上向下是：选择物体（Pick Tools）、变形调整（Transform Tools）、曲线工具（Curve Tools）、绘画（Paint）、绘画编辑（Paint Edit）、绘画界面（Paint Interface），如图7-22a所示。

控制面板（Control Panel）的几个板块包括有：工具架（列出常用的画笔工具，可上下拖动）、几何体显示（常用为对曲线的各个要素显示、隐藏，可单击左上方箭头收起）、活动工具控件（对画笔及物体的各种属性进行设置调整）、快速访问按钮（四个按钮分别是新建画布、图层管理器、平移画面、放大缩小画面），如图7-22b所示。

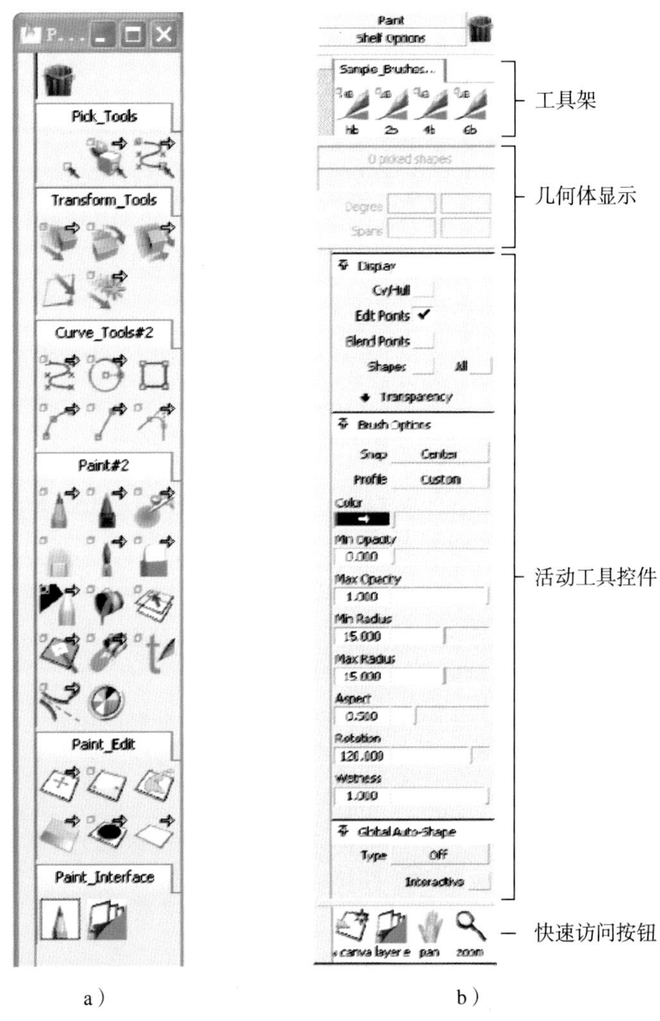

a） b）

图7-22 界面左右两侧的常用面板

a）工具架 b）控制面板

下面对常用的几种画笔工具进行介绍。

注：本节画笔介绍内容的界面以2009版为例。

1. 尖头铅笔的选择与应用

特点：可获得清晰明显的边界，对造型轮廓的表现和勾勒效果比较好，如图7-23所示，图a

为选择方式，图c为应用效果。

适用范围：用于绘制轮廓线、结构线、分模线等形成范围的线型，同时可用于后期高光的点缀。

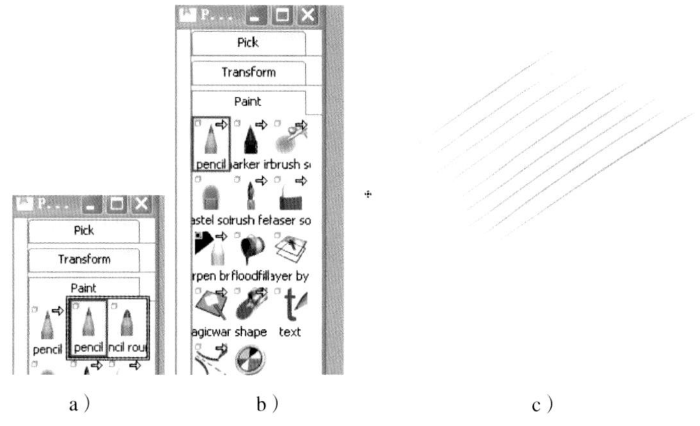

a）　b）　c）

图7-23　尖头铅笔的选择与应用

2. 圆头铅笔的选择与应用

特点：笔触比尖头铅笔要宽，同时具有两端较细的笔锋特点，能形成具有一定立体感的轮廓线条，如图7-24所示，图a为选择方式，图c为与前面尖头铅笔应用效果对比。

适用范围：用于绘制阴影线、分模线、凹槽线、大型轮廓边界等。

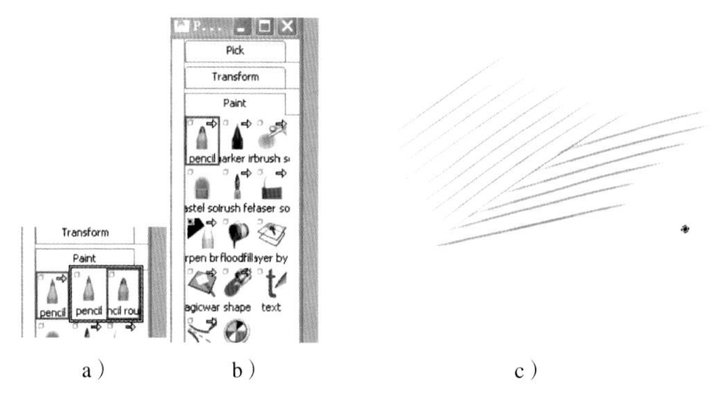

a）　b）　c）

图7-24　圆头铅笔的选择与应用

3. 尖头马克笔的选择与应用

特点：笔触较深，同时具有两端较细的笔锋特点，能形成一定面积、色彩均匀的范围，如图7-25所示，图a为选择方式，图c为与前面铅笔应用效果对比。

适用范围：用于绘制阴暗面、分模线、凹槽位置、阴影线等。

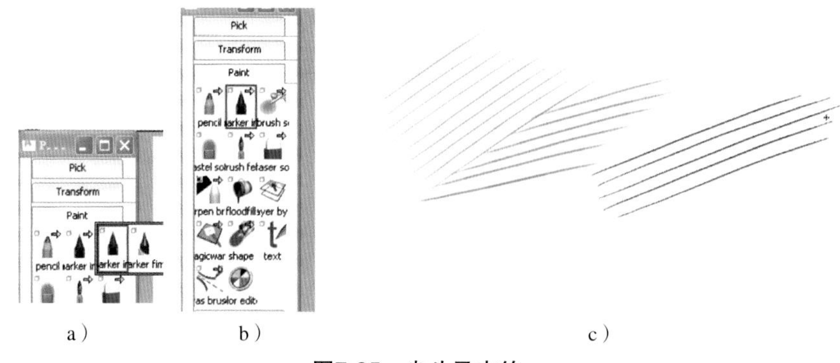

a）　b）　c）

图7-25　尖头马克笔

4. 平头马克笔的选择与应用

特点：笔触较深，能形成一定面积、色彩均匀的范围，如图7-26所示，图a为选择方式，图c为与尖头马克笔及铅笔应用效果对比。

适用范围：用于绘制阴暗面、较大缝隙、较大面积的暗面（如汽车进风槽）、凹槽位置、物体阴影线等，同时可以结合图层透明度用于表现物品的质感。

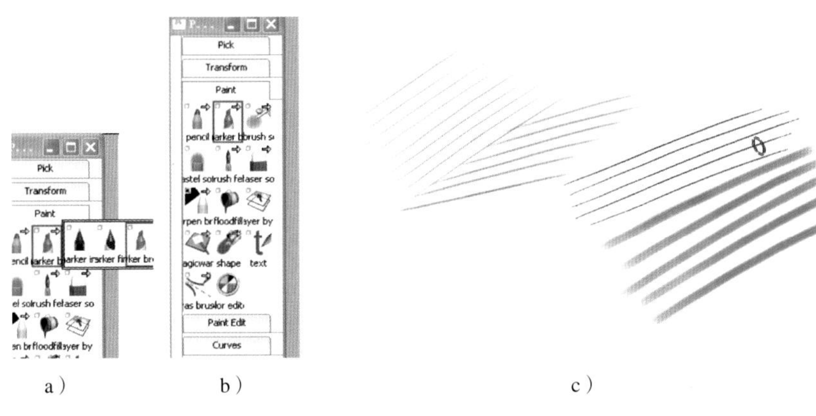

图7-26　平头马克笔

5. 喷笔的选择与应用

特点：能形成曲面造型感的效果，如球面、曲面等，如图7-27所示，图a为选择方式，图c下方为应用效果。

适用范围：用于表现产品造型曲面明暗变化，大范围的背景绘画，特别是大尺寸的喷笔，可以营造柔和自然的光影过渡效果，结合橡皮擦、图层等功能可表现物体的表面质感及反光效果等。

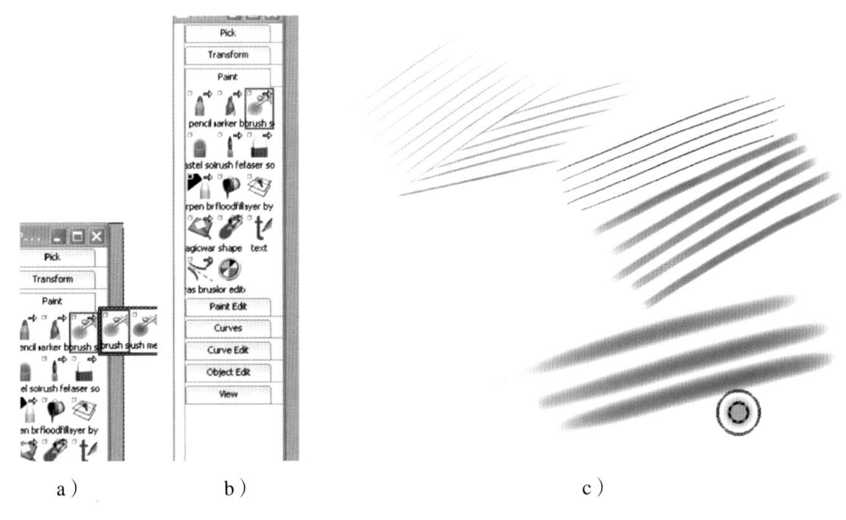

图7-27　喷笔的选择与应用

6. 橡皮擦的选择与应用

特点：分硬边橡皮擦与软边橡皮擦两种类型，能擦去画面上的笔迹，精确控制绘画范围，灵活应用可产生各种意想不到的效果，如图7-28所示，图a为选择方式，图c为应用效果。

适用范围：用于画面的轮廓调整，擦去多余的笔迹以控制绘画范围，结合其他画笔及工具制作物体的反光、质感、明暗等效果。

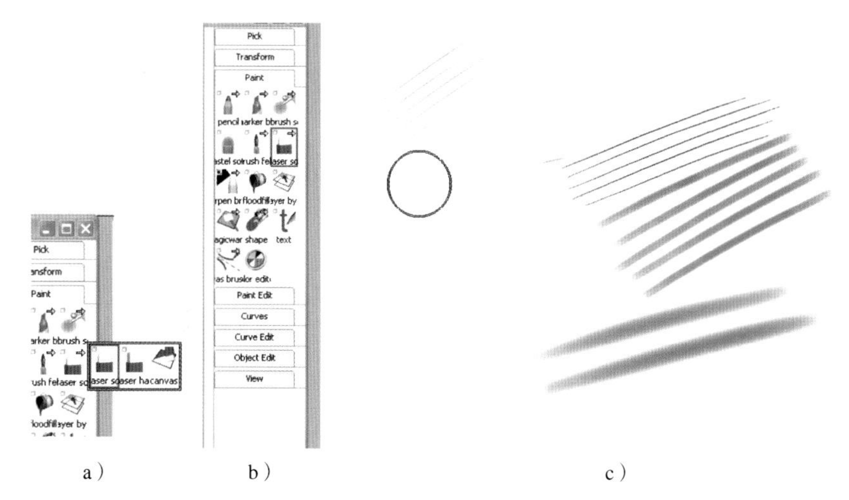

a） b） c）

图7-28 橡皮擦工具

7. 画笔光标的构成

图7-29所示为画笔光标的显示构成。

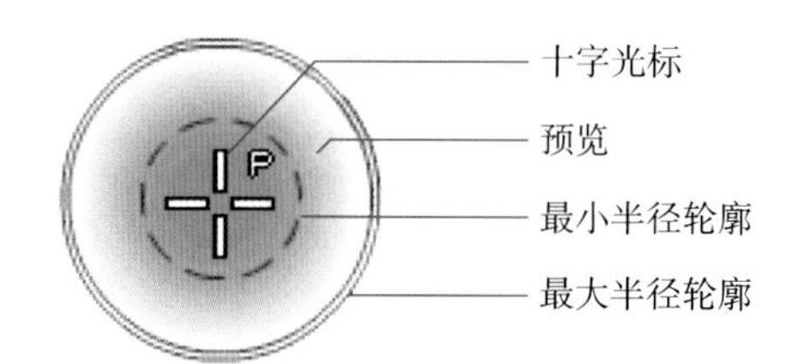

图7-29 画笔光标构成

7.3.4 常用画笔效果对比

绘画过程中，选择画笔后，光标将有字母显示，如“P”（绘画）、“E”（橡皮擦）、“H”（隐藏）、“S”（显示）。光标悬停在画布上方时，光标还会显示画笔画在画面上的预览效果。图7-30所示为常用画笔工具的单笔绘画效果，图7-31所示为多笔绘画重叠的效果。

图7-30 常用工具单笔绘画效果

图7-31　常用工具多笔绘画效果

7.3.5　画笔相关常用快捷键

下面介绍一些画笔工具常用的快捷键：

1）修改画笔尺寸大小（Size）：<S>键+光标拖动。

2）变形画布角度（Twist）：<V>键+光标拖动。

3）切换为画笔（Paint）：按<1>键。

4）切换为橡皮擦（Erase）：按<2>键。

5）旋转画笔角度（Rotate）：<T>键+光标拖动。

6）改变透明度（Opacity）：<O>键+光标拖动。

7）改变画笔外形（Aspect）：<P>键+光标拖动。

8）改变半径（Radius）：<R>键+光标拖动。

9）吸取颜色（Grab a color）：<C>键+光标拖动。

7.4　浮动调板

Alias软件在设计时为了使功能的使用更加人性化，考虑到设计师在绘画过程中常做的操作动作，如切换画笔类型与大小、整体查看、局部观察、更换绘画颜色等，软件将常用的功能整合到一个浮动调板（又叫热点编辑器）上，绘画时按住键盘的空格键即弹出浮动调板，它提供了一系列的常用工具。其功能介绍如图7-32所示，其中红色的为相对可能常用的功能。

重置画笔——返回画笔默认状态，在绘画过程中，使用者会根据绘画区域随时调整画笔参数。有时，参数调整过多容易造成后期调整完的画笔形状变得怪异而影响绘画效果，此时需要返回默认状态。

大小——调整画笔笔触之间的大小。

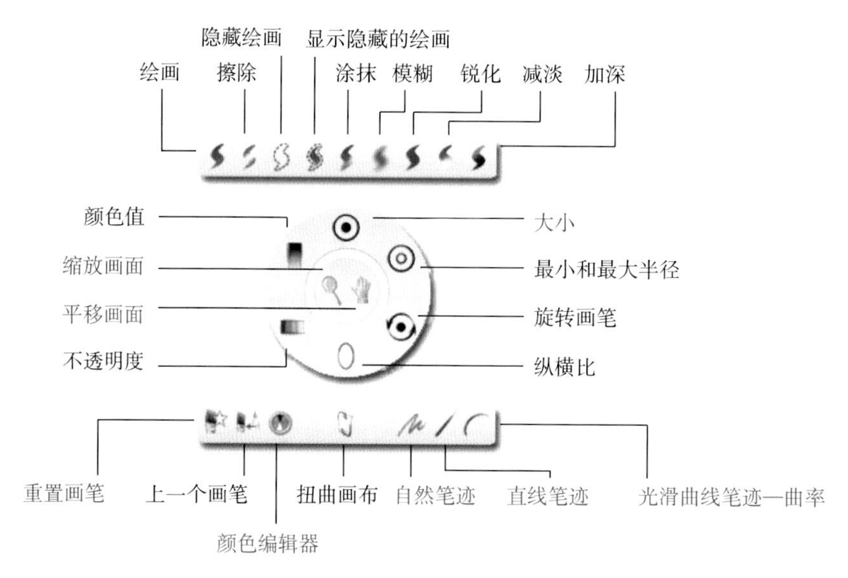

图7-32　浮动调板功能介绍

自然笔迹——又称取消预设模式，一般为默认状态，与后面两个选项为相对的用途。

直线笔迹——预设直线功能，让手工绘画的直线更直，如图7-33中左侧为自然笔迹的手工绘画直线，右侧为开启直线笔迹功能的手工绘画直线。

光滑曲线笔迹——预设曲率曲线功能，让手工绘画的曲线更加流畅，如图7-34中左侧为自然笔迹的手工绘画曲线，右侧为开启预设光滑曲线笔迹功能的手工绘画曲线。

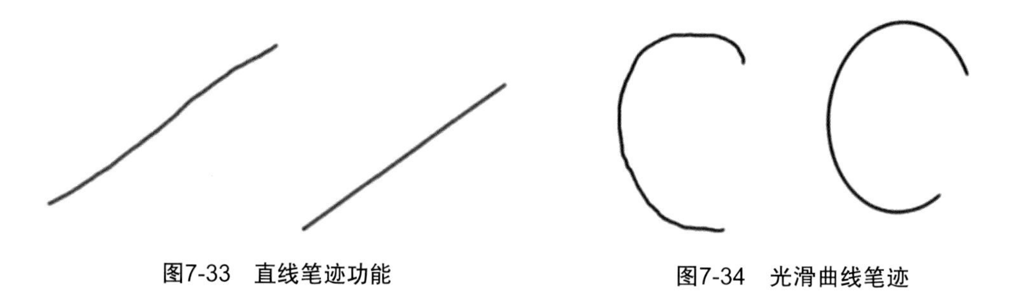

图7-33　直线笔迹功能　　**图7-34　光滑曲线笔迹**

7.5　标记菜单

在Alias软件操作过程中，可组合按下<Shift>、<Ctrl>、<Alt>三个常用的快捷键，调出具有快捷功能的标记菜单，如图7-35所示，向菜单的功能按键方向拖动鼠标即可选择该功能。

图7-36、图7-37和图7-38所示分别为按下不同组合键获得的标记菜单功能。

标记菜单是Alias软件特有的一个快捷菜单，也称为弹出式菜单，可为用户提供在鼠标光标周围进行不同工具切换或不同功能选择的快捷操作。作为Alias软件的一个亮点，其人性化的放射型交互方式比传统的列表式菜单具有更高的效率和更便捷的优势，因而为许多设计师所喜欢。与传统的右键属性菜单一样，Alias软件在不同的模块中，标记菜单显示的内容也会不一样，本节以创意绘画模块“Paint Workflow”为例。操作方式是在绘画过程中，同时按住键盘上的<Ctrl>+ <Shift>组合键加鼠标的左、中、右三个按键，会分别出现三种不同的标记菜单，如图7-39的左至右所示。

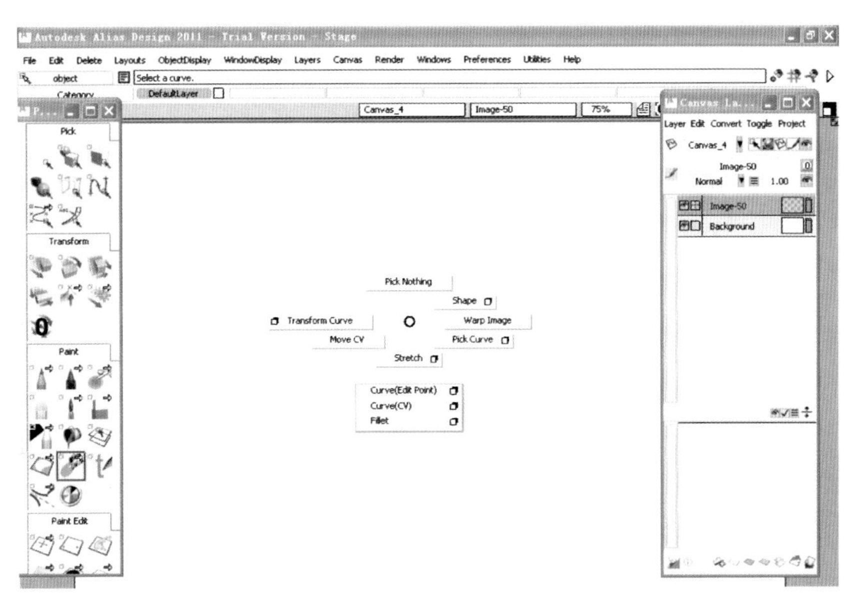

图7-35　标记菜单

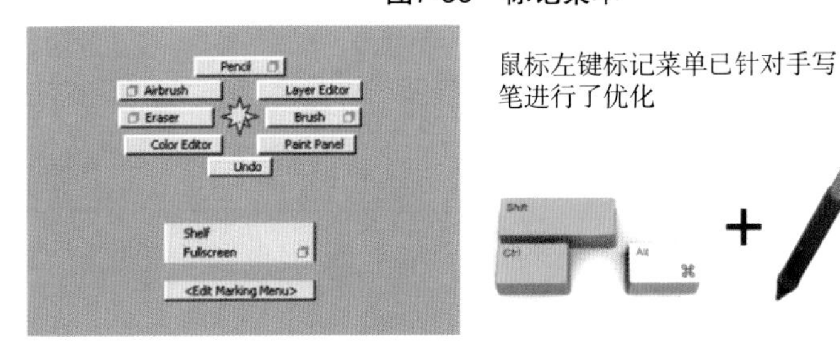

鼠标左键标记菜单已针对手写笔进行了优化

图7-36　组合键功能（一）

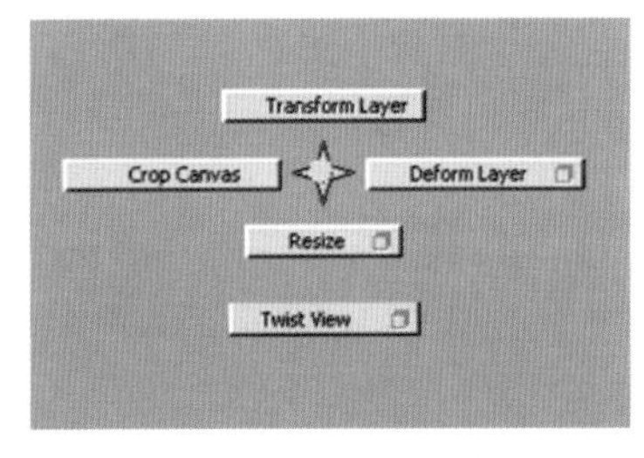

鼠标中键和鼠标右键对应管理层和形状的工具，这些工具更适于进行鼠标控制

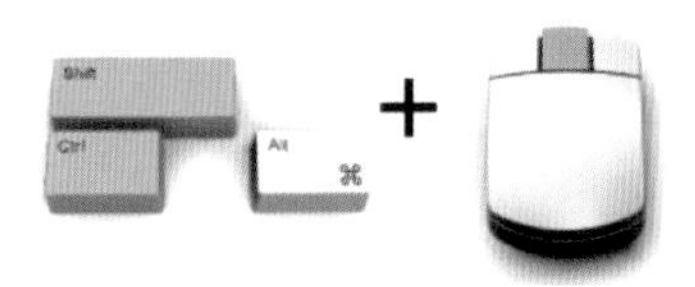

图7-37　组合键功能（二）

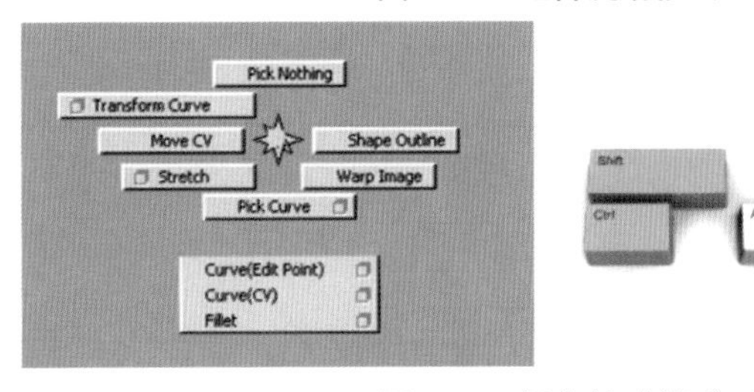

图7-38　组合键功能（三）

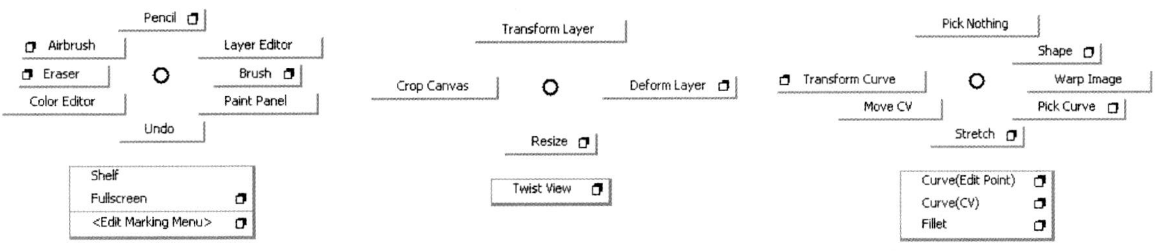

图7-39　不同功能的标记菜单

标记菜单可以根据用户使用习惯与喜好进行自定义设置，在菜单“Preferences\Interface\Marking Menus...”选项中进行标记菜单的功能设置，如图7-40所示。图7-41所示为设置标记菜单的浮动面板，面板上方显示了鼠标三个键的对应设置栏。

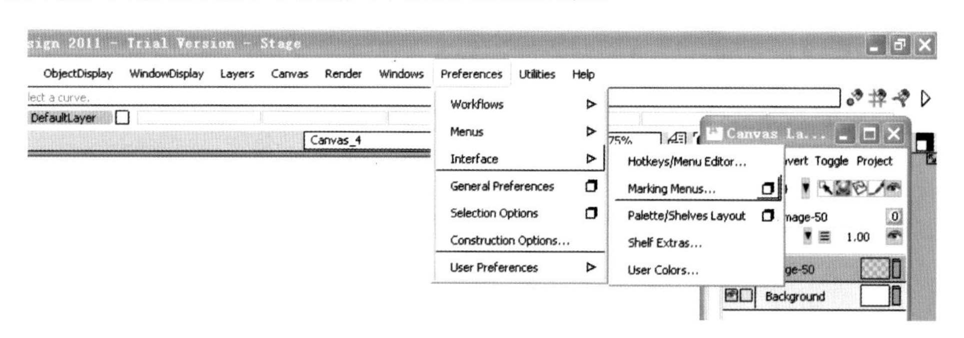

图7-40　设置标记菜单

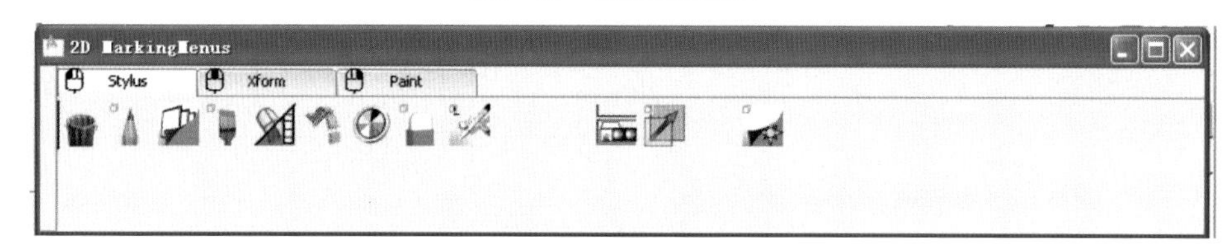

图7-41　标记菜单面板

提示：当需要删除某个不常用的图标时，可按住鼠标中键将面板中的图标拖动至左边的垃圾桶即可。当需要增加某个常用的工具图标时，同样按住鼠标中键将软件界面中的图标拖动至标记菜单面板中的对应栏中即可。

7.6　图层的管理与应用

绘画图层是Alias软件管理工作流程中各个环节及元素非常重要的工具之一。

注：在Alias中另外还有几何物体图层类型，与绘画图层管理方式不同。

每个画布平面均可包含一个或多个图像层。图像层如同一张透明纸，可以在其上绘制草图。在不同图像层绘制不同元素的草图，可以轻松更改单个元素或者重新排列图像层以更改其顺序。也可以复制图像层，将图像层合并到一起，临时隐藏图像层，或永久删除图像层。

每个画布平面还包含一个背景层。背景层定义画布平面的背景色，只可以在创建画布平面时设置一次背景层的颜色。画布平面还可以包含遮罩层和不可见性遮罩层。所有这些类型的层都可以包含绘画或其他形状。

7.6.1　打开图层管理器

打开图层管理器有两个办法：

1）单击界面左边工具架“Shelves”底端绘画界面“Paint Interface”栏的 Paint_Interface 图层编辑器图标“Canvas Layer Editer”，即弹出图7-42所示画面中间的图层管理器。

2）单击界面右边控制面板“Control Panel”底端的 图层编辑器图标“Canvas Layer Editer”，同样可以打开图层编辑器。

打开后的图层管理面板如图7-42中间所示。图层管理面板的常用图标功能说明如图7-43所示。图层管理面板分两大块，上方是绘画内容的图层，下方为遮罩（蒙版）图层。

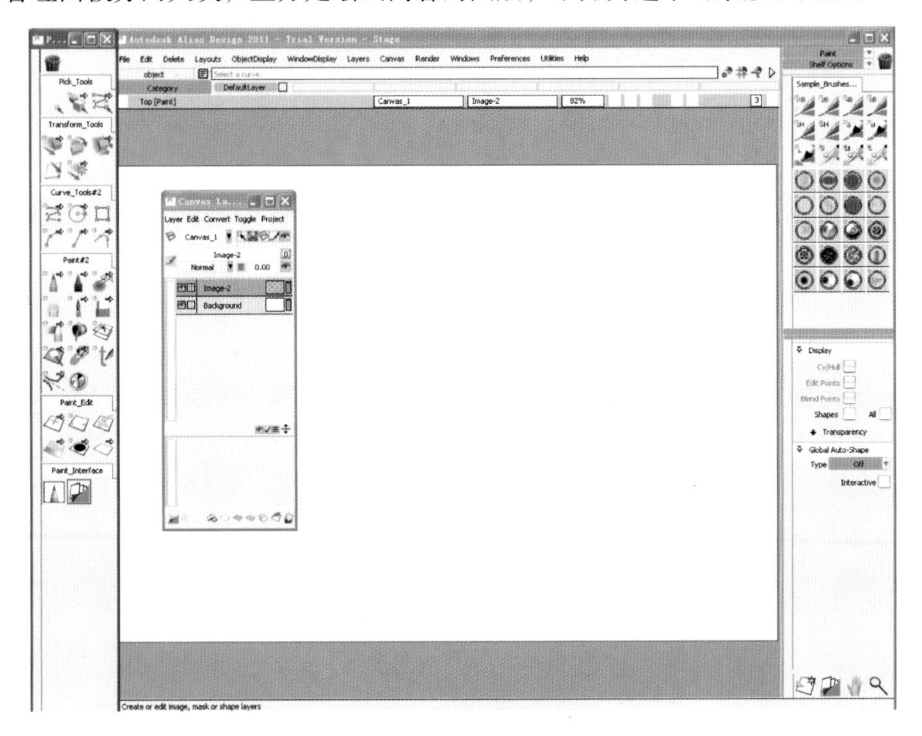

图7-42　图层管理器

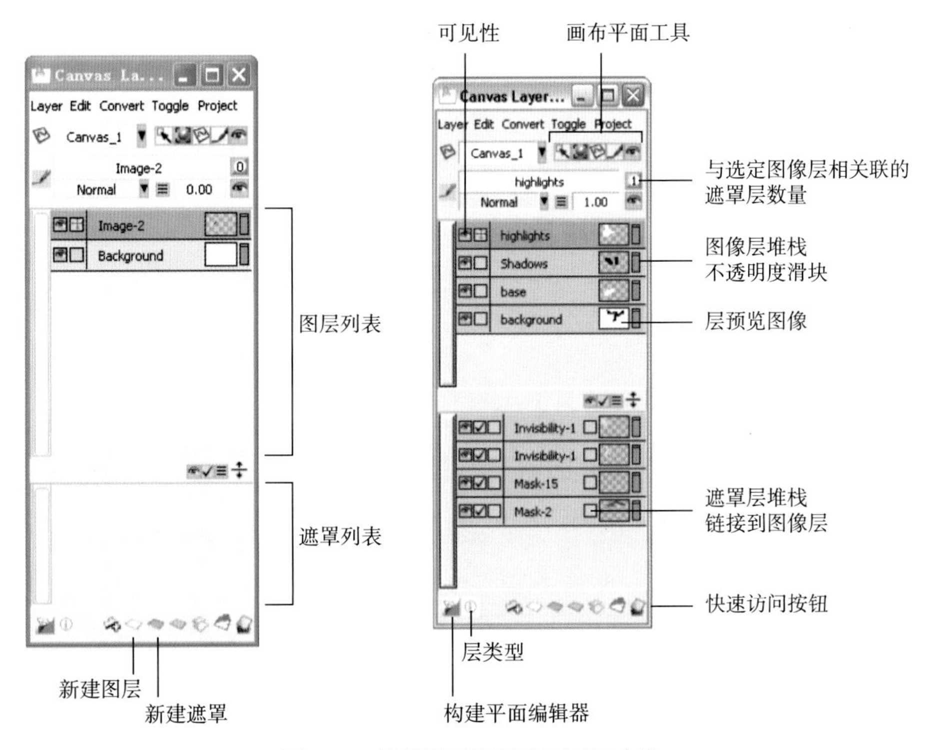

图7-43　图层管理面板常用图标功能

7.6.2　图层管理器常用功能

（1）新建图层　从图层编辑器菜单中选择　“Layer\New Image Layer”或单击底端的

"Canvas Image"图标。

（2）清除图层内容　从图层编辑器菜单中选择"Edit\Clear Layer"，或选择该图像层并单击底端"Erase Image Layer"图标，会从图像层的未遮罩区域移除所有绘画，但不会删除图像层。不会从受遮罩层遮罩或选取框选择保护的像素中移除任何绘画，可以继续在图像层上进行草图绘制。

（3）删除图像层　从图层编辑器菜单中选择"Delete\Delete Active Image Layer"，或单击底端的"Delete layer"图标。

（4）合并图层　"Canvas Layer Editor"显示当前画布上不同类型的层，且图像层和遮罩层在分割窗口中分开显示。这样，就可以将一个或多个遮罩层关联到任一图像层，并可对不同的图像层重用相同的遮罩层。

（5）遮罩图层的作用　遮罩是指通过指定的轮廓对绘画图层的内容进行遮挡或显示，在精确设计表现中较为常用。

7.6.3　图像层与遮罩层的关系

单击图像层的名称可了解影响它的遮罩层或不可见层，此时关联的遮罩层和不可见层的名称亮显为淡紫色。该图像层名称旁边的小图标 0 显示有多少个遮罩层与它相关联。单击遮罩层或不可见层的名称可了解受其影响的图像层，此时受影响的图像层的名称也以淡紫色亮显。

7.6.4　遮罩层与图像层的关联

1）在"Canvas Layer Editor"中选择该图像层。

2）单击要从该图像层取消关联的遮罩层名称后面的"Mask Link" 图标，显示为链条图标即表明该遮罩对选定的图层产生遮挡影响。

7.7　文件的导入导出

7.7.1　文件导入——基于草图的设计表现

设计师会随手拿起身边的笔和纸快速记录灵感的概况——快速简单地甚至非常潦草地绘画创意灵感的草图手稿。在此基础上需要通过某些工具对草图进行进一步渲染。常见做法是将手稿扫描至计算机中，导入Alias软件中，进行细节性绘画与表现。以下为常规步骤：

1）单击菜单栏"File\New"新建一个画布文件。

注意：部分英文版的Alias软件导入文件的路径中不接受中文字符，导出时同样也不接受中文字符的路径。

2）导入外部草图文件，如图7-44所示。

3）调整草图的尺寸大小。在工具架"Shelves"的"Paint Edit" Paint Edit 栏中，图标为调整图层大小的工具，单击该图标，画面中出现调节图像、图层大小的调节框，如图7-45

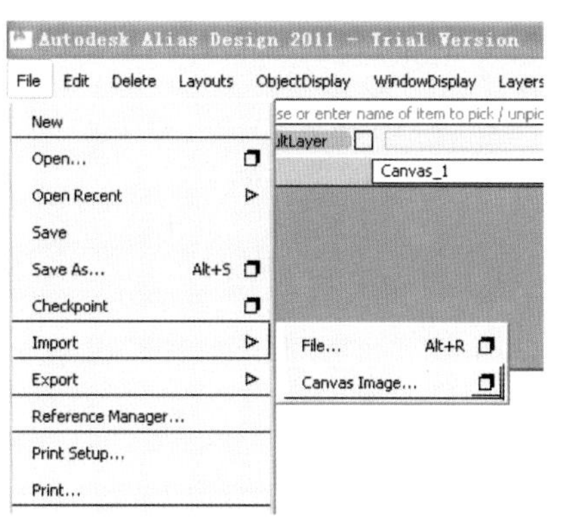

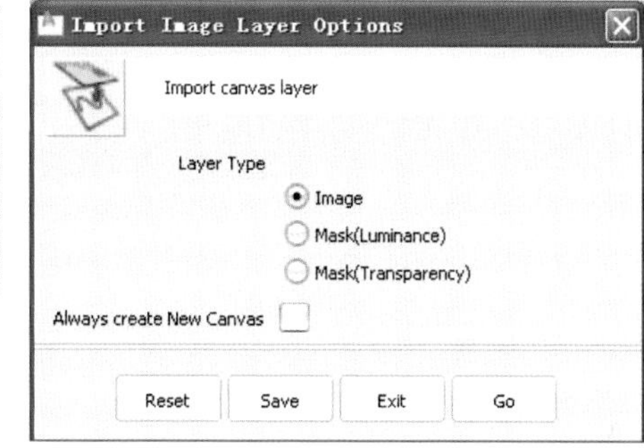

图7-44　导入草图

中的9个空心点所示。利用鼠标单击拖动9个点，分别调整图层相对画布画面的大小、位置、方向及角度等。调整满意后单击画面下方的 Accept Reset Pivot Reset All 图标栏中的“Accept”图标以确定调整的结果，如图7-45所示。

图7-45　调整草图大小

7.7.2　文件导出

绘画工作完成后，需要将完成的文件导出以作为其他设计交流与宣传用。Alias提供了多种导出模式，如图7-46所示，用户可根据自己的需要进行选择，这里以图片的格式导出为例。单击“File\Export\Make Canvas Picture...”导出整体图片文件。

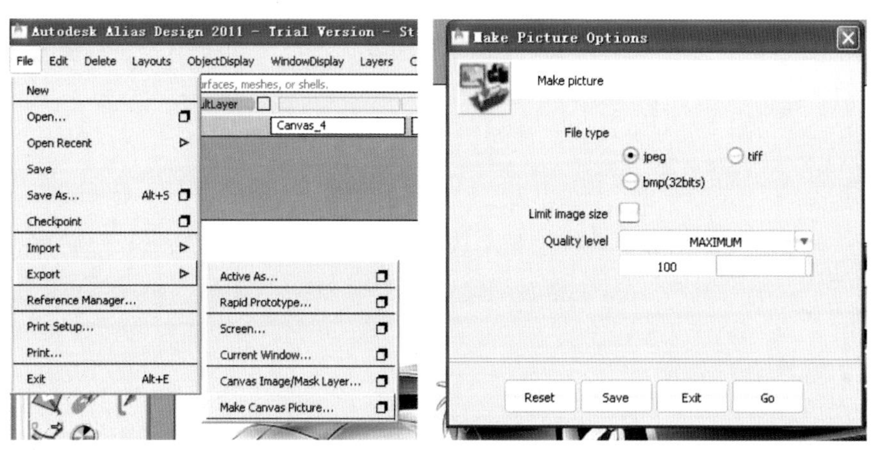

图7-46　导出文件设置

注意：File\Export\Canvas Image\Mask Layer... 为导出当前选中的图层或蒙版层。

7.8　Alias设计表现的流程

基于Alias软件的设计表现是一个综合性较强的过程，需要灵活应用不同模块的工具和功能。该过程为：

1）构建基础形态框架结构线。

2）绘画基础形态轮廓线与形体结构线。

3）完善形态线稿细节。

4）绘制基本明暗。

5）细节明暗及质感表现。

6）高光细节等。

在后面的章节中将为读者介绍该过程。

7.9　Alias的曲线

Alias中的曲线是进行精确表现和曲面建模的重要工具。在绘画过程中，可以利用曲线的导向性完成较为精确细致的曲线和其他复杂的绘画内容。

Alias的曲线主要有三种：控制点曲线（CV）、几何曲线（GV）和关键点曲线（KV）。CV曲线的绘制比较有特色，具有直观、可调整性好、上手快等特点，同时也保证了曲线的质量。因此，本节将以CV曲线的绘制编辑为主要介绍对象，后面章节的应用介绍也是以CV线为曲线范例，而另外两种曲线由于篇幅所限，本书不作介绍。

CV是控制顶点“Control Vertex”第一个英文字母的缩写，是控制如何从编辑点之间的直线“拉出”曲线的一种曲线控制方法。在工业设计领域，其他的在二维绘图软件及工具软件中所涉及的曲线类型还有贝塞尔曲线（Photoshop、CorelDRAW、Rhino等软件用）、NURBS曲线（Alias、3DS MAX、Rhino等软件用）、Polyline多义曲线（AutoCAD、Pro/E等软件用）等。

提示：控制顶点（CV点）是绘制CV曲线的常用方法之一。只有当CV点数量大于曲线的阶数（默认为3）时，CV曲线才会显示出来，否则画面上看不到曲线而仅看到CV点（少于4个时）。

注：在Paint模块中，曲线的编辑功能较为简单，不提供曲线CV点相关的所有功能。

常用绘制CV曲线的方法有三种，单击工具架“Shelves”或工具箱“Palette”中“Curves”栏的CV曲线绘制图标即弹出三个曲线绘制工具图标，分别是新控制顶点曲线“New CV Curve”、新编辑点曲线“New Edit Point Curves”和新手绘曲线“New Sketch Curve”。

7.9.1　CV曲线的构成

要掌握和控制好CV曲线，就需要了解Alias曲线的构成关系。下面介绍一些重要概念：CV

点、外壳线及编辑点。

图7-47所示为一段CV曲线。图中CV曲线的控制点（蓝色的一些符号）在线上，当移动中间两个控制点时，则发现该曲线呈现出弯曲形态，如图7-48所示。

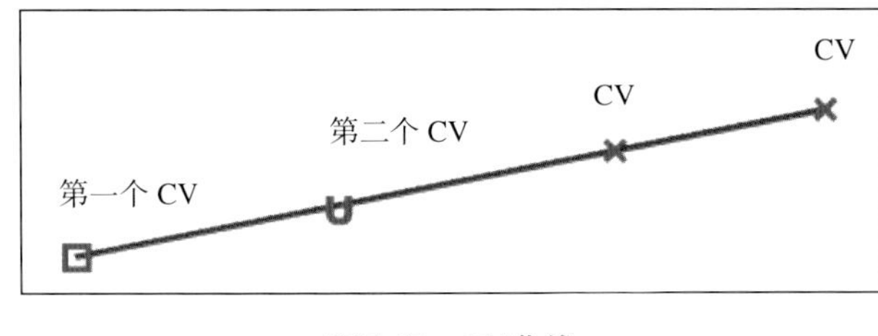

图7-47　CV曲线

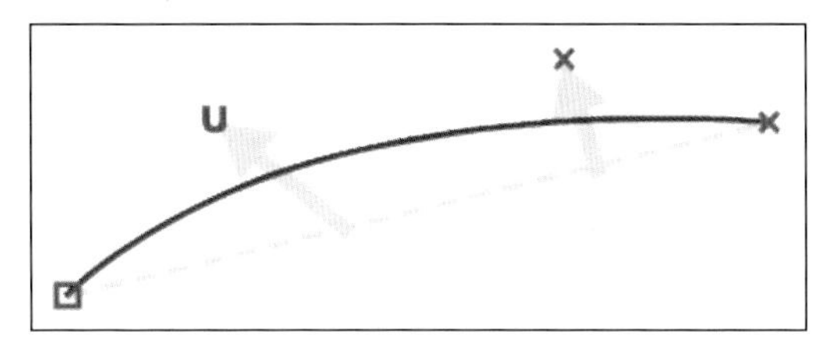

图7-48　弯曲CV线

1. CV点——CV曲线控制点（CV点）的显示表达

Alias 绘制的 CV 曲线与其他曲线有所不同，可以容易地区分出曲线的起点和终点：

第一个CV点（位于曲线的起点）绘制成一个方框，如图7-47的左端所示；第二个CV点绘制成小“U”，以显示从起点开始递增的 U 维，如图7-47中第二个蓝色符号所示；第三个往后的其他 CV点均绘制成小“×”，如图7-47右侧的两个蓝色“×”符号所示。

跨距较长且较复杂的曲线需要由多条单跨距曲线组成。在绘制一条长的曲线时，Alias 实际上是将多个曲线跨距接合在一起的。上一个曲线跨距的最后一个 CV点成为下一个曲线跨距的第一个 CV点，从而在曲线段之间产生非常平滑的过渡。

2. 外壳线（Hull）

随着曲线的跨距和编辑点的增多，可能会无法追踪 CV 点的顺序。为了显示 CV 点之间的关系，Alias 可以在 CV点之间绘制连线。这些连线称为外壳线（Hull），如图7-49所示。

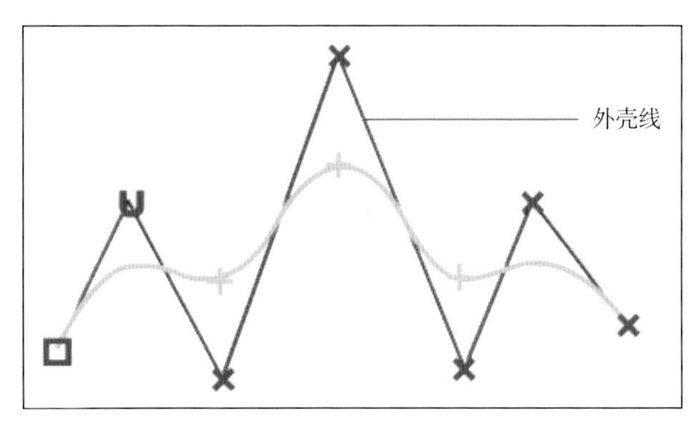

图7-49　外壳线

注：Alias 还提供其他显示 CV点顺序的反馈。例如，在拾取某个 CV点时，Alias 将亮显其在曲线内的跨距。

3. 编辑点（Edit Point）

在Alias中，可以通过多种方式来确定曲线是否由多个跨距曲线组成的。一种方式是查找曲线上的编辑点。编辑点用于标记两个跨距之间的连接点。Alias 将编辑点绘制成小的十字形，如图7-50所示。与贝塞尔曲线上的控制点不同，NURBS曲线的编辑点通常不用于编辑曲线，如图7-51所示。CV 点控制 NURBS 曲线的形状，如图7-52所示，编辑点只是指示曲线包含的跨距数。

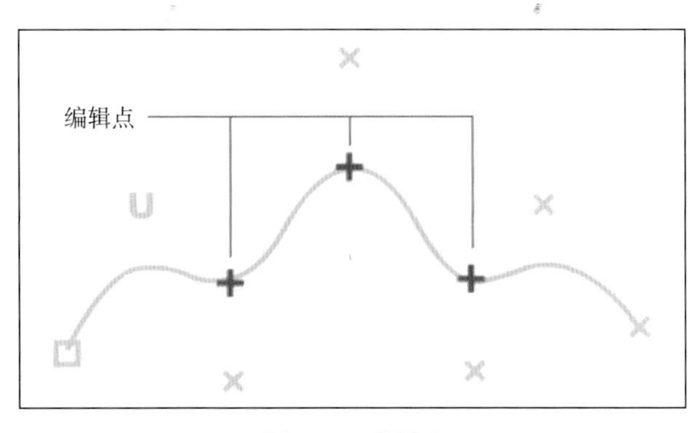

图7-50　编辑点

提示：编辑点“Edit Point”也是绘制CV曲线的方法之一。

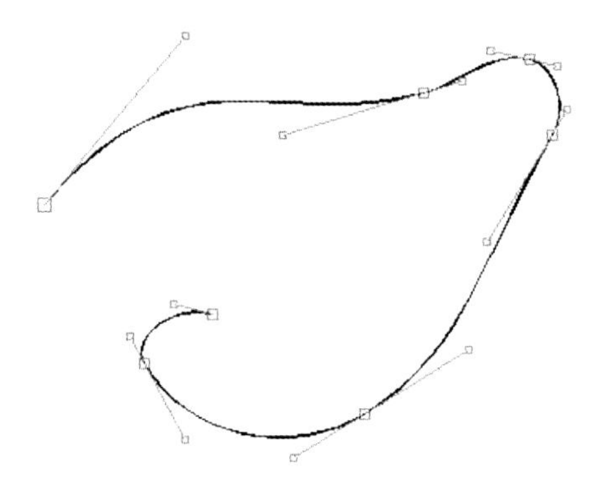

图7-51　贝塞尔曲线

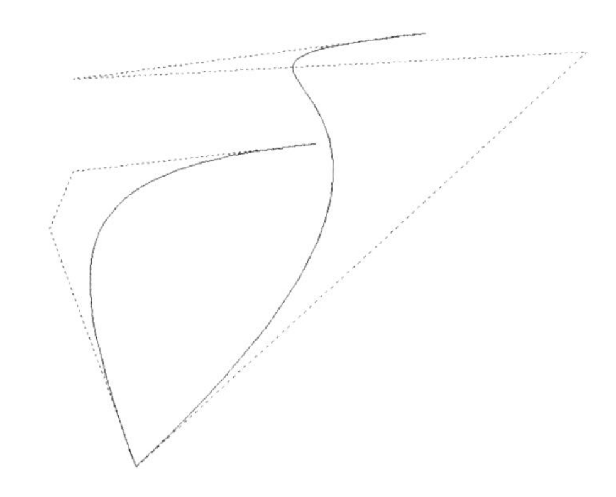

图7-52　NURBS曲线

7.9.2　曲线的绘制

1. 方法一

1）选择左边工具架下方曲线栏中的曲线绘制图标，如图7-53所示。

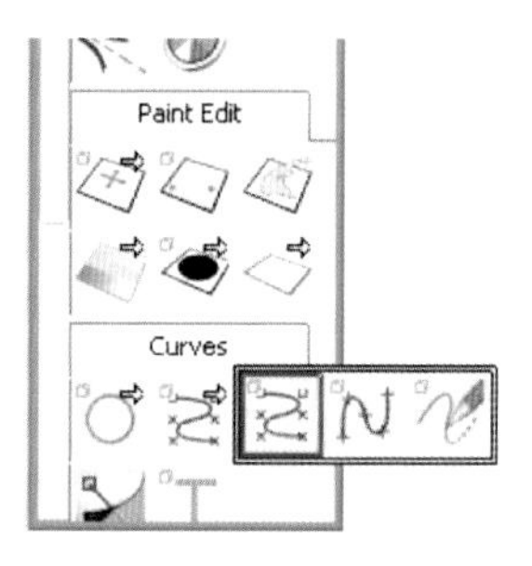

图7-53　曲线的绘制

2）在画面上单击确定曲线的第1个点——起点，如图7-54所示。

3）单击曲线的第2、3、4个点（CV曲线绘制方法在默认情况下，需要至少画出4个点，曲线才显示出来）；单击界面左边工具架中Pick组的第一个图标“Pick Nothing”图标，以结束曲线的绘制。

注：初学者有必要了解结束曲线绘制的方法，分别如下：

① 单击“Pick nothing”图标，结束曲线绘制。

② 按下键盘<Ctrl>+<N>组合键结束曲线绘制。

③ <Ctrl >+<Shift>+鼠标右键打开标记菜单，将光标向上移动选择“Pick Nothing”项。

图7-54　第一个点

在画面上可以看到一根蓝色的曲线出现了，这根曲线即是由以上所画的4个CV点所确定的曲线，如图7-55所示。

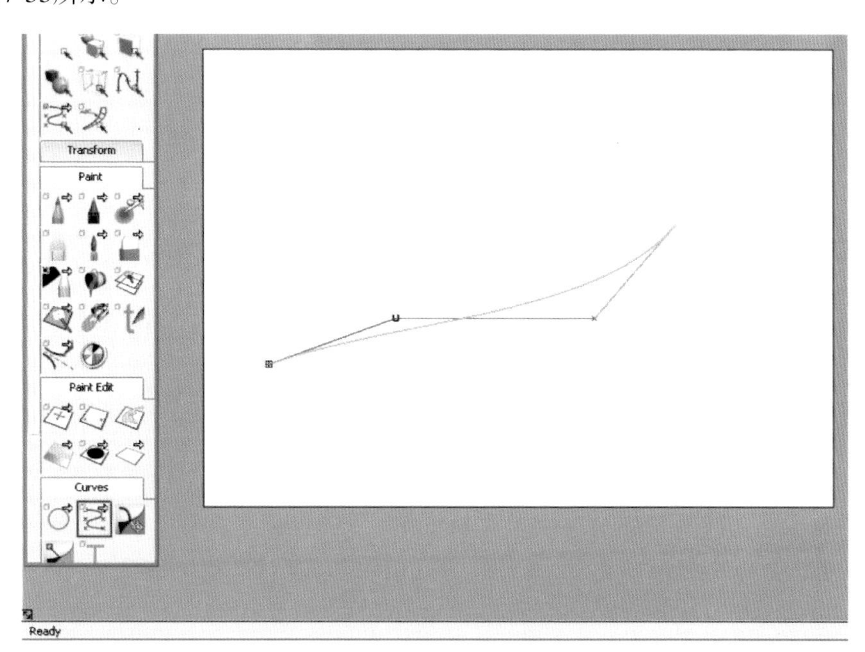

图7-55　曲线的绘制

2. 方法二

利用编辑点的绘制方法绘制曲线。单击工具架或工具箱中的“Curves”栏，按下（或右键单击）CV曲线绘制图标弹出曲线绘制的三个工具图标，选择第二个图标编辑点绘制曲线（New Edit Curves）图标，在绘画画面上单击编辑点开始绘制曲线。单击确定第1、2个点后，此时可看见一直线，如图7-56所示。

继续单击第3个点，单击工具架“Pick”组中“Pick Nothing”图标结束曲线绘制（确认曲线绘制完成的方法见上文），完成曲线绘制，如图7-57所示。画面中出现的曲线即为CV曲线，可能细心的读者会发现和前面利用CV曲线图标工具所绘制的曲线不一样，其实，曲线的类型是一样的，只是显示的方式不同。

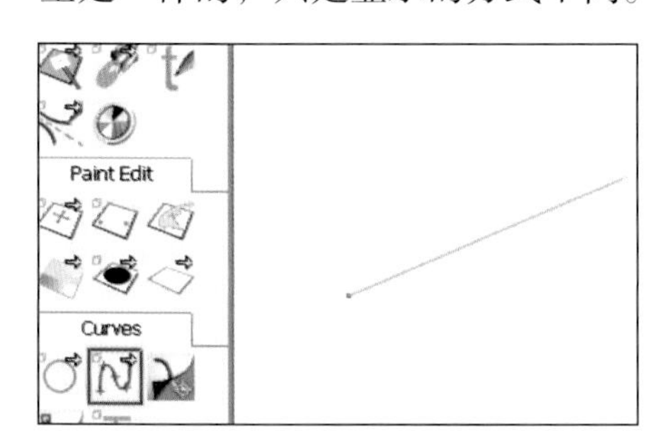

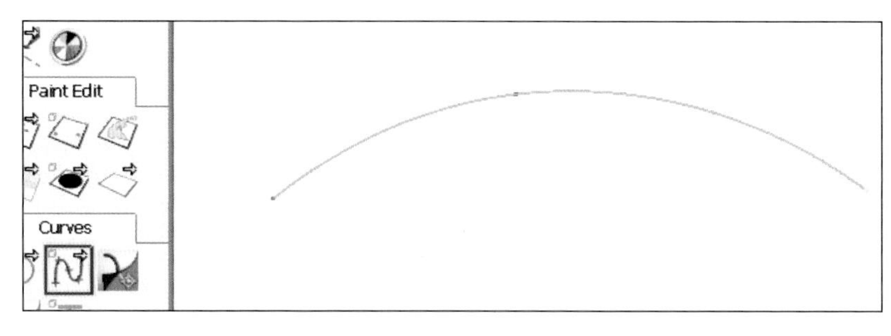

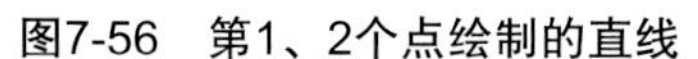

图7-56　第1、2个点绘制的直线　　图7-57　编辑点绘制曲线

下面打开CV点的显示，方法是在界面右边的控制面板“Control Panel”下方有一个显示相关属性“Display”，如图7-58c所示，前面几项为CV曲线构成元素的“显示/隐藏”选项。在“CV/Hull”选项后面打勾后，即可显示画面中CV曲线的CV点。现在看起来编辑点绘制曲线的

方法和前面CV点绘制曲线的方法是一样的，如图7-58所示。

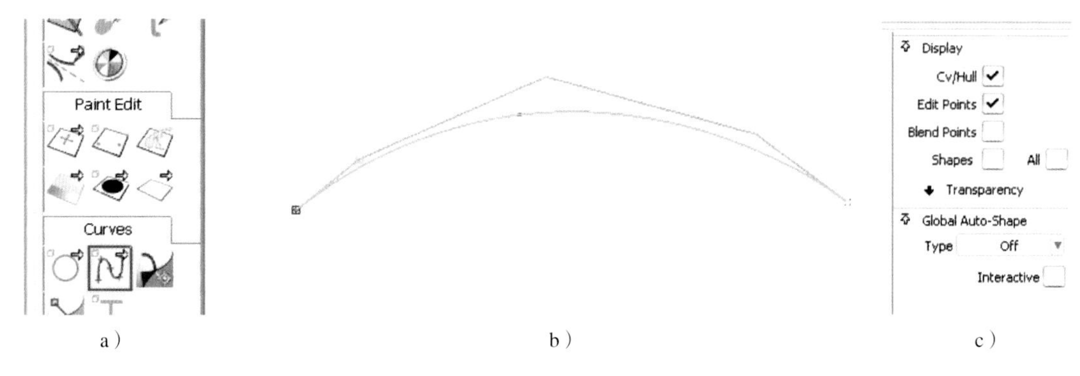

a）　　b）　　c）

图7-58　CV点的显示

7.9.3　两种曲线绘制方法的比较

为了使读者更加熟悉曲线的绘制，下面对两种绘制方法进行比较。首先，在画面上标出上下两排四个点组，下面将分别利用CV点“CV Curve”和编辑点“Edit Curve”两种曲线绘制方法进行曲线绘制。比较方法是分别利用两种方法按照同一轨迹（依次单击四个点）绘制，绘制结果如图7-59所示。

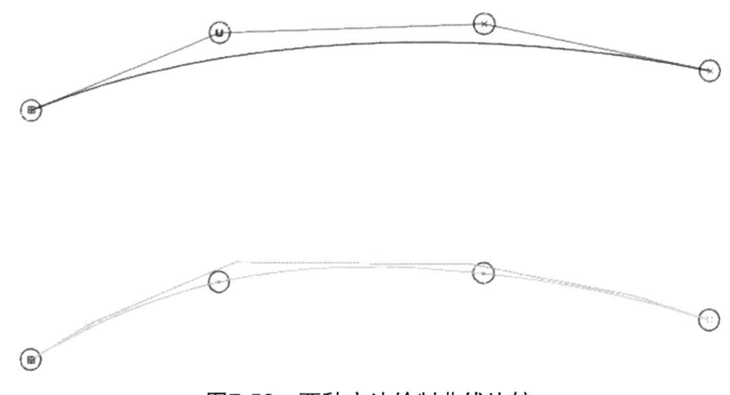

图7-59　两种方法绘制曲线比较

放大两根曲线的前端，可观察到两根曲线的区别。虽然两根曲线类型一样，但因为绘制方法不一样，上面一根曲线的第二个CV点“U”在第二个圈内，而下面一根曲线的第二个CV点“U”在第一、二圈之间；上面曲线的第二个编辑点在第二个圈的下方（曲线上），而下面一根曲线的第二个编辑点在第二个圆圈内（图7-60）。

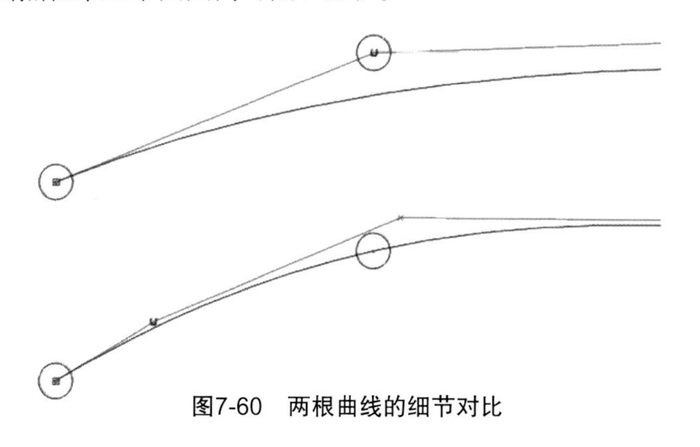

图7-60　两根曲线的细节对比

7.9.4　曲线的选择

在Alias中，调整曲线的前提是先选择曲线，即需要先利用选择工具把物体选中，再单击编辑工具对其进行编辑修改。常见的调整类型有整体的移动、缩放、旋转等，以及曲线内部的曲线趋势、转折、起伏等的调整。

常用的曲线选择包括：

（1）整体曲线选择　在工具架或工具箱的选择组“Pick”中，“Pick Object”图标为选择整体物体工具，用于整体曲线的移动、缩放、旋转等编辑调整。

（2）曲线的CV点选择　在工具架或工具箱的选择组“Pick”中，图标为CV点选择工具，用于曲线趋势、转折、起伏等细节编辑调整。注意：曲线CV点需显示在画面上，可在右边控制面板显示栏中打开显示功能。

（3）曲线的编辑点选择　在工具架或工具箱的选择组“Pick”中，图标为编辑点选择工具，用于选择曲线上的编辑点编辑调整其位置。

选择到曲线相关的元素后即可进行下面的编辑调整。

7.9.5　曲线CV点的编辑

Alias中物体的选择、变换是比较严谨的，包含不同的步骤，须先利用选择工具选中要编辑变换的物体，再点选变换的工具（移动、旋转、缩放）对选中物体元素进行对应变换编辑。Alias中调节曲线，可以通过调节控制整体曲线及曲线内部的顶点（CV点）和编辑点（Edit Point）实现。先点选CV点方式的选择工具，如图7-61左图所示，然后在工具架或工具箱的变形组“Transform”中选择移动工具，如图7-61右图所示，在画面中点选（框选）一个CV点（或多个CV点）进行移动编辑操作，如第二个CV点。移动后的效果如图7-62所示。

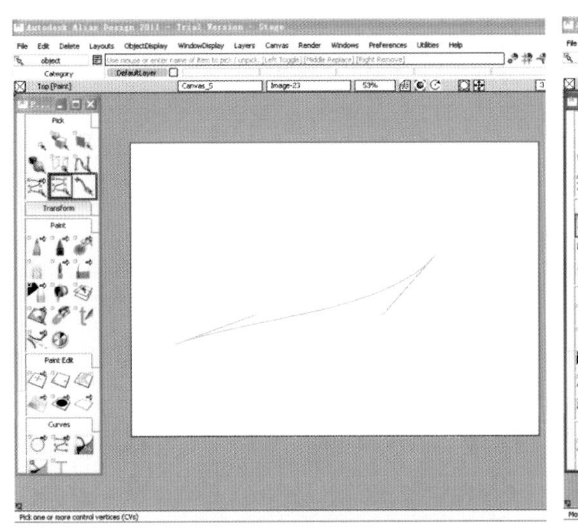

图7-61　曲线CV点的编辑过程

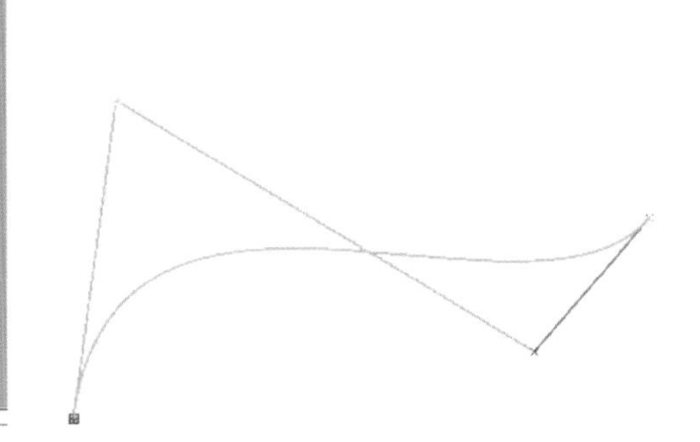

图7-62　移动CV点后的曲线

7.9.6　曲线编辑点的编辑

通过对编辑点的编辑可以实现曲线的编辑修改，使用步骤和编辑CV点类似：先点选工具架或工具箱的选择组"Pick"中编辑点"Edit Point"选择工具图标，然后在工具架或工具箱的变形组"Transform"中选择移动工具，在画面中点选（框选）一个CV点（或多个CV点）进行移动编辑操作。

7.9.7 曲线的缩放和旋转

先点选工具架或工具箱内的选择组"Pick"选择功能图标中的物体选择工具，再选择曲线，然后选择下方变形组"Transform"中的变换工具，如缩放。这里需要注意的是，物体缩放和旋转的中心是以物体的"Pivot"为中心的，而"Pivot"是可以通过"Set Pivot"工具移动的。

7.9.8 曲线的隐藏和显示

在后期的Alias精确设计表现阶段，曲线起着关键的辅助引导和控制作用，因此在绘画过程中经常会需要对曲线进行显示、隐藏的操作，以简化绘画画面。

曲线可以作为物体的属性在Alias中实现隐藏和显示，常见的有两种操作方法：一是通过菜单栏实现，此方法简单快捷，但不适宜大量曲线的操作；二是通过图层的显示和隐藏实现，此方法方便有条理，适宜大量曲线的调节，但需要通过物体的图层进行管理。下面对两种方法分别进行展开介绍。

1. 方法一

先通过选择工具点选需要隐藏的物体（图7-63中的蓝色曲线），然后点选菜单栏中的"Object Display\Invisible"，就可实现物体的隐藏，如图7-63所示。需要显示时则点选"Object Display\Visible"，就可实现显示出隐藏的物体。

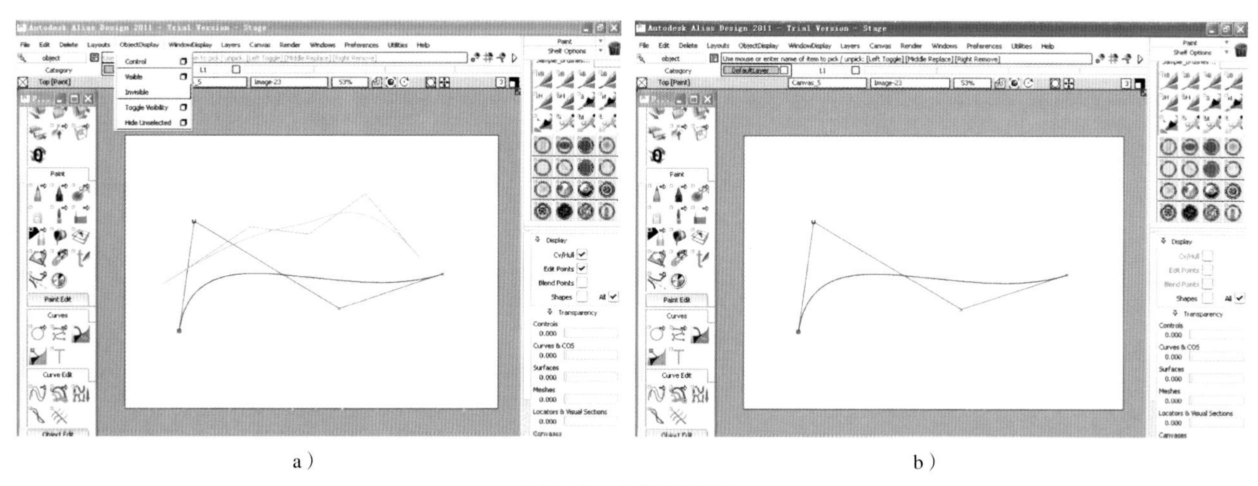

a） b）

图7-63 曲线的隐藏

a）隐藏前 b）隐藏后

2. 方法二

新建一个物体图层（注：此图层与绘画图层面板的图层是不同的类型），单击菜单栏"Layers\New"，即可看到图层栏中增加了"L1"图层，如图7-64中间位置处所示。

然后单击选择物体工具，选中需要加入"L1"图层的物体（如图7-63a中的两根曲线），接着按下 "L1"图层名称按钮，拖动鼠标在下拉菜单中选择"Assign"，将需要隐藏的物体放入

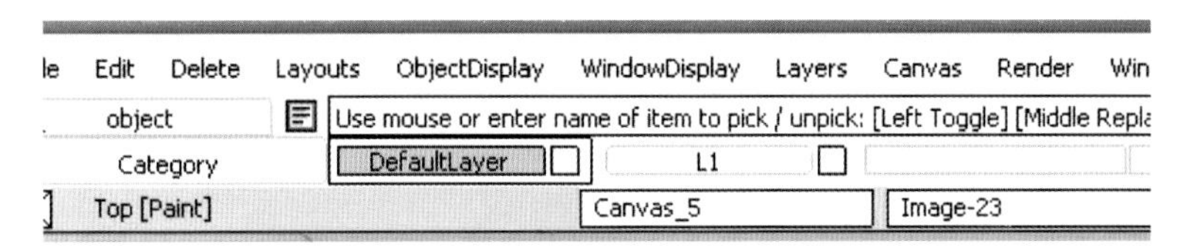

图7-64　几何物体图层管理

该图层，如图7-65所示。再次按下“L1”图层名称按钮，在下拉菜单中选择“Visible”，就可将所有放在该图层中的物体全部隐藏，再次单击“Visible”，物体将会显示出来（下拉菜单中“Visible”打勾表示为显示状态），如图7-66和图7-67所示。

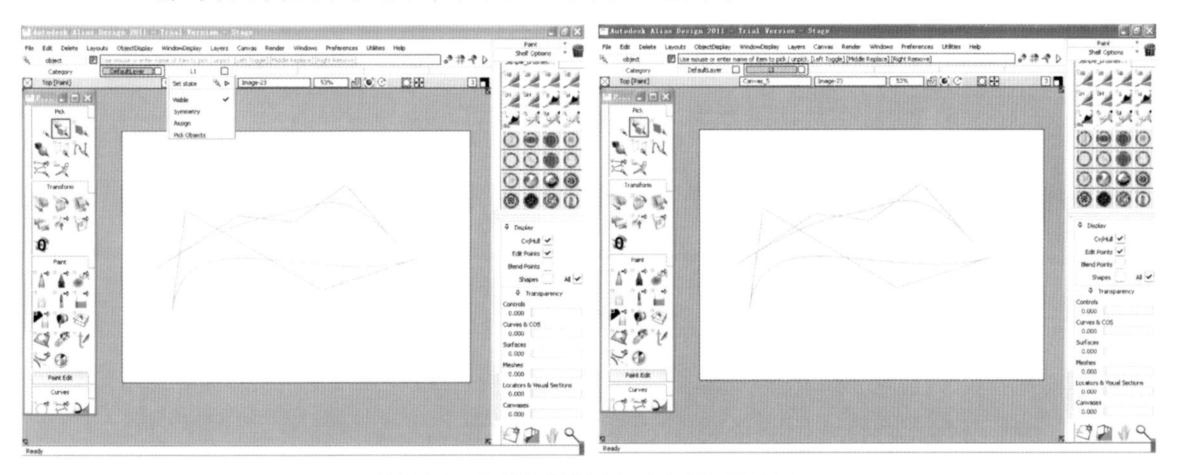

图7-65　将物体指派（加入）到L1图层中

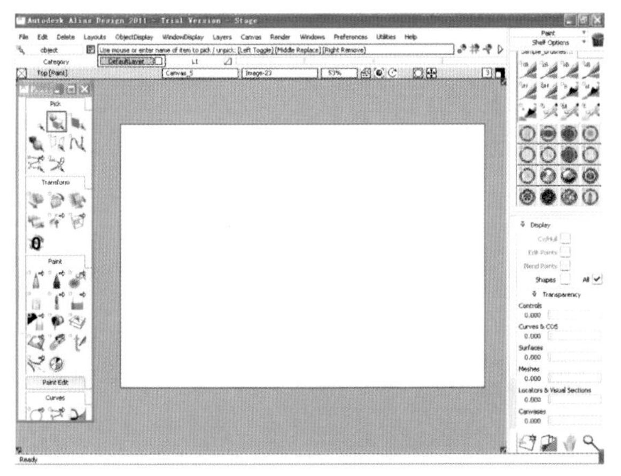

图7-66　图层的隐藏状态

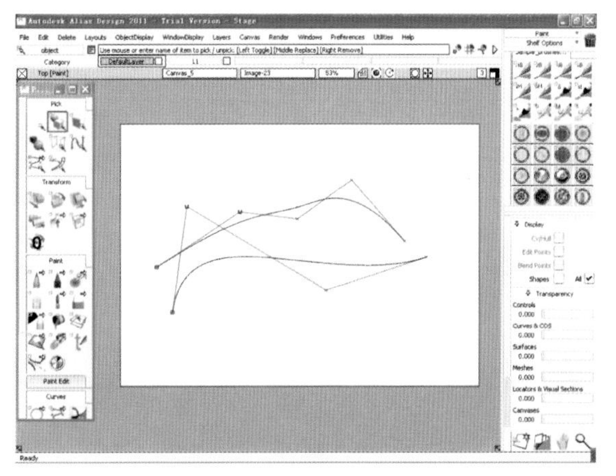

图7-67　图层的显示状态

注意：图层内物体的显示（或隐藏）状态也反映在图层名称图标上，当有大量图层时可以以此观察图层的状态，同时双击图层名称可修改图层命名，以提高工作效率。 L1 为物体显示状态， L1 为物体隐藏状态。

7.9.9　曲线的捕捉

用画笔捕捉曲线是精确设计表现的进阶应用。在“Paint”模块，画笔可以捕捉到线的轨迹，这样就大大方便了画非常复杂的线条，而达到精确绘制的效果。一般来讲，在绘画过程中按住<Ctrl>+ <Alt>（Windows），靠近曲线并沿该曲线拖动画笔即可实现曲线引导画笔轨迹的功能，如图7-68所示。前提是曲线需显示在画面上。

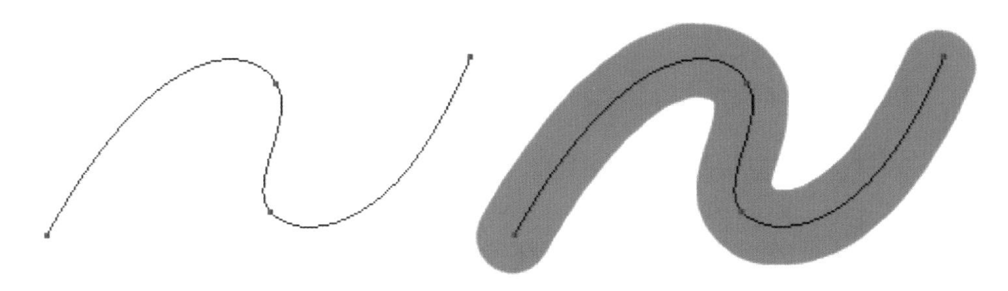

图7-68　画笔轨迹自动沿曲线绘画

1. 画笔捕捉曲线的操作过程

1）保持画笔的使用状态，单击提示行右侧的“Curve Snap”按钮或按住<Ctrl>+<Alt>键（Windows）激活曲线捕捉模式。

2）移动并绘画。使画笔轮廓靠近曲线，则画笔画出的轨迹将自动捕捉到曲线上。

若要设置画笔曲线捕捉公差（画笔轨迹与曲线间的差距），则选择“Preferences\General Preferences”❐，如图7-69所示，然后从选项窗口中的左侧选择“Paint”，并设置“Brush curve snap tolerance”值，使该值等于为使画笔轮廓捕捉到曲线上的画笔光标而必须与曲线相距的像素数，如图7-70所示。此设置应用在创意草图中，多根曲线平行但相互又存在距离的情况下，如汽车外观造型设计中的轮毂、车窗、进风口等多个位置。

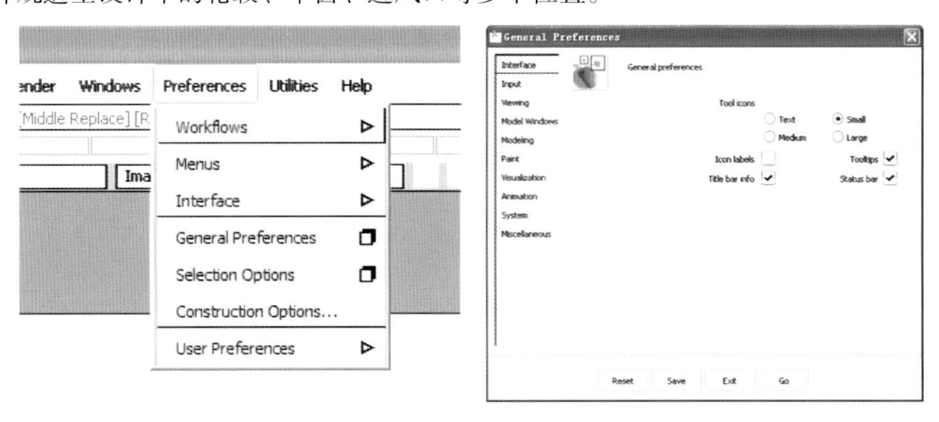

图7-69　捕捉选项

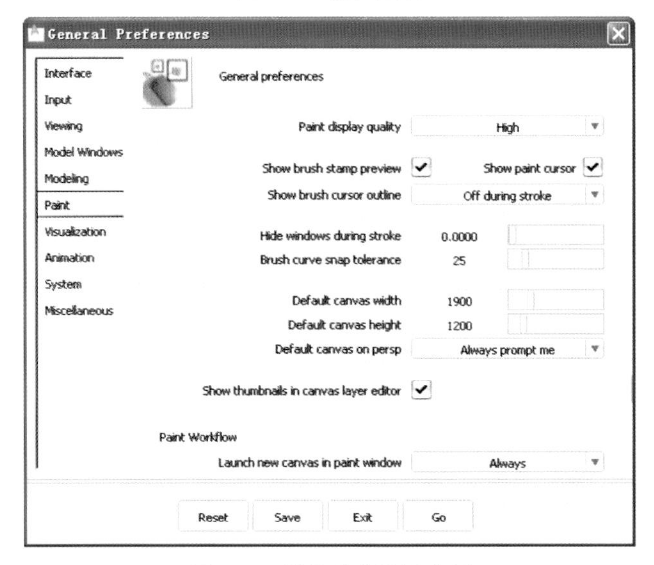

图7-70　捕捉公差设置选项

再次单击“Curve Snap”按钮或松开<Ctrl>+<Alt>键（Windows），取消激活曲线捕捉模式。

提示：本功能也可以捕捉到不可见的曲线（请参见“Object Display\Visible”）或不可见层上的曲线（“Layers\Visibility\Invisible”）。

2. “Snap”图标的使用

以下为大家介绍在Alias中利用曲线控制绘画轨迹的功能，即画笔绘画线路自动捕捉或画笔自动贴合到画布中的曲线上的功能。

1）新建一根圆形曲线，如图7-71所示。

2）单击捕捉功能图标。在绘画界面右上方捕捉控制栏中有几个带磁铁的图标，其中图标为捕捉曲线功能图标，如图7-72所示。

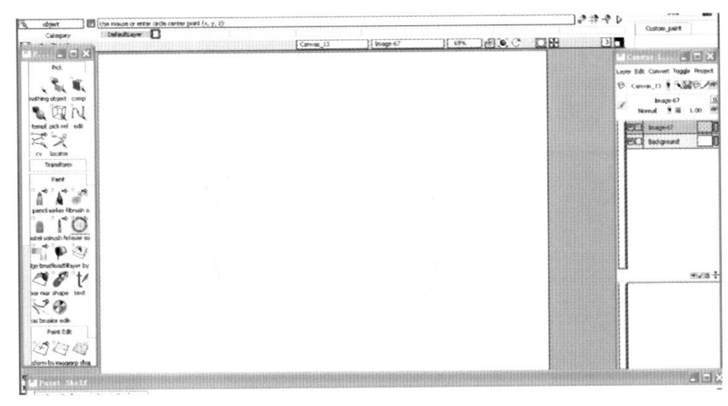

图7-71 新建圆形曲线

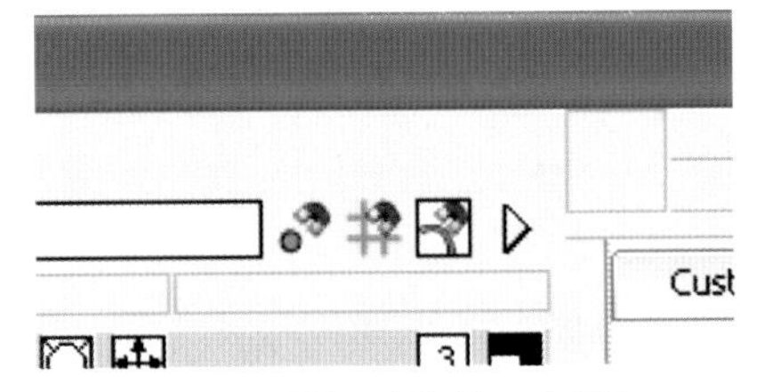

图7-72 捕捉功能的几个图标

3）绘制引导画笔的曲线。选择画笔，在曲线附近绘画，所画出来的图形就会自动捕捉到曲线上，如图7-73和图7-74所示。

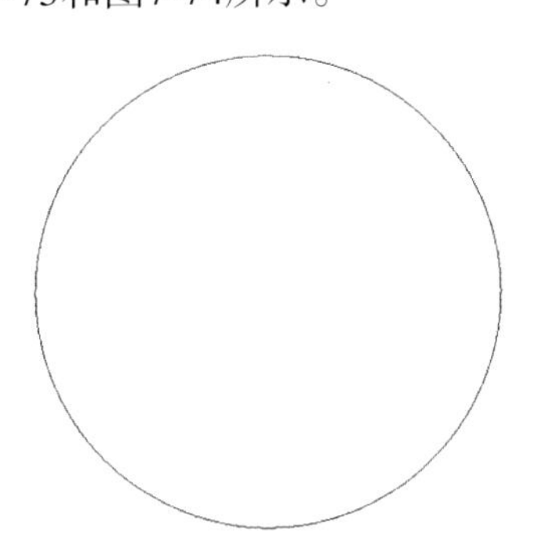

图7-73 圆头铅笔捕捉曲线绘画效果

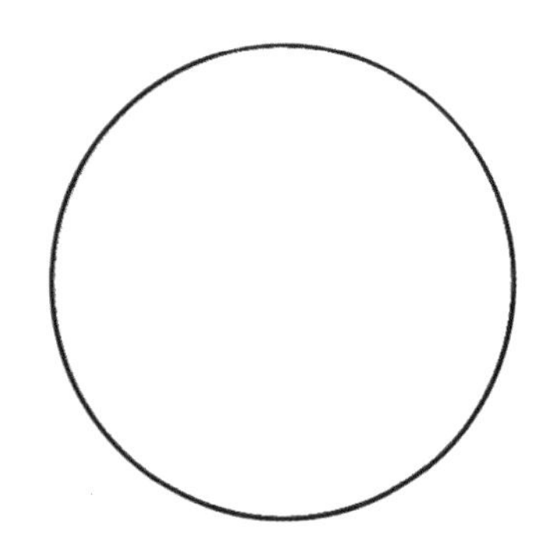

图7-74 毛毡笔捕捉曲线绘画效果

注：画笔的大小应根据计算机的配置而设置，如过大尺寸的喷笔使用捕捉功能时可能会导致系统变慢甚至出现停滞情况。因为喷笔笔迹的色彩过渡效果需要软件自动计算，而同时笔迹又围绕某个线型运动，此时软件需要进行大量计算才能获得逼真的绘画效果，因此需要占用大量内存容量和CPU的工作量而导致系统变慢。出现这种情况时应耐心等待系统计算完成，避免死机情况的出现。

7.9.10 提高工作效率的对称工具

在工业设计表现中，常常要绘画物体的正视图，即左右对称的画面，如汽车前脸等对称性的创意绘画。Alias软件提供了直观的对称绘画模式，利用对称性，即时地将绘画镜像到对称线的另外一边。单击工具架中的对称画笔“Modify Canvas Brush Symmetry”图标，如图7-75a所示，画面出现一个红色圆点，为对称轴的开始点，单击画面其他位置确定对称轴的另一个点，此时画面出现一根红色虚线，如图7-75b所示。此时可以在虚线的某一边绘画，软件会将绘画内容镜像到另外一边，如图7-76所示。

图7-75所示虚线上方的双箭头用于拖动对称轴线的左右位置和角度，单击并拖动虚线的任何位置可改变对称轴的位置和角度，图7-75右下角的重设“Reset”按钮为重新设定对称轴及返回默认值。对称选项还提供了中心对称方式及放射性对称方式，如图7-77所示。

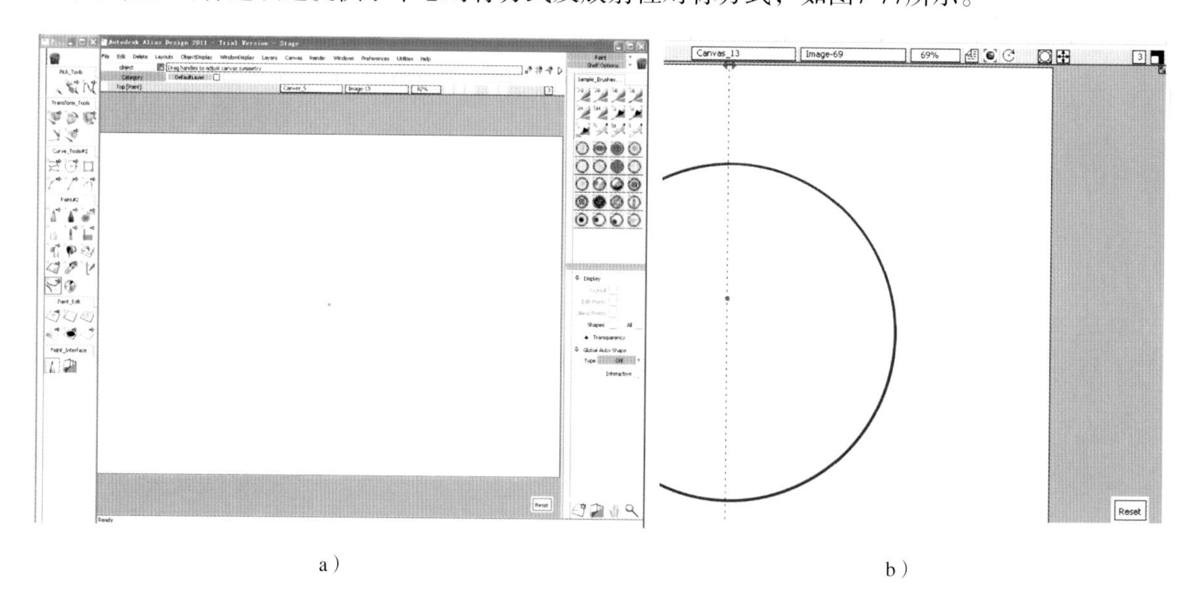

a）　　b）

图7-75　对称工具应用

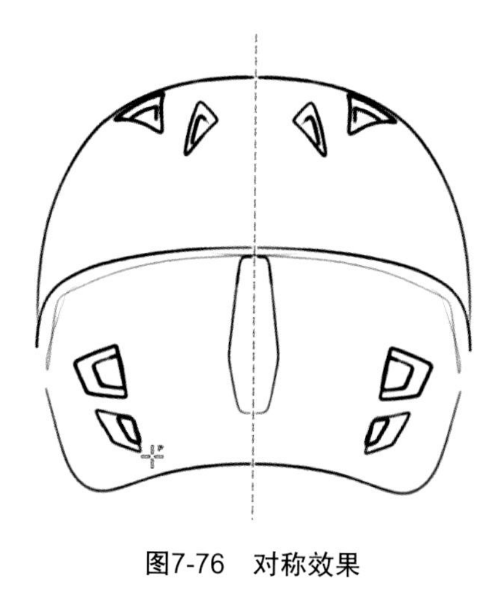

图7-76　对称效果

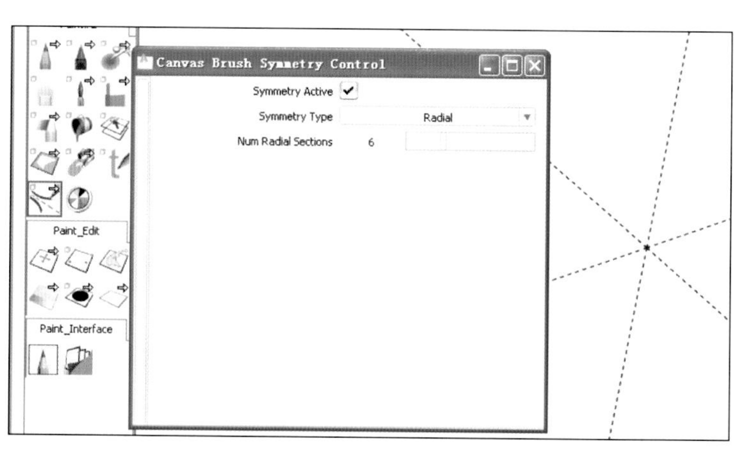

图7-77　对称选项

7.9.11　形状和曲线图形

在精确设计表现过程中，需要通过许多曲线形成遮罩进行辅助填色与绘画。如果需要使用同一曲线的两个区域来定义形状，则在“Paint\Shape”工具中单击构成目标图形每个部分的曲线或形状，如图7-78所示。通过单击不同的曲线顺序，以形成不同的区域。图7-78中箭头所指为光标单击点选的曲线与填色描边的结果对比。

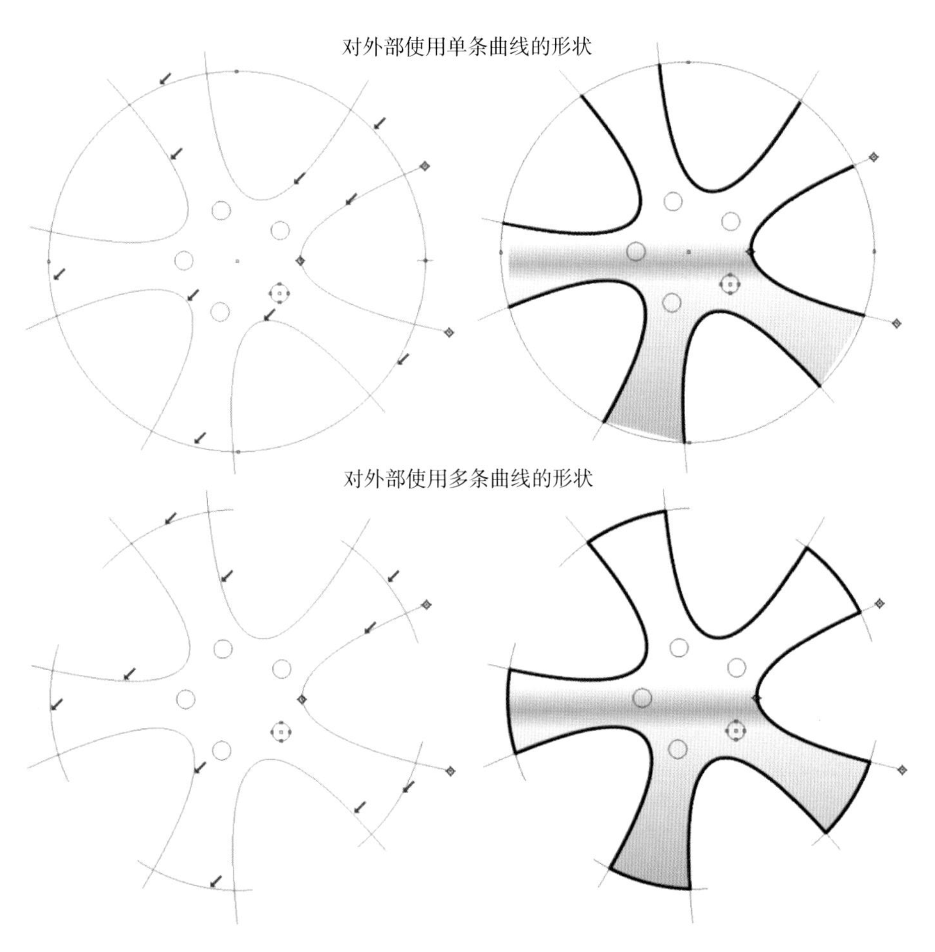

图7-78 曲线区域与填色对比

1. 曲线的重复使用

在定义曲线构成的区域时，每条曲线可以使用任意次，以形成不同的形状。例如，图7-79中的车轮示例说明了如何使用曲线来定义一个具有渐变填充的图像形状，以及一个遮罩形状。

2. 快速曲线复制

在重复某个设计主题时，设置“Edit\Duplicate\Object”选项，将复制的几何体创建为对象副本。这会将曲线复制为对象副本，也就是说，当编辑原始曲线时，对象副本将会自动反映设计更改。如在图7-80只移动了原始曲线上的一个点，但会自动更新其他复制的曲线，从而又会自动更新形状对象和形状遮罩。

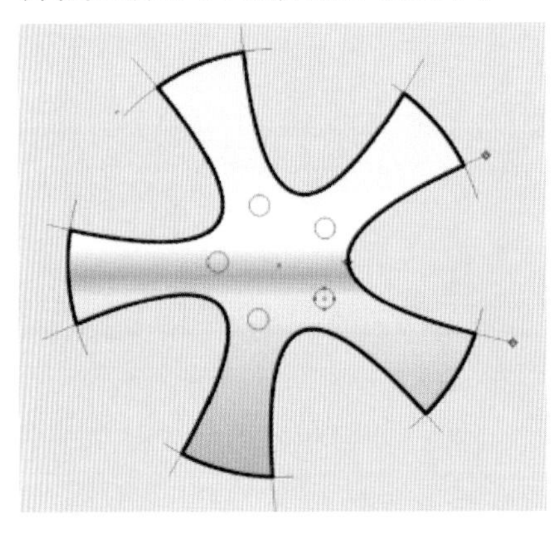

图7-79 曲线的多次重复使用

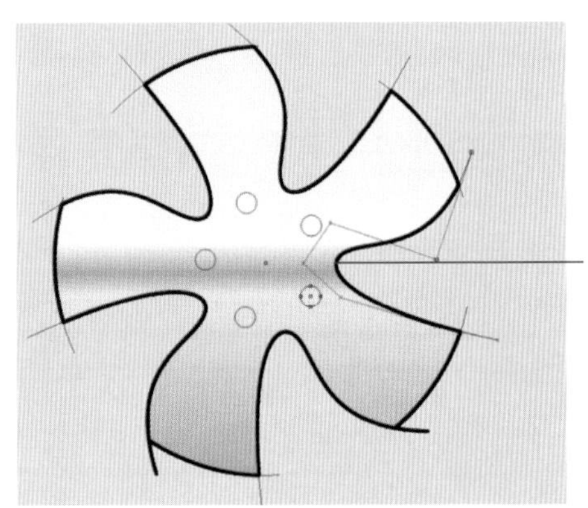

图7-80 曲线复制与作用

3. 曲线贵在精简

如何在曲线上使用更少的点，是一项值得学习的技巧。与经验丰富的用户相比，初学者通常要使用数量更多的点数来构建曲线，从而造成较大的工作量。因此应尽量减少定义曲线的点的数量，快速创建形状和遮罩。

7.9.12　曲线轮廓图形的填充

在精确设计表现中，物体的单色、渐变或图案填充需要给定一个区域（选区）。下面通过一个简单的例子介绍此常用功能，在此之前已经画好了几根曲线，如图7-81所示。

在界面左边工具架“Shelves”下方“Paint”栏 Paint 中双击“Make Image Shape”图标，如图7-82所示，打开其属性面板（有时在界面右边的控制面板中也有同样的属性面板），如图7-83所示。

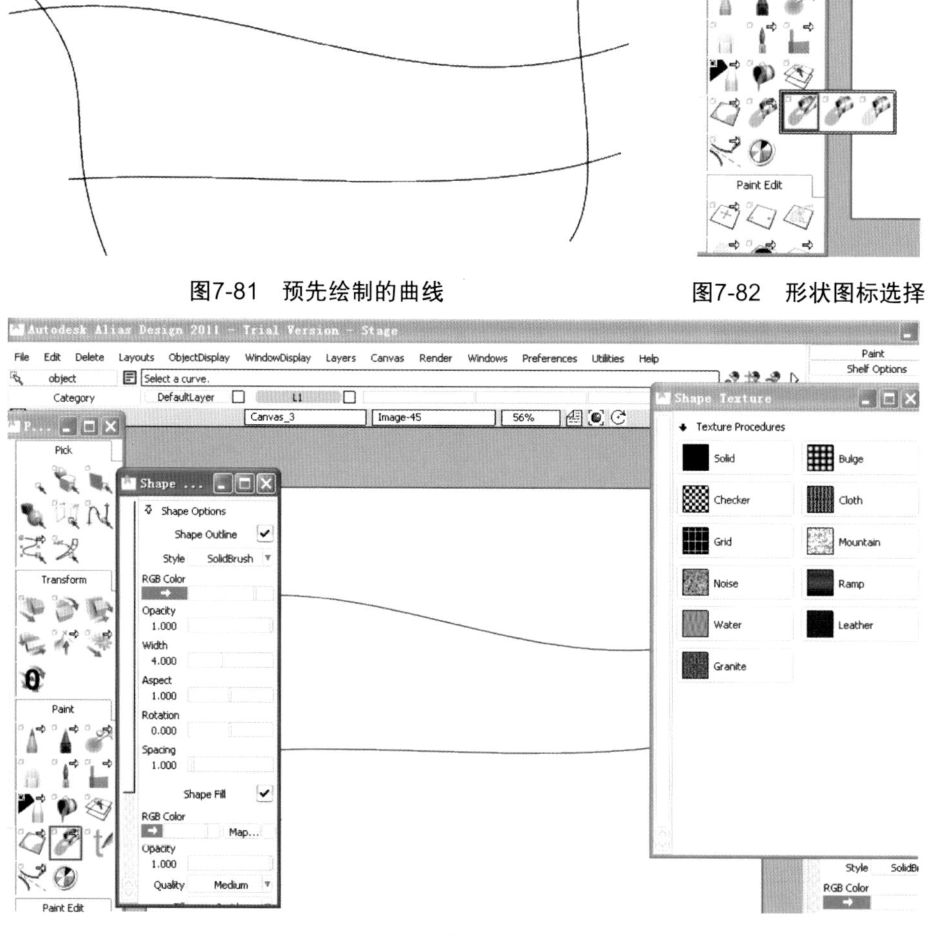

图7-81　预先绘制的曲线

图7-82　形状图标选择

图7-83　填充选项面板

选择“Shape Options\Shape Fill\Map...”，即打开填充的贴图纹理类型，如图7-83所示，其中“Ramp”为渐变色填充，比较常用。设置需要的颜色过渡相关选项，如图7-84所示。

然后单击画面中需要填充的曲线区域，如果所选曲线未能形成封闭区域，该工具将自动直线连接起点和终点，如图7-85a所示。单击右下方的“Accept”按钮，完成形状的颜色填充，如图7-85b所示。

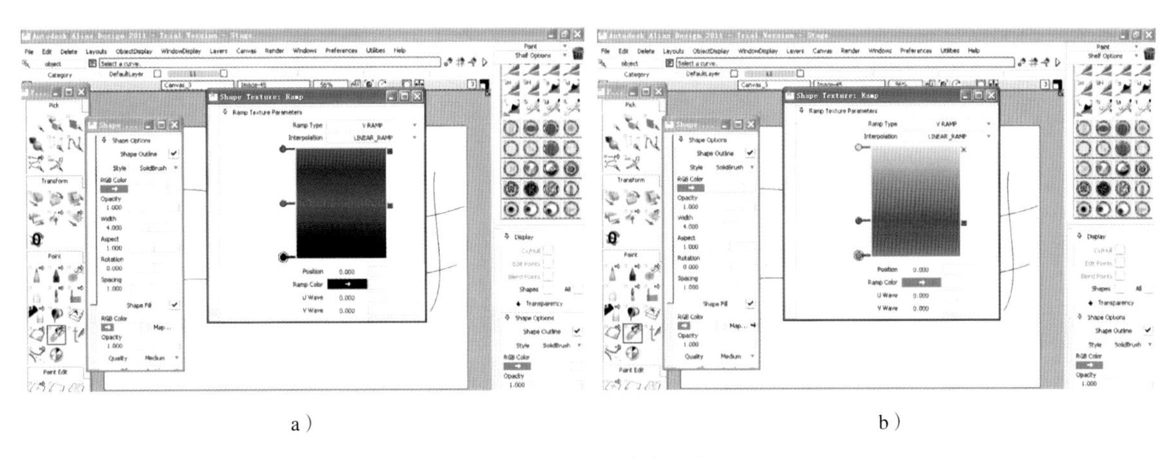

a）　　　　　　　　　　　　b）

图7-84　颜色过渡填充选项

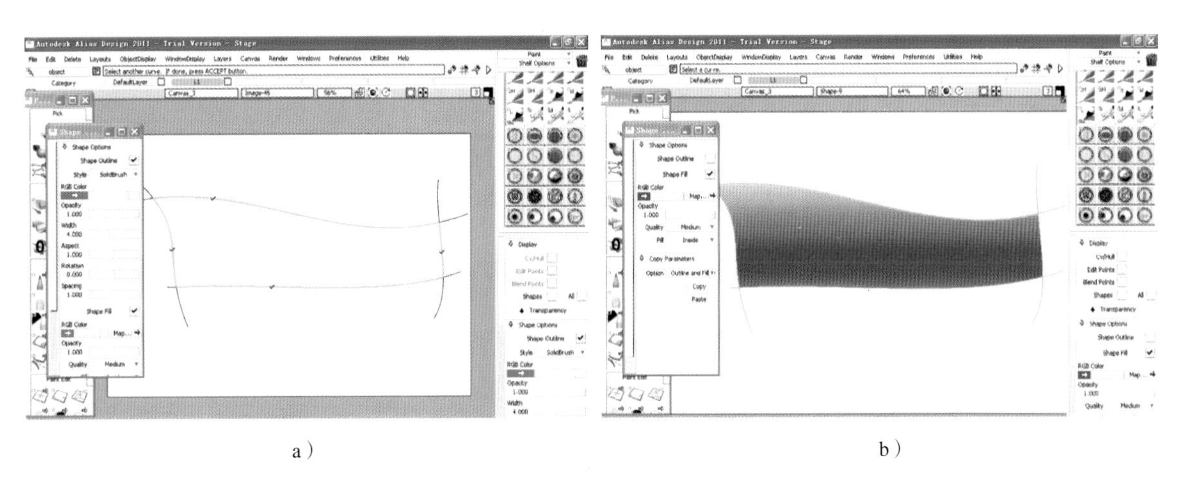

a）　　　　　　　　　　　　b）

图7-85　填充效果

此时，在绘画图层管理器（单击右边控制面板底端图层管理器打开）的图层栏中会增加一个图形层。此功能可用于大范围的底色铺设或产品、汽车造型表面的大曲面铺色。

7.9.13　CV曲线的阶数控制概念

如图7-86所示，双击曲线绘制工具图标，打开CV曲线的属性面板，第二栏内容即为阶数控制“Curve Degree”，可在此设置绘画曲线的阶数，即曲线的质量，阶数越高曲线越光顺。

图7-87所示为分别利用1、2、3、5阶数绘制的曲线。

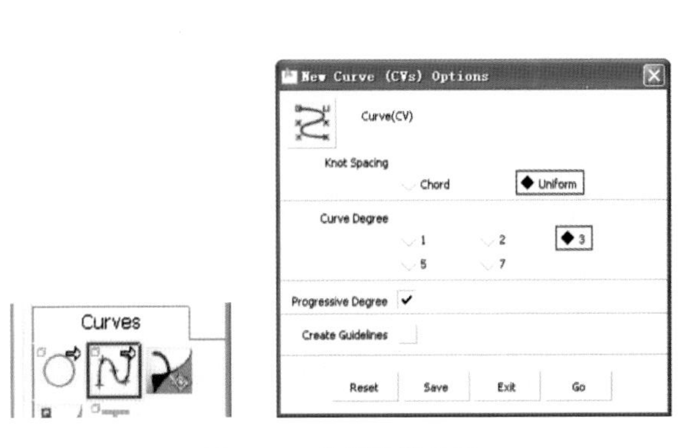

图7-86　曲线阶数设置

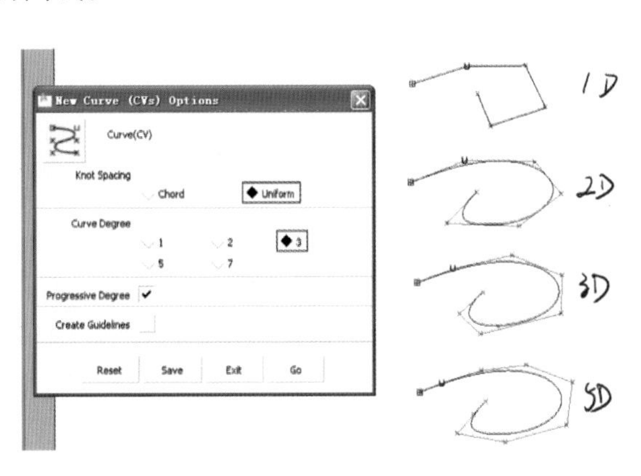

图7-87　曲线阶数对比图

7.10 Alias的遮罩

遮罩（Mask），是Alias中的称呼，在Photoshop中被称为蒙版。它是Alias精确设计表现过程中非常实用的一个功能，可以让绘画操作在一个非常精确的区域内进行而区域以外却不受任何影响，以此达到精确绘画质量的目的，特别适用于工业产品设计、汽车外观造型设计后期的精确效果设计表现。

注：使用遮罩前需要建立确定遮罩范围的曲线。

遮罩应用操作过程如下：

1）右键单击工具架“Paint”栏 Paint 中的“Make Image Shape”图标，弹出工具图标栏，选择第二个“Make Mask Shape”图标，即创建遮罩形状图层，如图7-88所示。

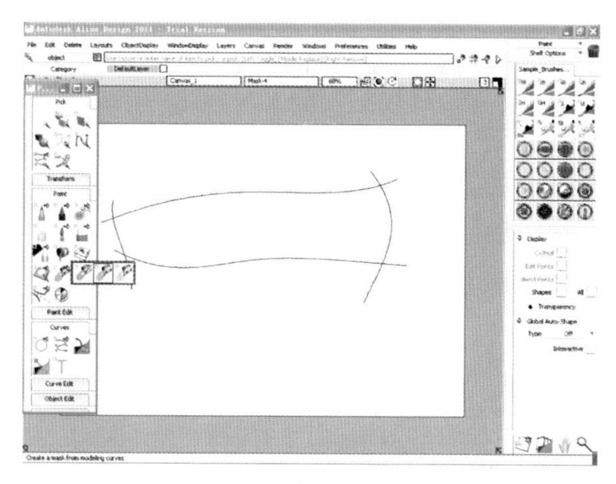

图7-88　选择遮罩工具

2）依次点选画面上已经绘画完成的曲线，Alias会自动选择曲线之间能形成封闭或半封闭的合围范围，如图7-89和图7-90所示。

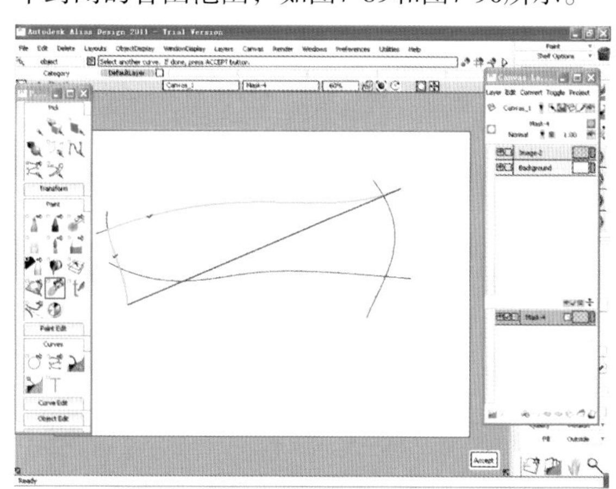

图7-89　选择曲线

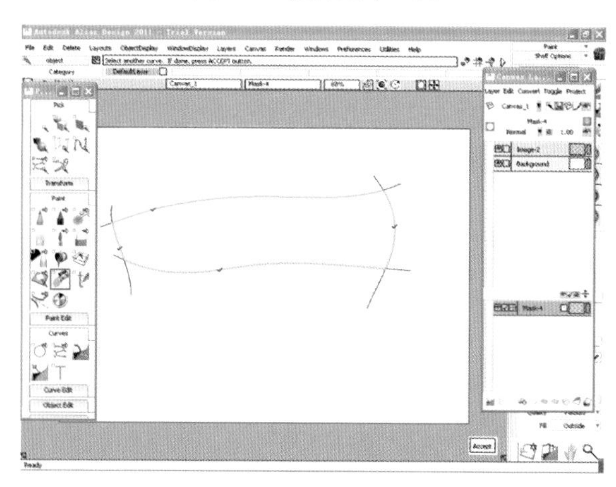

图7-90　完成封闭曲线范围选择

单击“Accept”按钮，在图层管理器下方的遮罩图层栏增加了一个遮罩层，如图7-91右边图层管理器下方所示。遮罩的名称后面有一链条的图标，表明目前这个遮罩层影响或遮罩着上面图层栏中的“Background”图层。“Background”可绘画的范围是该遮罩层的图形范围。

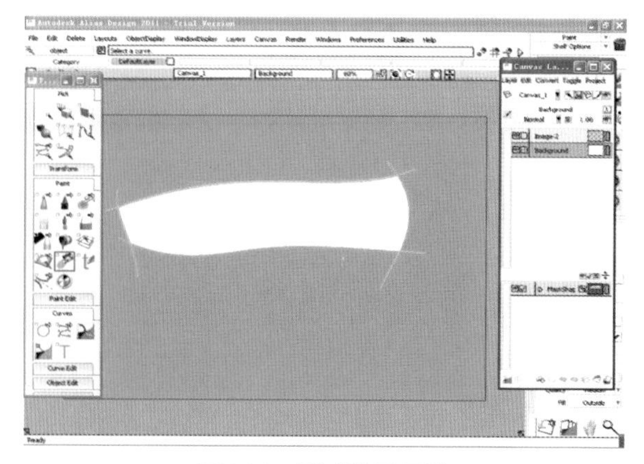

图7-91　形成遮罩区域

当遮罩建成以后，就可以让遮罩与图层关联了，默认情况下是遮罩和当前图层关联。当关联好后，点选关联图层遮罩会以淡蓝色显示。如果要多选图层关联，只需要将图层选中，然后单击遮罩层名称后面的小方块即可将遮罩与图层关联上（单击后显示为链条图标）。

为了提高效率，有时可直接将绘画的曲线转为遮罩，即对所有曲线创建工具启用自动形状创建，设置如下：

打开“Paint”面板，展开名为“Global Auto-Shape”的部分，选择要创建的形状类型。

在此示例中，将创建一个遮罩形状来保护此图像的侧面车窗玻璃区域，则所绘画的Alias曲线都将在当前层上创建遮罩形状。

提示：“Curve Edit\Create\Duplicate Curve”和“Object Edit\Offset”等工具也可创建新遮罩形状，因此，如果不希望创建遮罩形状，请注意将此选项设置为“Off”。

在以下示例中，将使用新建的 CV 曲线工具创建遮罩形状，在曲线创建过程中，遮罩将是预览可见的，直观地反映绘制中的曲线对遮罩的作用。

如图7-92自上而下所示，分别是曲线绘制初期、中期以及后期绘制车窗轮廓的情况。在创建曲线的过程中，放置 CV 点以定义曲线时，图像层遮罩会自动更新以形成一个封闭的遮罩区域。

图7-92　在车窗轮廓上用曲线工具创建遮罩形状

思考与练习

1. 应用Alias软件进行绘画练习，临摹不同的产品造型设计。
2. 利用Alias软件的曲线工具进行曲线绘制，练习曲线的操作。
3. 利用曲线工具创建遮罩层，熟悉该操作的应用。

第  章 Alias手机产品设计表现

本章将讨论利用Alias软件进行的手机产品设计表现，主要应用数码手绘板进行辅助表现。

手机作为目前最为常见的消费电子产品，有着巨大的消费市场。曾经领导手机市场的国际品牌如NOKIA、MOTOROLA、三星、LG、索爱等，推出了多款具有优秀设计的手机产品，如经典的8250、T68（图8-1）倾慕系列（图8-2）、V3、巧克力系列、N9（图8-3）等。这些手机的设计不仅技术先进，外观造型设计也非常有特点，让人过目难忘。目前，手机市场的趋势是异军突起，以新科技技术领军的Apple、HTC，推出了著名的iPhone系列（图8-4）、HTC系列（图8-5）等优秀手机设计。这些手机不仅功能强大，而且具有令人迷醉的多点触控等新技术，给人耳目一新的使用体验，外观设计也非常精致，几乎占领了国际手机市场的半壁江山。手机设计的趋势是越来越贴近人们的生活，贴近人们的未来使用需求，外观设计更是一个重要的研发内容。

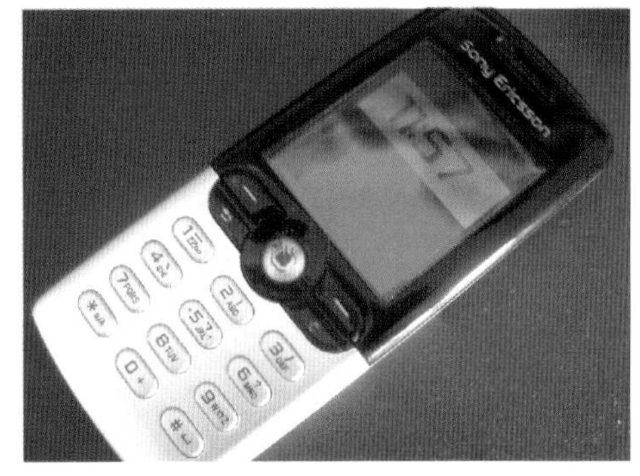

图8-1　T68手机

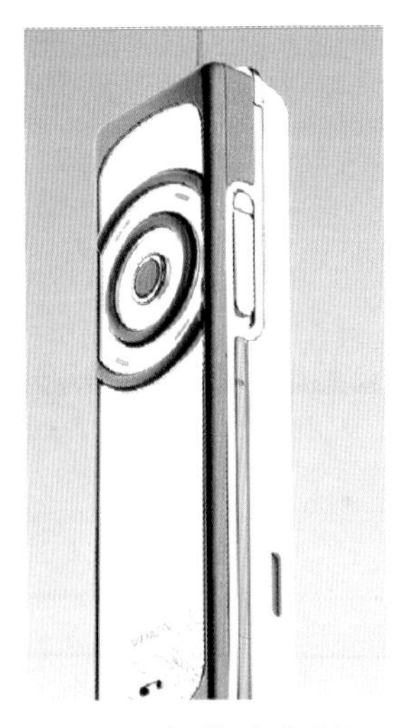

图8-2　倾慕系列手机

图8-3　N9手机

图8-4　iPhone 4S手机

图8-5　HTC系列手机

8.1　准备工作

为了更好地完成设计表现内容，这里先对必要的工作做一定的计划和准备。

1）了解手机的基本功能构成，思考从人的使用和需要出发的创意设计。

2）如果是外观改良性项目，则需要了解产品的内部构成关系，了解确定的零部件的规格，并进行实物组合或计算机模型构建，打印出实物原大比例的线框图，作为创意手绘参考，以便更精确地把握创意的空间，与外观造型设计的余地。

3）思考手机外观造型设计风格，绘画一些手机外观造型创意设计草图。

4）思考手机手绘展示的角度和光线来源方向。本章将以两个45° 的角度为主展示手机的快速表现。

8.2　基本设置

打开Alias，选择菜单栏“Windows”进入绘画模块“Paint Workflow”，新建一个文件，将背景设置为白色，如图8-6所示。在菜单栏“Windows”中选择打开工具架“Shelves”，隐藏工具箱“Palette”。工具架即为工具箱的简化版，经过简化的工具架的工具图标对绘画更有针对性，如图8-7所示。

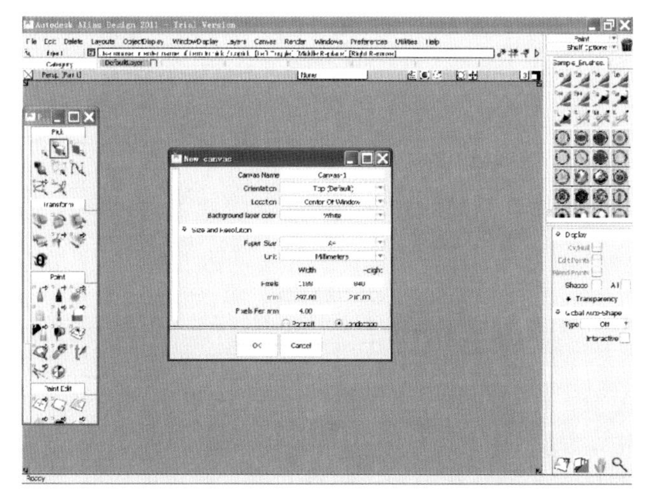

图8-6　新建Alias文件

图8-7　文件背景设置

选择工具架“Shelves”中“Paint”组的铅笔工具图标，按下空格键，在画面中弹出的浮动调板中选择适当的铅笔大小数值，如图8-8所示，或者按下<S>键+光标拖动调整铅笔大小，如图8-9所示。

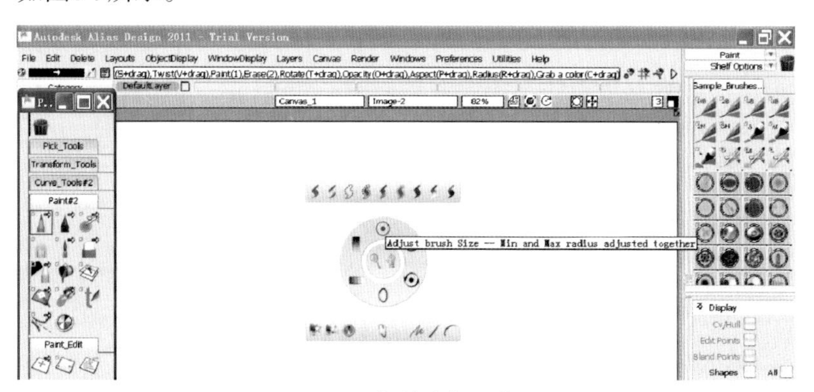

图8-8　铅笔直径调整

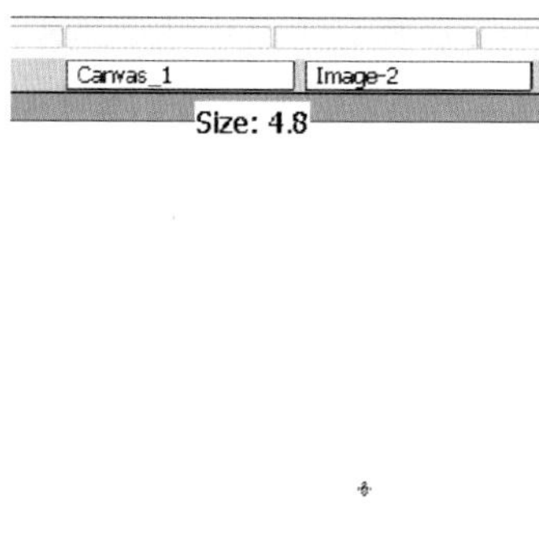

图8-9　光标调整铅笔直径

在界面右边的控制面板或工具架的底端单击图层图标，打开图层编辑面板，单击下方的白色图标新建一个图层，作为存放线稿的图层，新建的图层将为亮紫色显示，如图8-10所示。

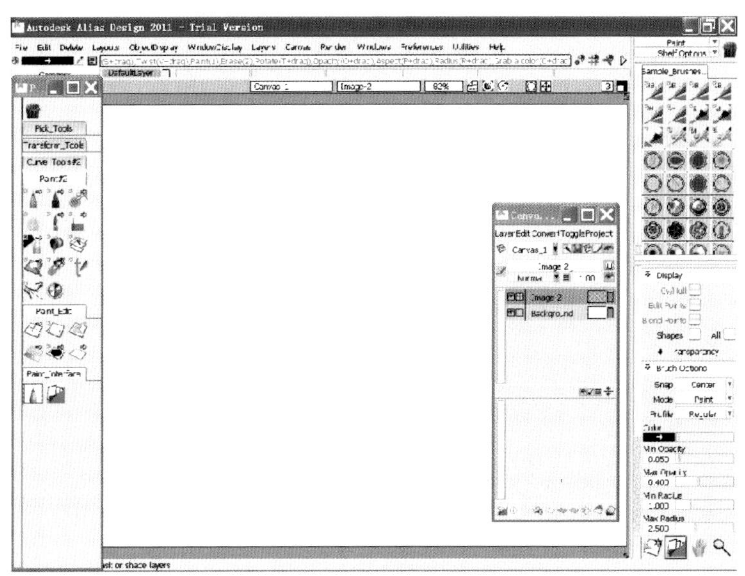

图8-10　图层设置

8.3　主视角的设计表现

8.3.1　手机基础形态的绘画

提示：可将手绘稿扫描至计算机，导入Alias中，在此基础上再做进一步绘画。

用笔技巧：快速流畅，避免停顿和犹豫的笔触出现在画面上，下笔前可多作推敲，思考绘画的线路；轮廓的边线要封闭，避免相交的连接不上的开敞轮廓，出现造型不完整的情况；必要的时候可旋转画布，以适应自己习惯的绘画方向。

8.3.2　绘画手机的轮廓线框——大框架

在下笔前，需要思考手机造型的趋势及层次关系，哪些是主要的造型面，哪些是细节转折面。此步骤的绘画技巧：先画能确定整体透视及大型走向的几根线条，如图8-11中的几组平行线条，最右边最上边以及最底下的几根线条确定该翻盖手机的整体比例；再画其他几根线条，确定手机的宽度以及打开角度。此阶段的线条起着决定性的作用，因此，需要斟酌一下线条的走向以及透视是否符合形态要求，如果不符合可按键盘<Ctrl>+<Z>键返回几步，重新绘画，直至满意为止。

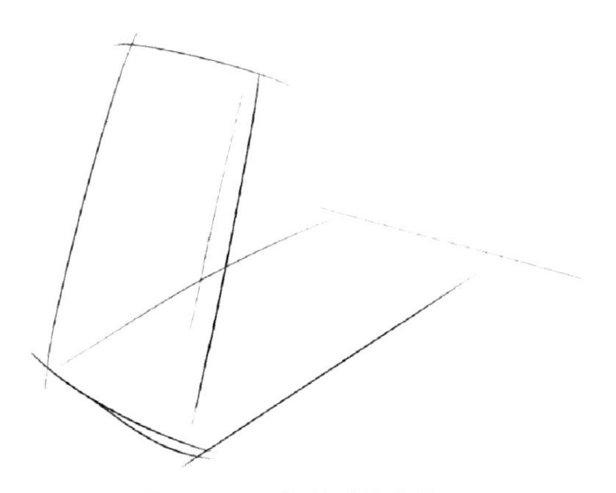

图8-11　手机基础线条绘画

8.3.3　绘画整体造型主层次

此步骤的绘画应关注手机形态主要特征曲面的特点及其变化趋势，如图8-12所示。图8-13所示的手机上盖的特点是中间有一个外部屏幕，顶面与两侧面有弧线过渡，屏幕两侧的顶面有凹面造型，上盖的尾部有切面造型，下盖整体呈现为长方形，转轴位置有明显的圆柱造型，键盘采用激光切割金属按键，尾部有凸起造型，凸起部分造型整体呈现向尾部收缩之势，尾部的底面有明显斜切面。绘画时应把这些造型特征表达出来。在比较肯定背光面的轮廓时，用笔可以加重，以表现出物体的立体感，如图8-14所示。

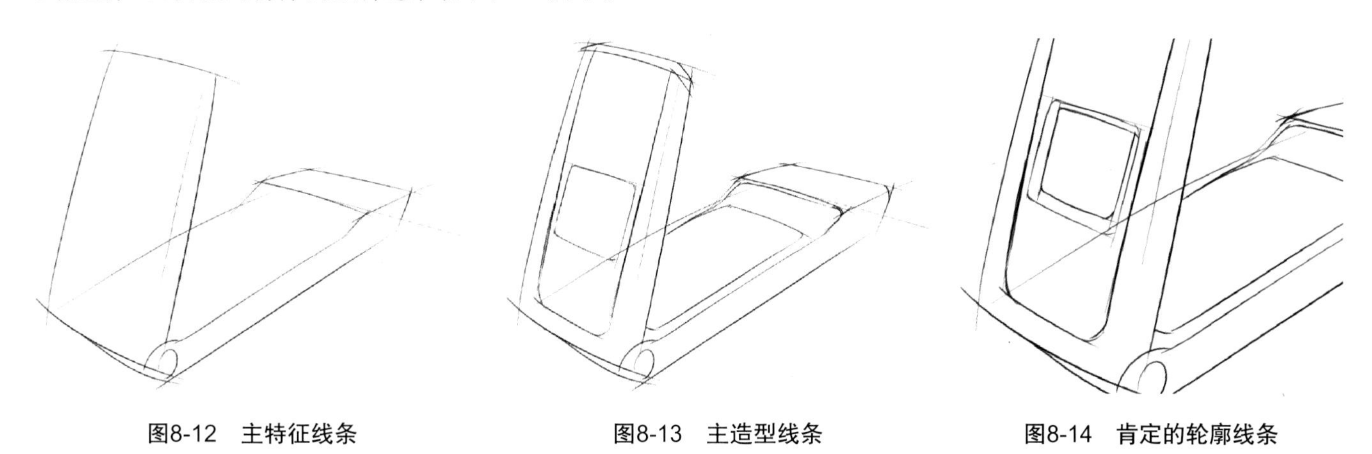

图8-12　主特征线条　　图8-13　主造型线条　　图8-14　肯定的轮廓线条

8.3.4　绘画手机造型细节层次

绘画手机细节时，应思考细节的造型层次关系，可按下空格键，利用浮动调板放大缩小画面的功能进行细节查看，如图8-15所示。绘画细节时，应注意用笔的轻重，在非轮廓或分模线的位置应用笔偏轻，在肯定的轮廓线位置，可以适当加重笔触压力，但同时也应兼顾整体笔触的浓度，如图8-16和图8-17所示。应避免笔触轻重不协调的情况。

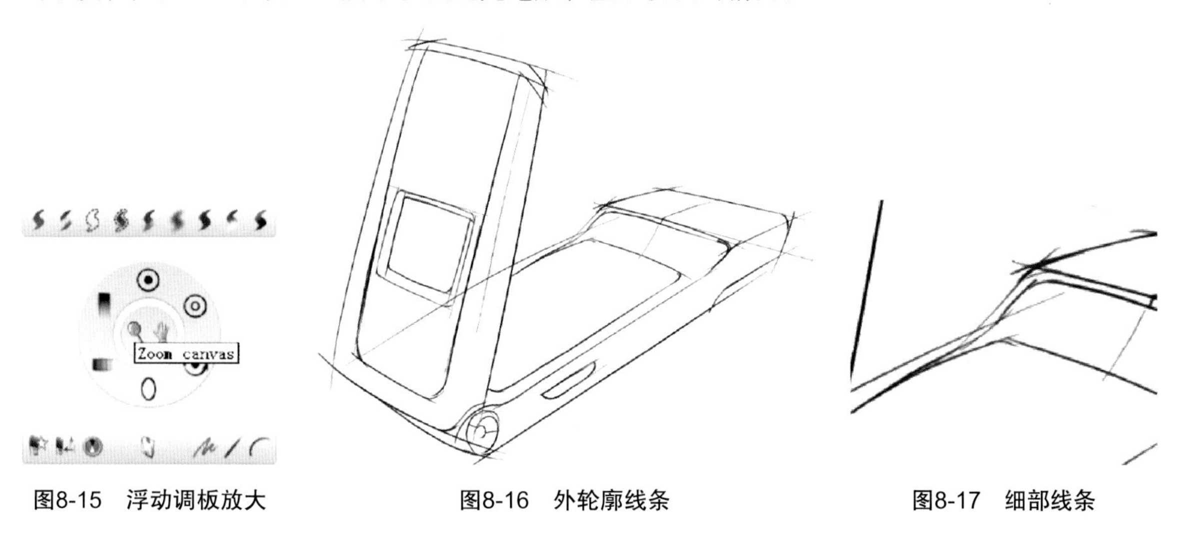

图8-15　浮动调板放大　　图8-16　外轮廓线条　　图8-17　细部线条

8.3.5　修整多余笔触

选择工具架“Shelves”的硬边橡皮擦工具，若绘画组中未显示出来，可在绘画组“Paint”

中按下橡皮擦图标，在弹出的工具列表中选择硬边橡皮擦图标。为了使画面上橡皮擦的大小范围可见，需打开画笔大小的显示选项，单击菜单栏中“Preferences\General Preferences”后面的方框图标，如图8-18所示，打开选项面板。

注：打开画笔大小显示选项可能会导致系统变慢，用户应根据自己的系统配置选择是否打开此选项。

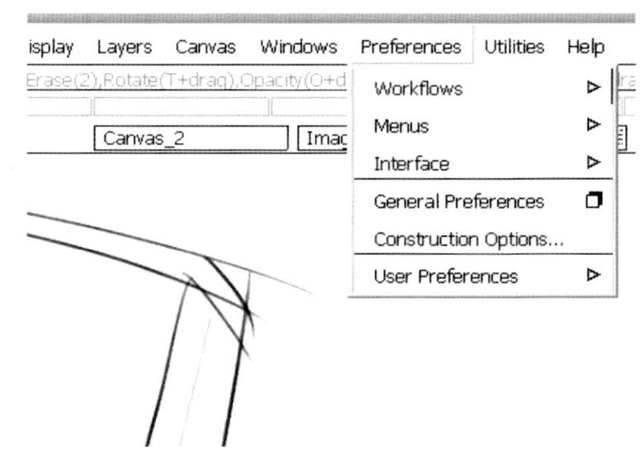

图8-18　打开通用属性设置面板

在“General Preferences”选项面板中找到“Show brush cursor outline”项（默认为“Off”），单击后面的按钮，在下拉列表中选择“On”，单击面板下方的“Go”按钮确定，如图8-19和图8-20所示。

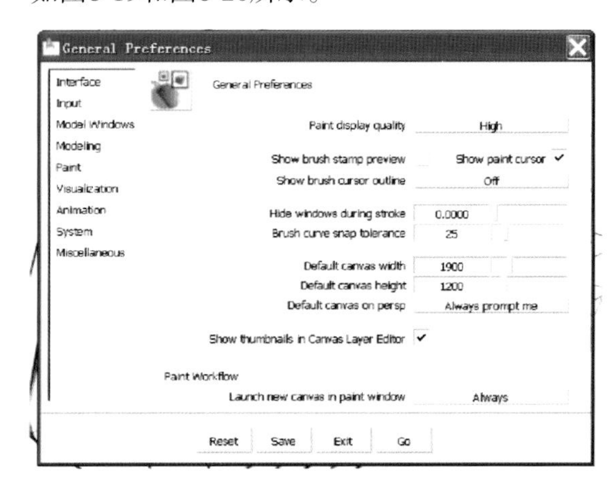

图8-19　通用属性面板

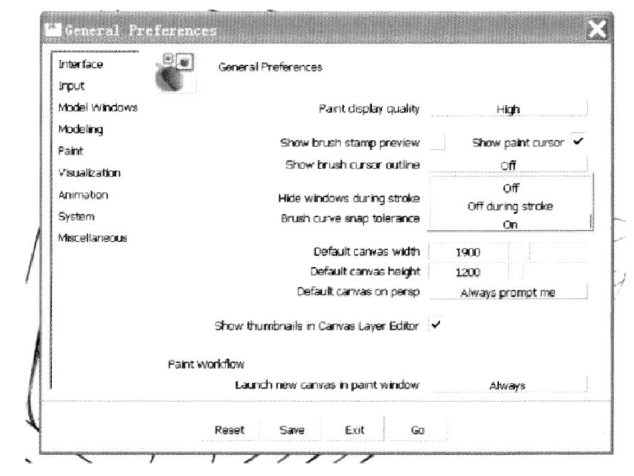

图8-20　设置显示笔触外轮廓

此时，画面中橡皮擦的尺寸可见，接下来对多余的笔触进行涂抹擦除，简化线稿，如图8-21和图8-22所示。

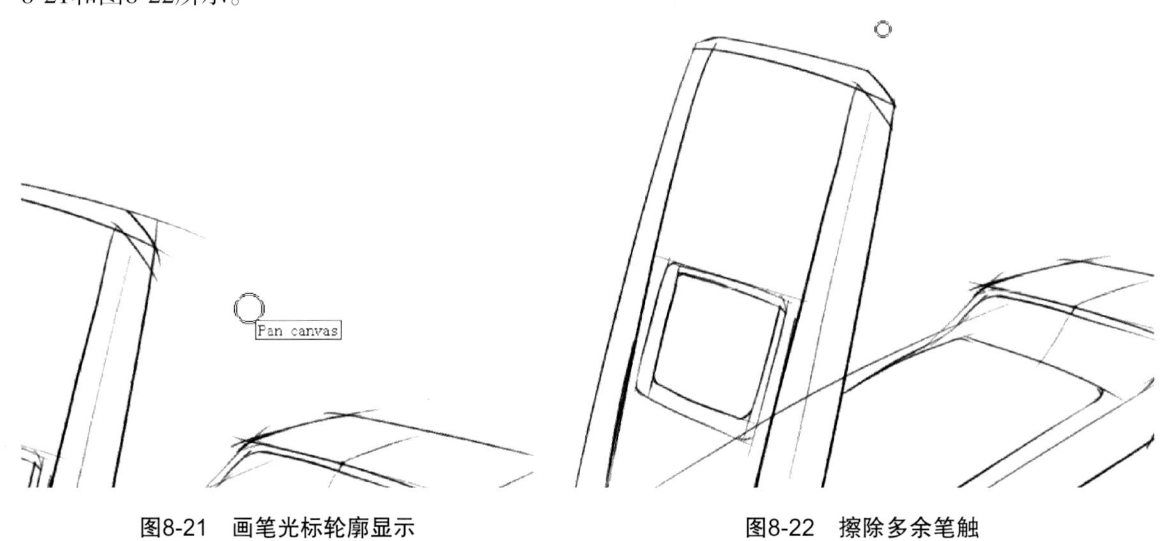

图8-21　画笔光标轮廓显示

图8-22　擦除多余笔触

擦除线条时可采用反复笔的方法，即在画面中反复拖动橡皮擦的画笔光标，让手的运动感形成惯性后，慢慢靠近需要擦除的位置，这样可以获得比较流畅的擦除效果，避免擦除后出现凹凸、坑坑洼洼的线条。

在擦除一些细节和间隙比较窄的线条时，可先改变橡皮擦画笔大小再进行擦除，改变画笔大小可按空格键弹出浮动调板选择画笔大小按钮进行调整，快捷键为<R>键+光标拖动，如图8-23所示，调整后的橡皮擦画笔笔触如图8-24所示。

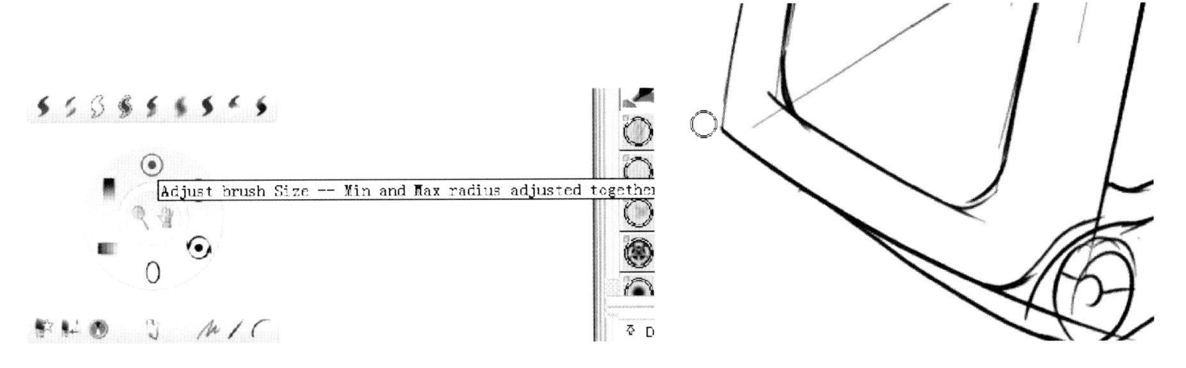

图8-23　调整橡皮擦画笔尺寸　　图8-24　调整后的橡皮擦笔触直径

8.3.6　基础明暗的表现

整体线稿处理完成后，即可进行明暗的表现。表现明暗前需要先预设光线的方向，一般情况下可考虑光线自左上方从上而下照射。设定光线方向后，即可以确定画面物体表面的明暗关系了。明暗和光影内容可单独放置在不同的图层中，以便于管理和调整，同时也可避免颜色过深盖过线稿层而出现轮廓不清晰的情况。在界面右边的控制面板中或工具架的下方单击图层图标，打开图层编辑面板，单击下方的白色图标新建一个图层，将新建的图层拖动至刚才线稿图层的下方。一般图像软件中图层的可见性是自上而下遮盖的。

提示：可双击轮廓线稿所在的图层名称，输入“outline”，作为线稿图层的名称；后面的其他图层也可更改图层名称，以便快速找到需要操作的图层。

在工具架绘画组中选择柔和喷笔工具图标。绘画时可从明暗交界线（物体表面明暗光影变化中最深的地方，一般出现在曲面转折的位置）开始绘画，逐步把握明暗层次关系，如图8-25~图8-27所示，从手机上盖的转折面画出明暗转折光影效果。

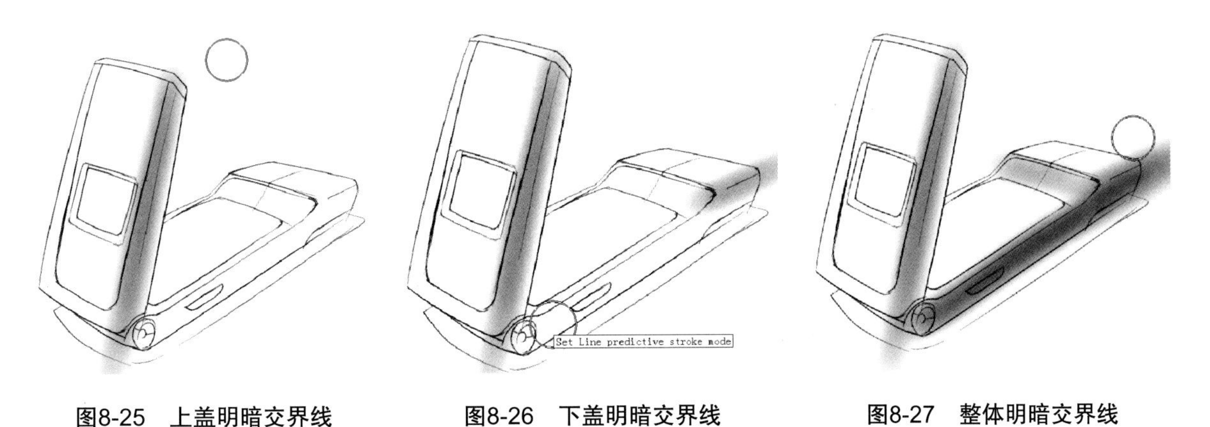

图8-25　上盖明暗交界线　　图8-26　下盖明暗交界线　　图8-27　整体明暗交界线

此时手机的立体感已初步呈现。超出轮廓的笔迹可用橡皮擦擦除。在工具架中选择硬边橡皮擦，选择小一点的尺寸，将超出轮廓范围的笔迹擦除，如图8-28和图8-29所示。

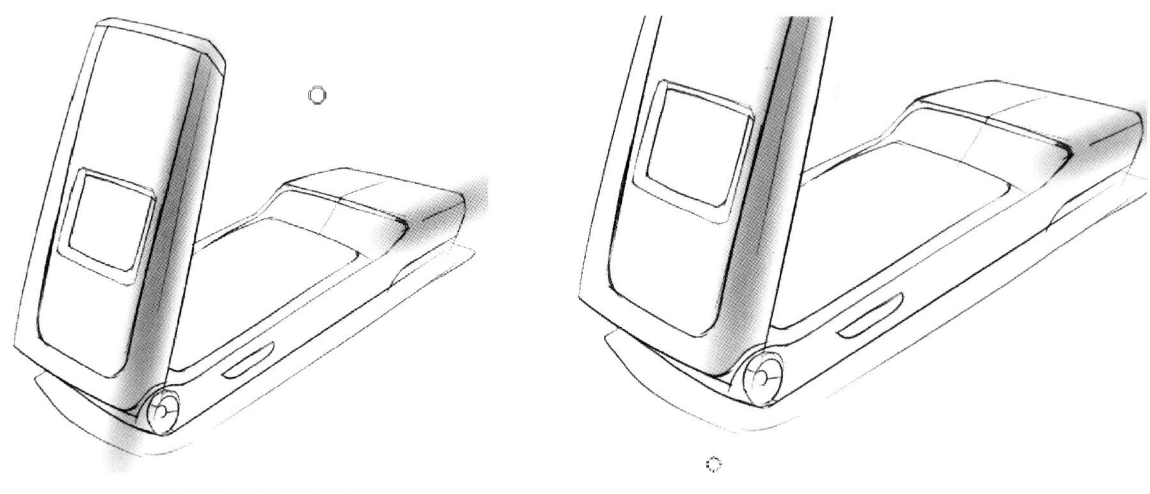

图8-28 小尺寸的橡皮擦笔触直径　　图8-29 上盖明暗交界线的修整

擦除用笔技法：

1）反复拖动橡皮擦画笔光标进行擦除。

2）沿圆弧形轨迹拖动光标对曲面位置进行擦除。

3）靠近光线的位置可多擦除一点边，以营造出有“光照”的感觉而加强物体的立体感。如图8-30所示右上方及中间凸起位置所示的擦除效果。

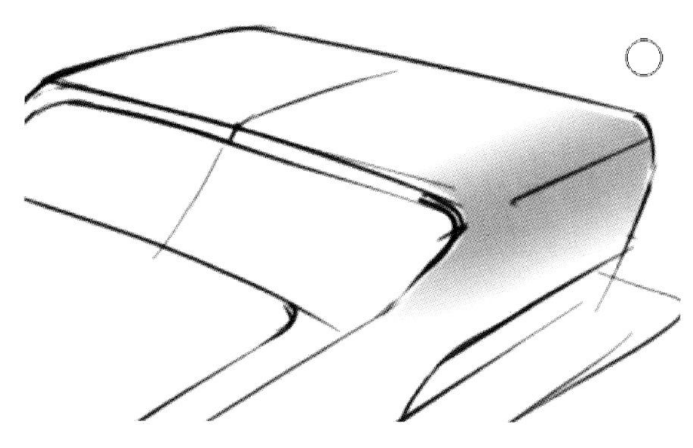

图8-30 外沿的修整

其他细节位置的擦除，如图8-31和图8-32所示。

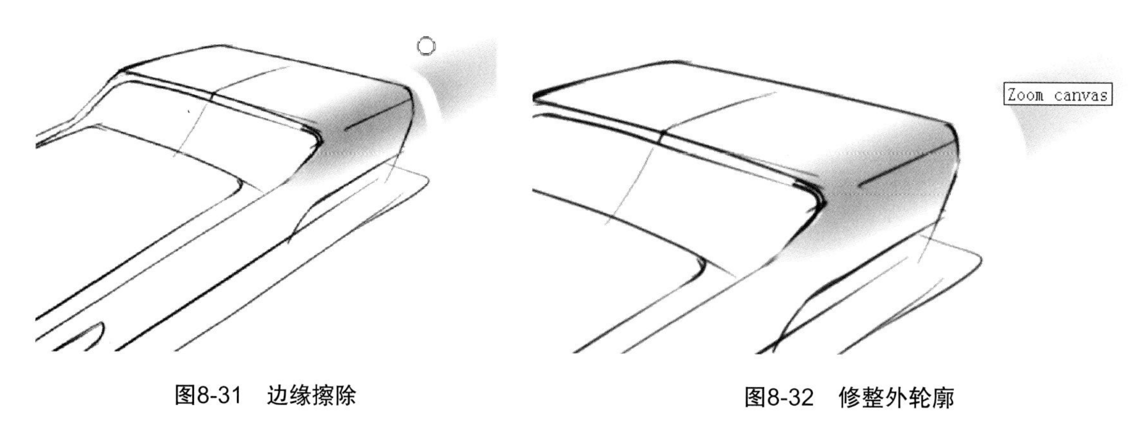

图8-31 边缘擦除　　图8-32 修整外轮廓

再进一步加强基础明暗基调。新建一个图层拖至线稿层下方，选择喷笔工具再作喷画，加强手机的整体明暗基调，然后再选择橡皮擦工具进行细节擦除，手机背光面转折位置注意留出一定的转折空间，尽量避免喷笔画过转折线，同时在阴影线附近也可不必画得太满，留一点浅色位置，让物体有一种“通透感”，如图8-33和图8-34所示。

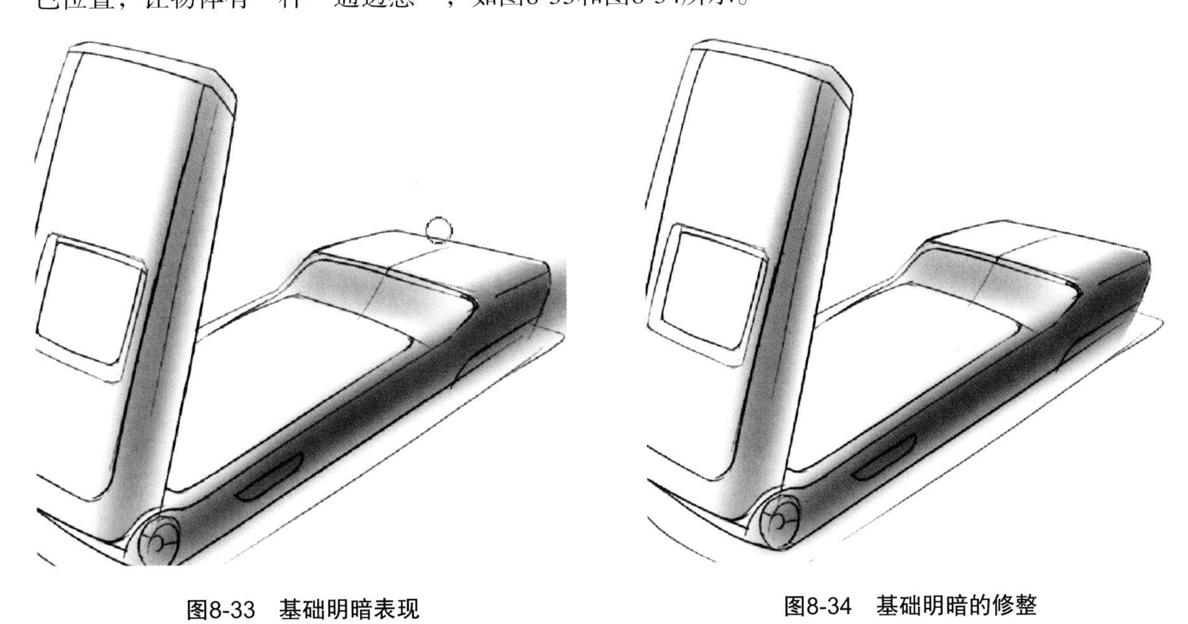

图8-33 基础明暗表现

图8-34 基础明暗的修整

8.4 手机主体明暗表现

表现了基础明暗基调后，即可绘画整体的明暗效果。新建一个图层拖至线稿图层下方，在工具架绘画组中再次选择柔和喷笔工具图标，改为大尺寸喷笔，如图8-35所示。喷画手机的整体表面明暗效果，绘画时一定要注意光线来源的方向，如图8-36所示。

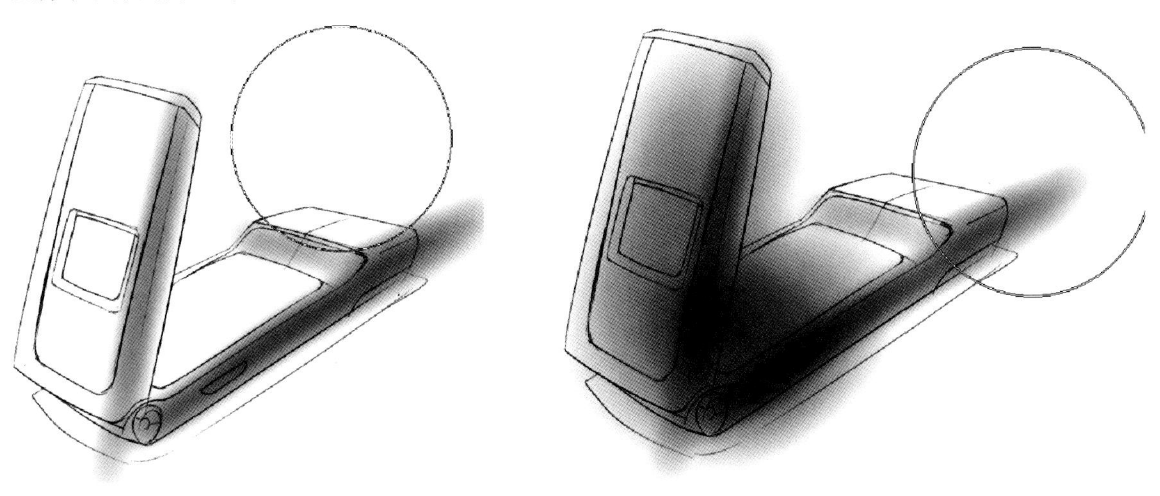

图8-35 大尺寸喷笔

图8-36 主体明暗表现

8.4.1 擦除多余笔触，修整手机轮廓

绘画过程中，需要反复利用画笔与橡皮擦工具进行手机造型修整。在工具架中选择硬边橡皮擦工具，如绘画组中未显示出来，可在绘画组中按下橡皮擦图标，在弹出的工具列表中

选择硬边橡皮擦图标。擦除多余笔触，修整出手机外轮廓。在擦拭时，应注意笔触要快速流畅，大曲面位置尽量比较肯定地一笔擦过，细节位置更换为小画笔尺寸进行擦除，外观造型靠近光线边缘处，可多擦除出一个边线，如图8-37和图8-38上盖左侧所示。这个方式可制造出物体的立体感。

图8-37　边缘的擦除

图8-38　下沿轮廓的擦除

其他位置的擦除。在手机下盖的明暗擦除时，因考虑到键盘为金属激光切割工艺，此工艺制作的键盘金属反射感比较强，商用摄影中常将反光板（或灯罩）放置在相机视角的对角以反射出光洁质感物体表面的质感，因此，在用硬边橡皮擦擦除时，可擦出明显的边界，此效果与强烈的金属反射质感非常相似。因此，可采用大型明暗绘画的方式在擦除过程中制作出质感的底色，如图8-39和图8-40所示。

图8-39　下盖轮廓擦除

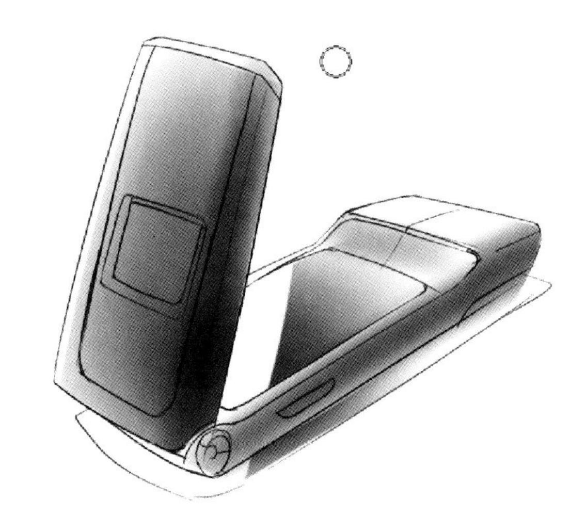

图8-40　多余笔触修整

轮廓造型擦除之后，需要查看造型转折的明暗关系。此时，需要选择软边橡皮擦进行局部修整，在工具架的绘画组中选择硬边橡皮擦图标，对转折的暗部位置进行局部擦除，使手机形成立体感的明暗变化，如图8-41和图8-42所示。利用软边橡皮擦擦除时，注意要沿着手机造型方向用笔，必要时候可按下<V>键+光标拖动进行画布旋转，调整为把握性更强的合适的绘画方向和角度。

图8-41　上盖暗部观察

图8-42　上盖暗部擦除

8.4.2　细部明暗刻画

整体大型明暗绘画完成后，即可进行细节的明暗绘画。此阶段可考虑运用马克笔“Marker”绘画。在工具架绘画组中选择马克笔工具图标，如果画面中未显示，则按下图标，在弹出的工具列表中选择图标。然后调整为适当的画笔大小，对细节进行较精细的明暗刻画，如上下盖的明暗交界线、外屏幕细节造型的暗部、下盖阴影线等位置；再对转轴侧面细节与按键进行刻画；最后用硬边橡皮擦进行修整轮廓，如图8-43和图8-44所示。

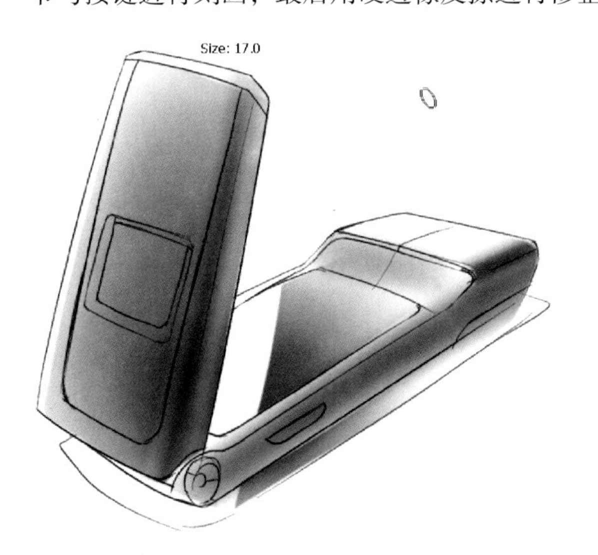

图8-43　马克笔笔触尺寸调整

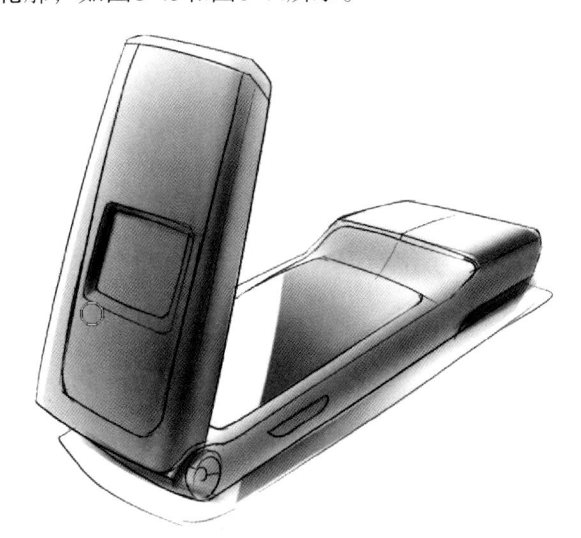

图8-44　转折位置绘画

注意细节造型转折连接位置的明暗关系，如外屏幕左上角位置的明暗过渡。

8.4.3　阴影线的绘画

阴影线在画面中应属于最深最暗的位置，所以利用笔触较深的画笔如毡毛笔进行绘画。在工具架绘画组中选择工具，沿着手机轮廓造型底边进行绘画，如图8-45所示。

用硬边橡皮擦进行阴影线的轮廓修整，如图8-46所示。

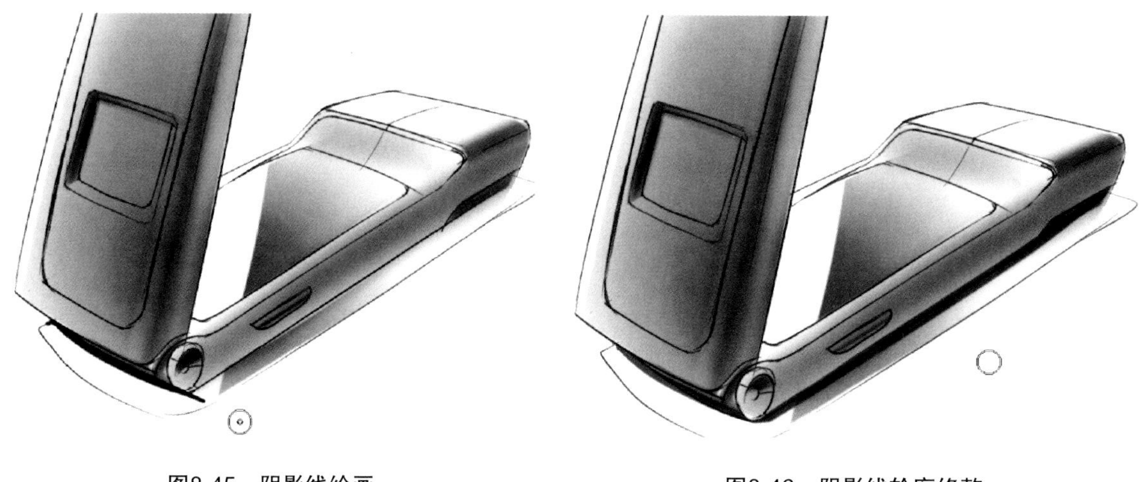

图8-45　阴影线绘画　　　　图8-46　阴影线轮廓修整

8.8.4　整体阴影的绘画

阴影的浓淡应根据环境和背景的颜色而定，同时也应考虑绘画的格调。在工具架中选择较浓的中号喷笔工具“Airbrush Medium”，图标为。若绘画组中只显示较淡的喷笔工具“Airbrush Soft”图标，则按下该图标并在弹出的图标列表中选择图标。然后选择合适的笔触大小，方法是按下空格键弹出浮动调板，选择大小调整图标进行调整，快捷键为<R>键+光标拖动，如图8-47所示。

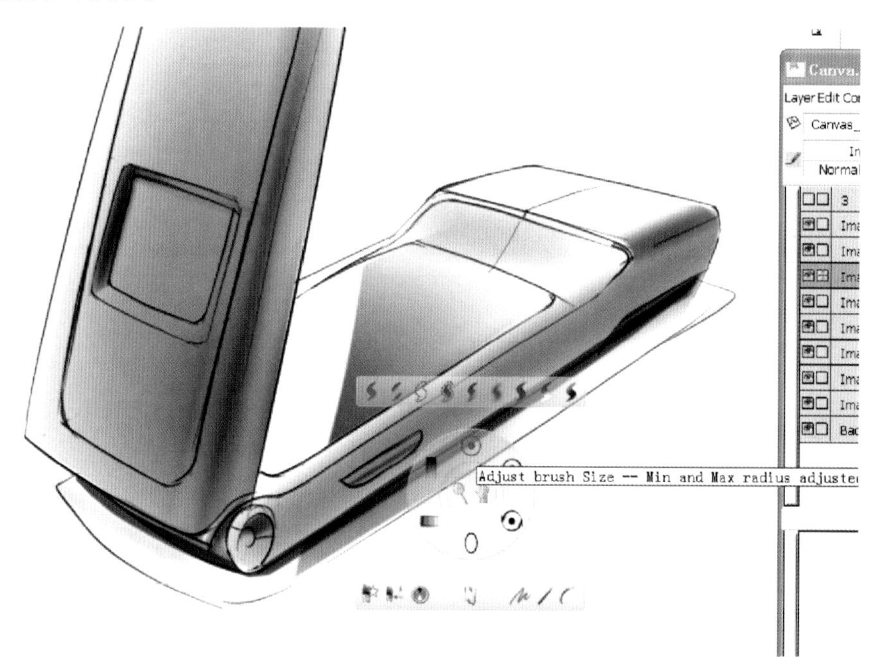

图8-47　喷笔笔触调整

在手机下方喷画出阴影，如图8-48所示。利用硬边橡皮擦擦拭出阴影的外轮廓，注意阴影应与手机外轮廓相近，同时需要注意阴影投射的位置，如手机下盖尾端底部的斜切面，其阴影应稍靠内侧，如图8-49所示。喷笔绘画得比较浓时容易产生呆板感，可选择软边橡皮擦图标，擦除阴影范围靠外的区域，以获得自然的阴影区域感，如图8-50所表现出的阴影的空气通透感。

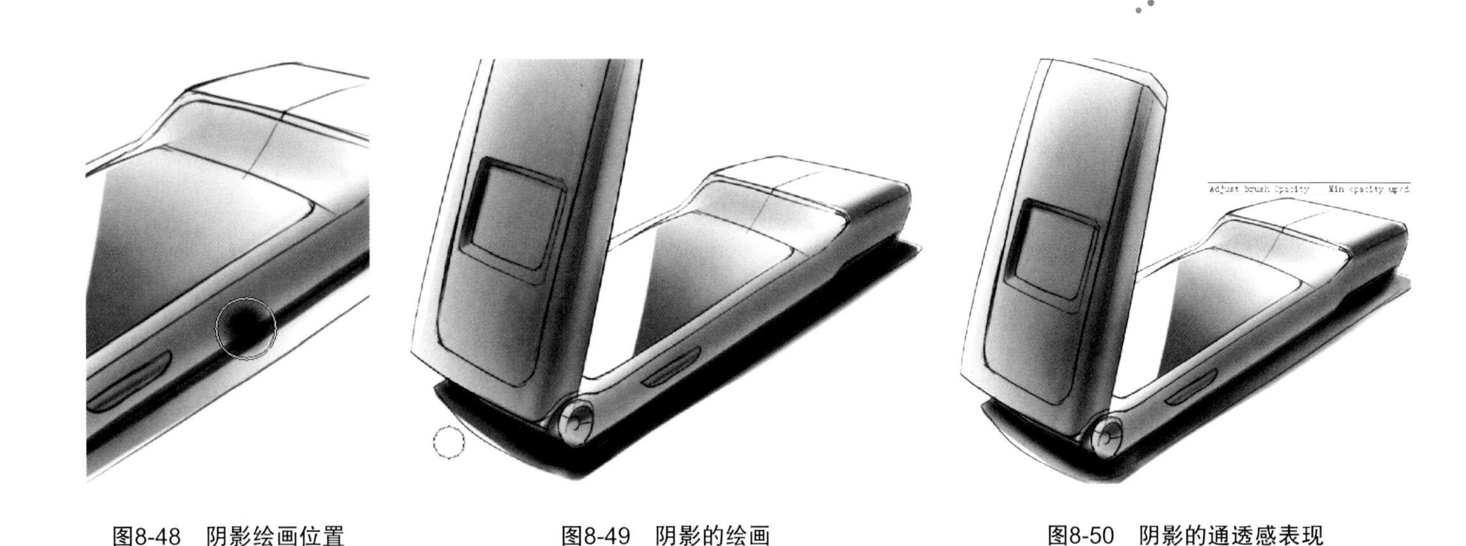

图8-48 阴影绘画位置　　图8-49 阴影的绘画　　图8-50 阴影的通透感表现

8.5 键盘的表现

先选中线稿图层，再单击新建图层图标，即在线稿图层上方新建一个绘画图层。选择尖头铅笔工具，在画面中画出键盘的分型线。一般键盘设置为上方是功能组合键，下方为四排数字键，绘画时注意线的方向与相互距离。先画确定键盘布局的横向线以确定键盘整体轮廓，再刻画每排键盘的分型线。键盘轮廓绘画完成效果如图8-51和图8-52所示。

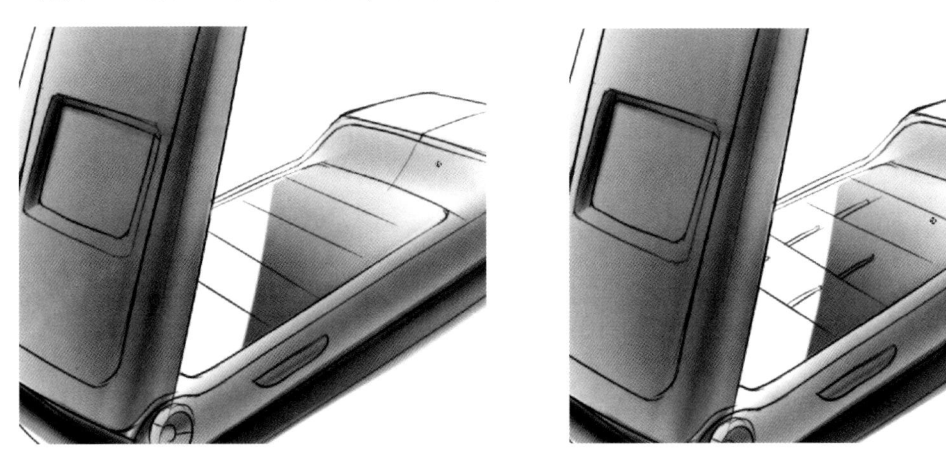

图8-51 键盘轮廓线　　图8-52 键盘分型线

8.6 手机迎光面绘画

前面已表现出了手机整体的明暗，接下来对手机亮部细节进行表现，以丰富造型细节和增加造型层次效果。操作位置为手机表面的迎光面，在这些区域将出现比周围要亮一些的色彩。首先在线稿图层上方新建一个图层。

提示：高光及亮部的图层以放置在轮廓线稿层的上层为宜。

选择宽马克笔“Marker Broad”图标，如图8-53所示。单击该栏中的色盘图标，在色盘面板中选择白色，如图8-54所示。

图8-53　选择马克笔

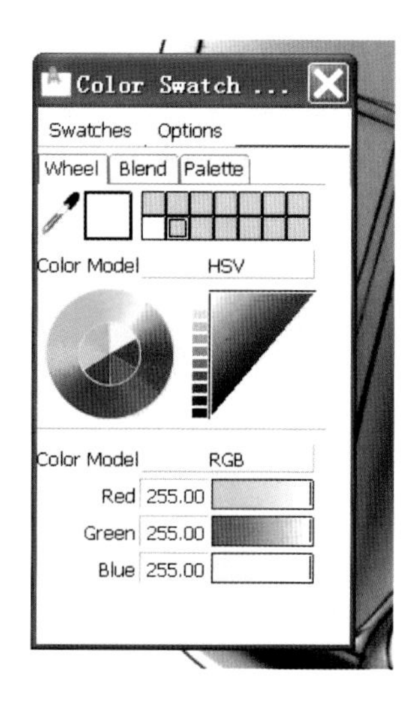

图8-54　色盘

选择适合的画笔大小，在手机外屏幕下方面向光源的斜面上绘画出迎光面和受光面，然后用硬边橡皮擦擦去斜边之外的白色笔迹，获得较精确的斜边表现细节，如图8-55和图8-56所示。需要注意的是屏幕周围斜面的造型特点。从画面上看，因透视的差异，手机外屏幕的左边比右边宽，而下边比上边宽，还特别需要注意下边与右边的过渡。

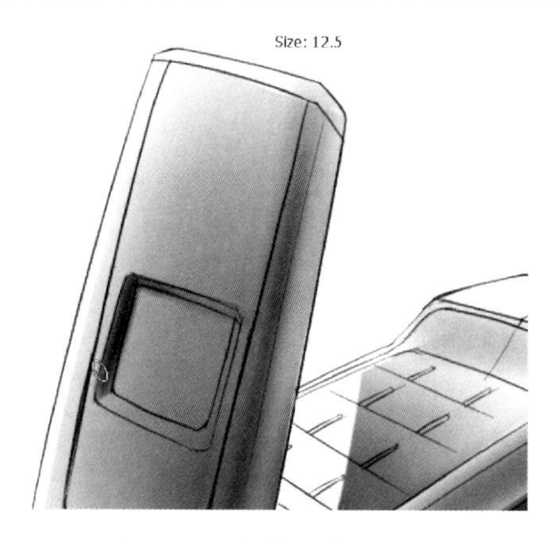

图8-55　调整马克笔尺寸

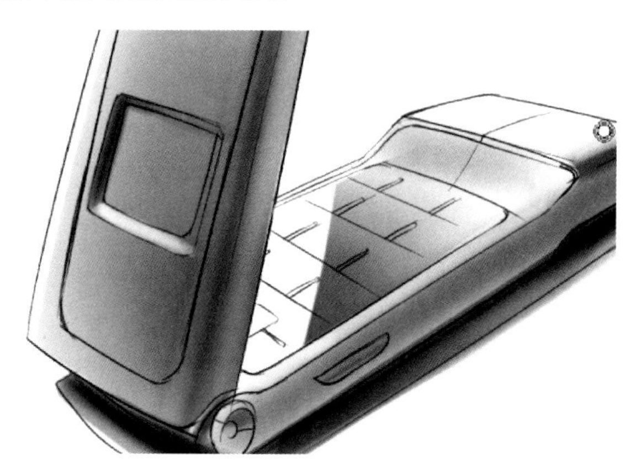

图8-56　迎光面绘画

改变画笔笔触，以刻画更细的造型细节，如图8-57所示。在画笔与软硬橡皮擦组合使用时，注意绘画的亮部不宜太白，避免出现整体光影不协调的情况，如图8-58所示。

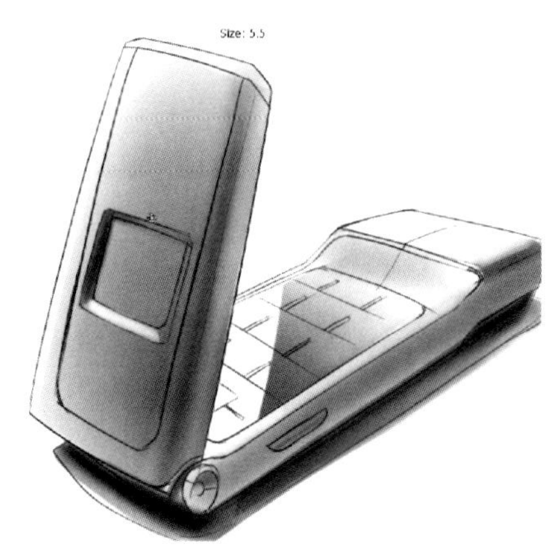

图8-57　调整画笔笔触

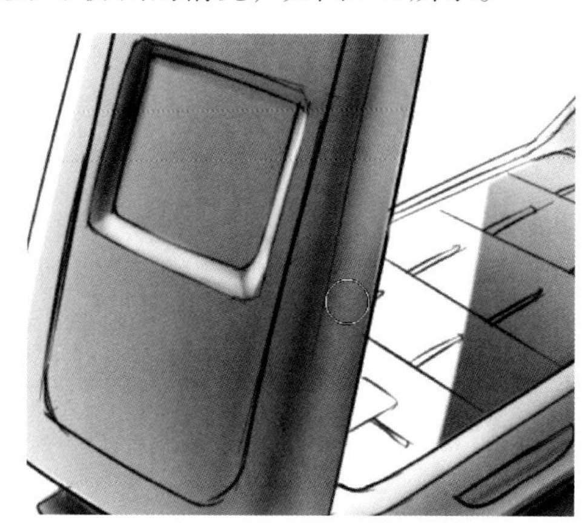

图8-58　光影协调

8.7　细节零件绘画

刻画转轴两侧装饰件与侧面按键细节的光影。选择喷笔工具，调整笔触大小后在装饰件受光位置绘画。绘画具有金属质感的物件时，考虑到光影的微妙变幻，可先用大一点的喷笔在其亮部绘画，然后改用小的喷笔在亮部区域靠近光源的一侧加重地画一笔，即可呈现出比较微妙的亮度变化。最后用硬边橡皮擦根据装饰件的轮廓造型修整刚才绘画的范围，如图8-59和图8-60所示。用同样方法处理侧面按键，如图8-61所示。

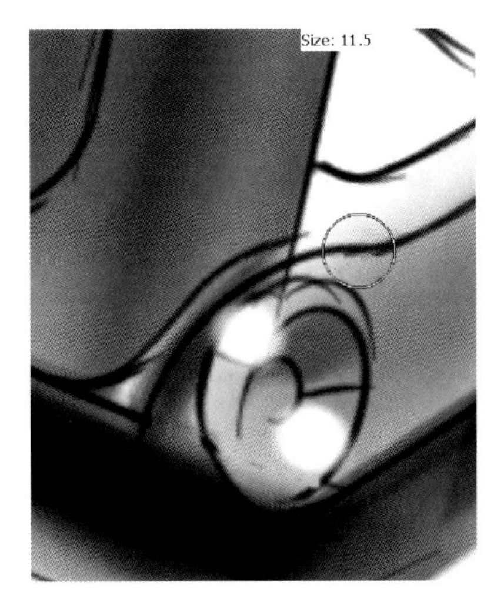

图8-59　侧面装饰件表现

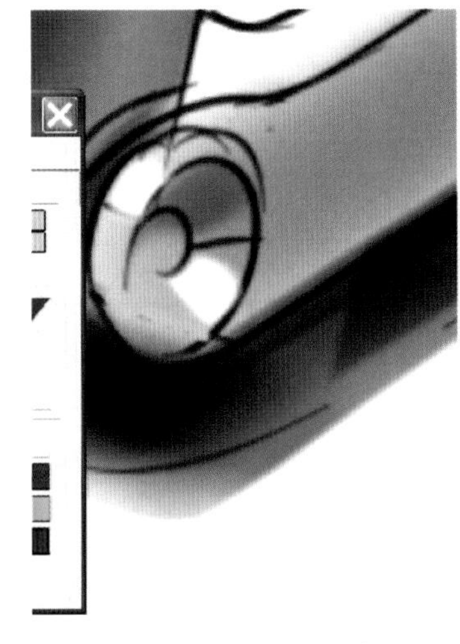

图8-60　侧面装饰件轮廓修整

图8-61　侧面按键的表现

装饰件的细节金属感表现。金属质感效果的特点是比较鲜明，明暗过渡强烈，同时对环境的反射也比较明显。因此需要对金属件的细节效果进行补充表现，即增加暗背景的反射效果。选择毡毛笔或者其他深色笔触的画笔，单击色盘选择黑色，如图8-62所示，在金属件的背景反射位置绘画暗部。绘画时，注意观察哪些位置会反射出黑色的背景，一般是在亮部的两侧（如上文所介绍的，摄影中反光板的使用是为了加强质感的照亮，反光板的周围往往会是比较暗的背景），同时要注意黑色背景反射区域的造型应随金属质感件的造型变化而变化（如长方形、圆柱形、球形、锥形等金属物体的反射区域都是随着造型的不同而不同的）。最后表现的金属质感如图8-63所示。

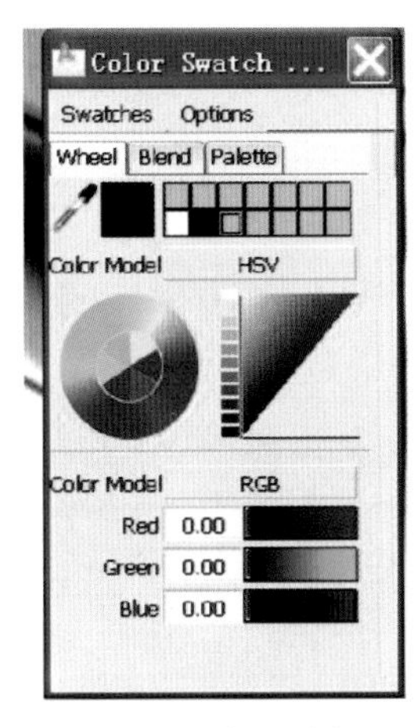

图8-62　色彩选择

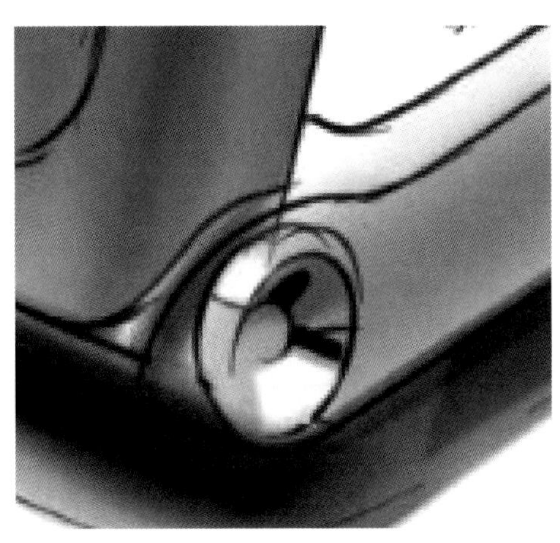

图8-63　金属质感表现

8.8 细节的绘画表现

8.8.1 屏幕两侧造型细节表现

对外屏幕两侧的造型进行分析：左边凹下去为背光面，右边凸起来为受光面，因此，左边暗右边亮。先新建一个图层，再选择中号喷笔工具，调整为小尺寸的笔触，在画面上外屏幕右侧与下方绘画出受光区域造型，再用硬边橡皮擦进行造型修整，如图8-64~图8-66所示。注意两侧受光面转折位置的擦除，应保证圆滑过渡，适当采用小的橡皮擦半径尺寸进行擦除。

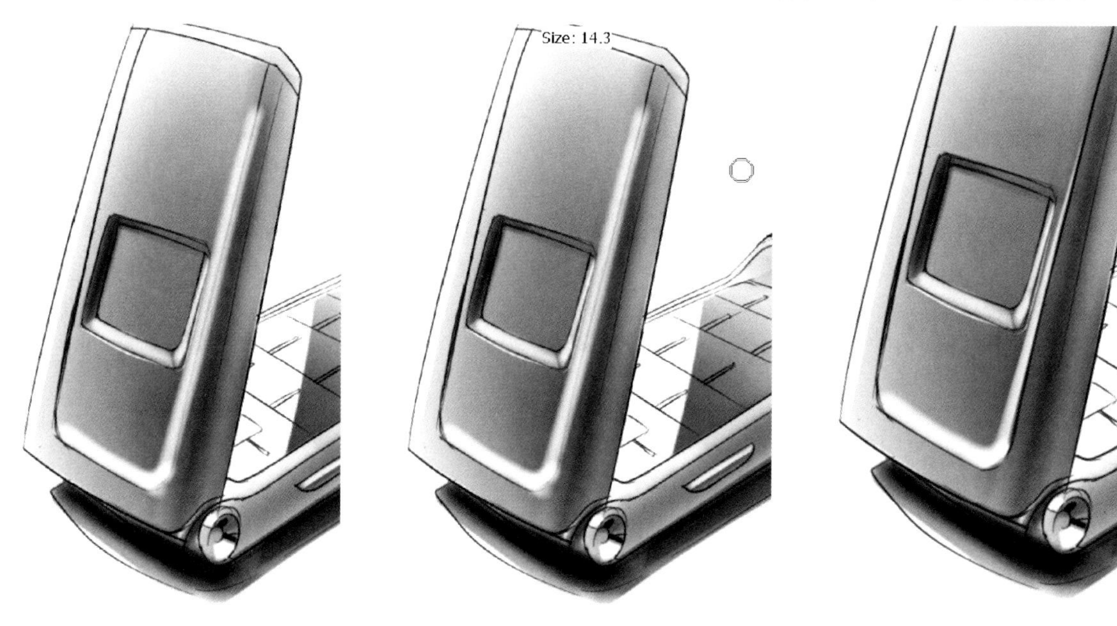

图8-64　外屏幕凹边绘画　　图8-65　对橡皮擦尺寸调整　　图8-66　受光区轮廓修整

对屏幕左侧的斜面进行明暗表现。选择中号喷笔，调整为小尺寸画笔，单击色盘选择黑色，如图8-67所示。在键盘左侧画出一个窄长的区域，然后用硬边橡皮擦进行修整轮廓造型，如图8-68所示。

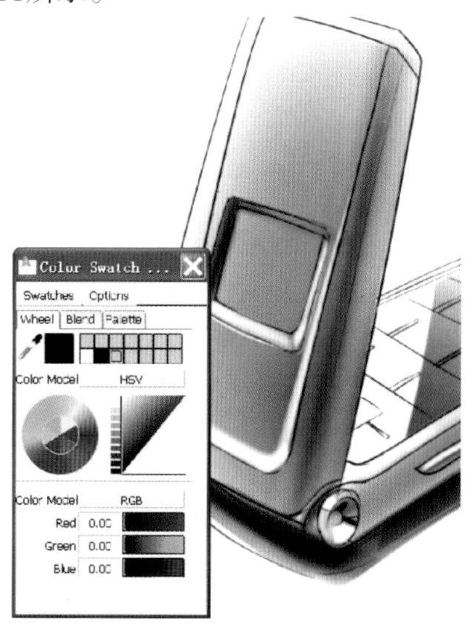

图8-67　外屏幕左侧斜面用黑色表现

图8-68　背光斜面绘画

8.8.2　上盖高光线精细表现

整体明暗绘画完成后，再对手机的高光线进行绘画表现。高光线一般出现在分模线、转折面、轮廓线等位置。高光线可采用白色铅笔绘画。新建一个图层，选择工具架中尖头铅笔图标，单击色盘图标选择白色，如图8-69a所示。对画面上出现的手机分模线、转折线等位置的受光面进行绘画，如图8-69b所示。

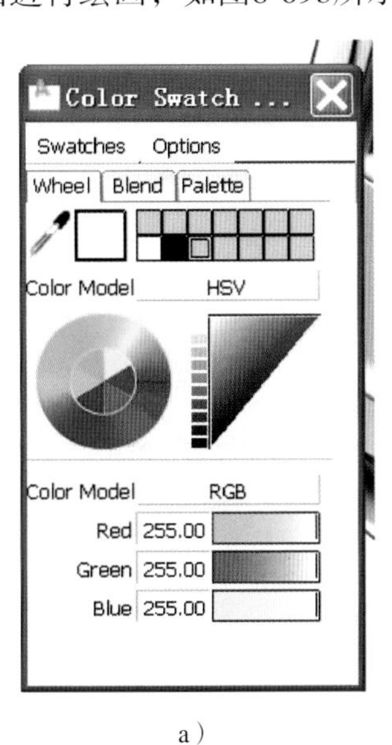

a）

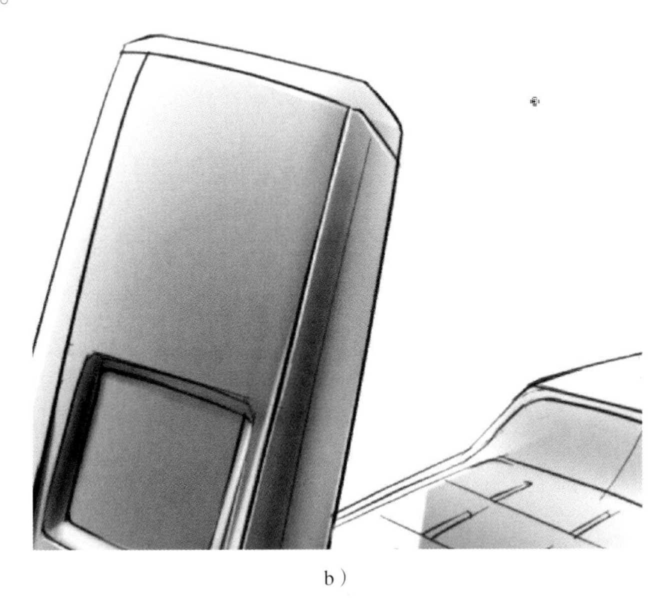

b）

图8-69　高光线的绘画

a）选色　b）高光线绘画

8.8.3　下盖高光线刻画

对下盖高光的边线进行刻画，主要绘画位置包括边线受光位置和反光位置，如图8-70所示。

图8-70　下盖的高光线

8.9 质感细节表现

8.9.1 点缀高光

为了加强手机表面的光洁质感，可在局部增加高光的点缀，可以使整个物体的质感立刻“亮起来”。利用上一步骤的铅笔工具，在上一步骤绘画的高光线中间，点画几个高光点，如图8-71和图8-72所示。

图8-71 表现高光点

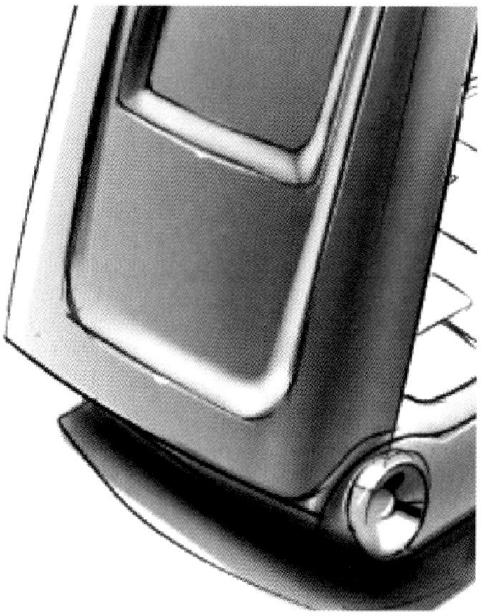

图8-72 高光的点画效果

8.9.2 反射质感表现

本案例手机的表面采用金属喷漆质感，为表现该质感的光洁效果，可采用增加反光板的效果。在商用摄影中，常用反光板（灯罩）对表面光洁强反射质感的物体进行反射，以加强其质感光影变化层次。新建一个图层，命名为“reflect”，选择中号喷笔工具，在手机上盖表面绘画出一个区域，该区域应随着手机上盖表面的整体造型趋势进行绘画。这是因为在商用摄影中，反光板（灯罩）的摆置方向会顺应物体造型的变化方向而放置，如图8-73所示。

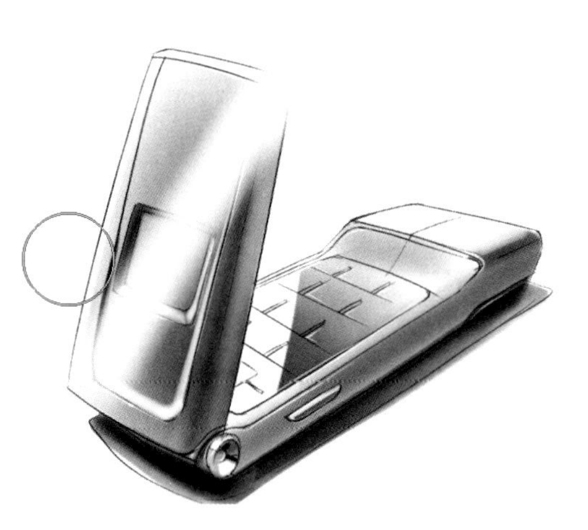

图8-73 反射质感喷画表现

选择硬边橡皮擦工具，对刚才喷笔绘画的区域进行轮廓修整，然后在该白色区域的下沿加重地画出一笔，以此模拟反光效果的反光板（灯罩）边界，如图8-74所示。反射效果根据整体环境与表现格调适当调整其透明度。在刚才新建的“reflect”图层后面，即 reflect 面板的最后一个长方形的图标，拖动它即可调整该图层的透明度，以获得一个较为真实的反射效果，如图8-75所示。

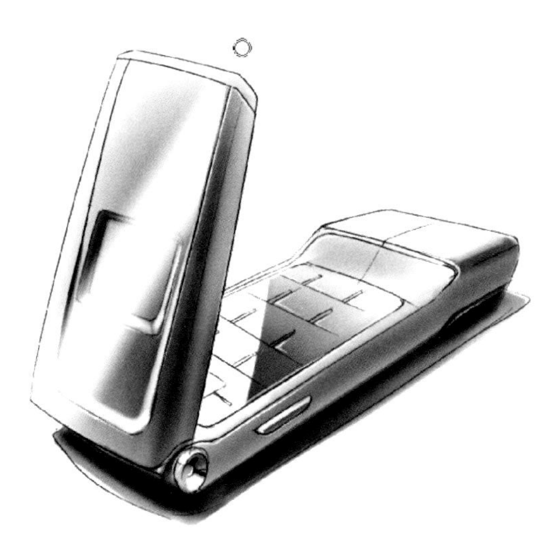

图8-74　修整表面反光效果

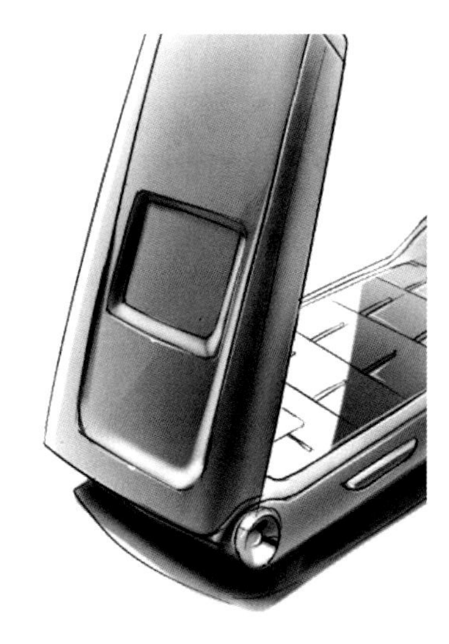

图8-75　调整反射效果透明度

8.9.3　屏幕反光效果

与以上反射质感表现方法类似。新建一个图层，然后选择喷笔工具，如图8-76所示，选择白色，在外屏幕中喷画一个白色区域，绘画的方向与刚才反射区域绘画的方向一致，位置上可以错开一点，以体现是在两个表面上的反光，如图8-77所示。

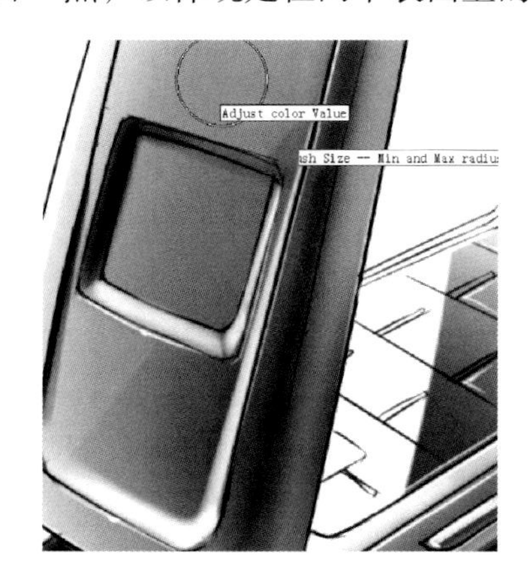

图8-76　外屏幕反光的喷笔选择

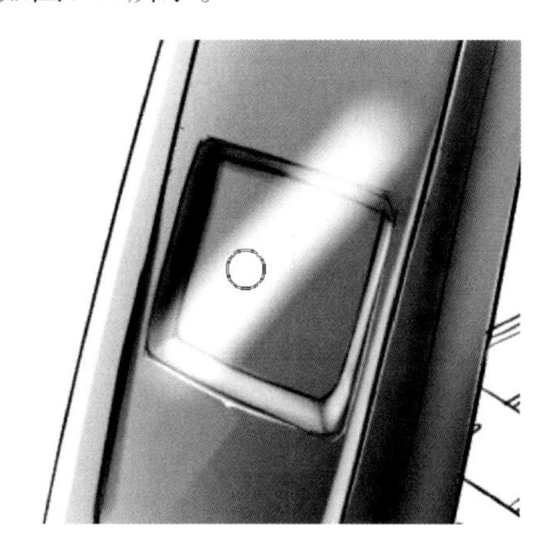

图8-77　外屏幕平面反光喷画

选择硬边橡皮擦工具，擦除反光区域的边界，同样地修改图层透明度以调节反光强度，如图8-78和图8-79所示。

图8-78　外屏幕反光边界修整

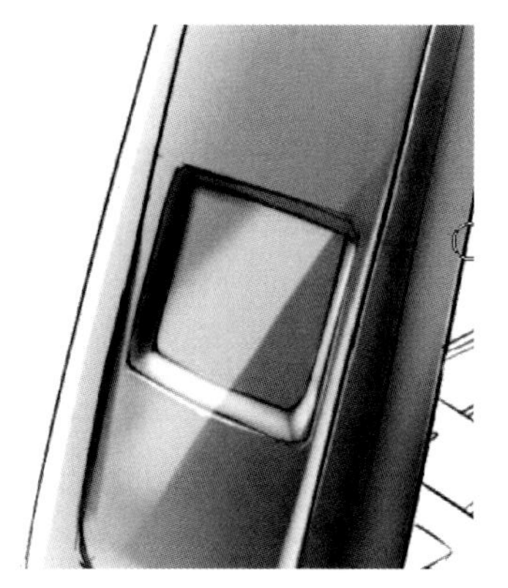

图8-79　外屏幕反光透明度调整

图8-80~图8-82是从另外一个方向喷画反射区域的效果，供读者参考对比，以此思考此类反射质感的表现方法。

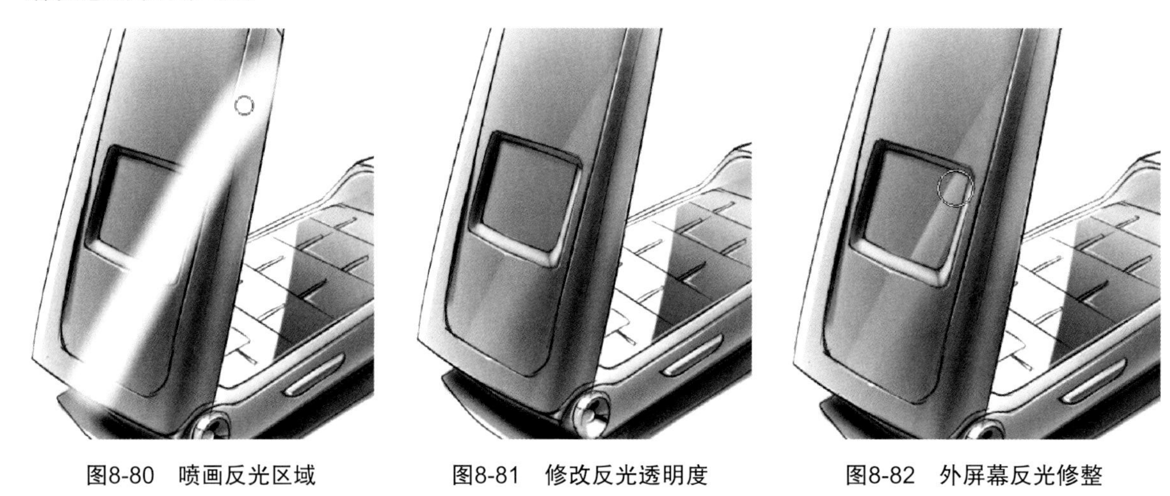

图8-80　喷画反光区域　　图8-81　修改反光透明度　　图8-82　外屏幕反光修整

8.10　第二视角的设计表现

接下来对另外一个45°视角及其他细节进行设计表现。

1）绘制主体框架线。新建一个图层，选择用铅笔工具绘画手机大型框架线，如图8-83和图8-84所示。

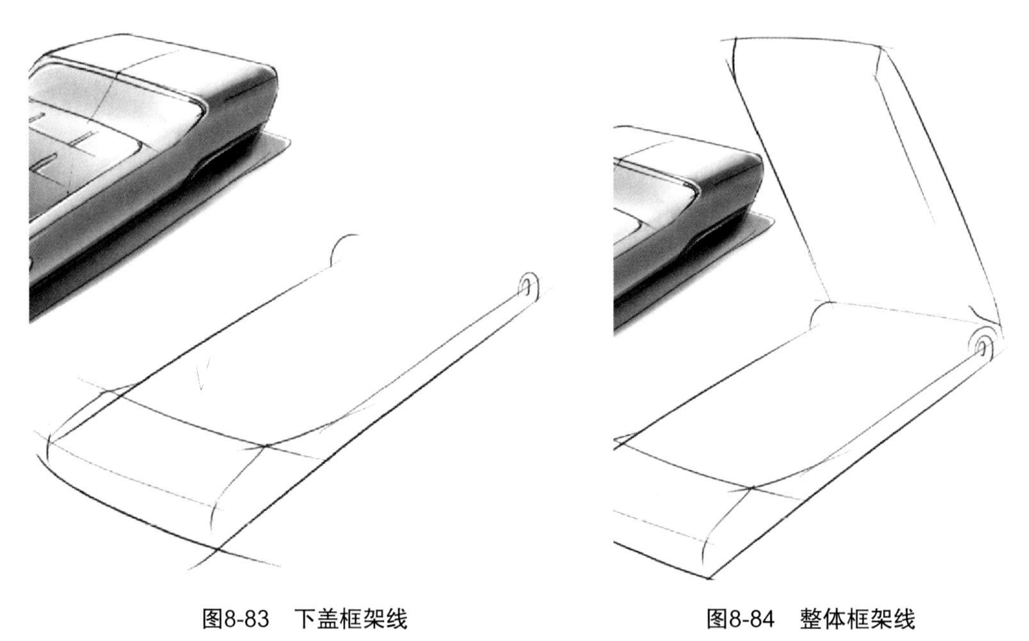

图8-83　下盖框架线　　图8-84　整体框架线

2）修整造型细节线框，如图8-85和图8-86所示。

3）明暗交界线。新建一个图层，选择用喷笔工具绘画初步明暗和主体明暗，注意应从明暗交界线开始画，如图8-87和图8-88所示。

4）基础明暗。利用大喷笔绘画基础明暗，再利用橡皮擦工具擦出手机轮廓及部分质感，如图8-89和图8-90所示。

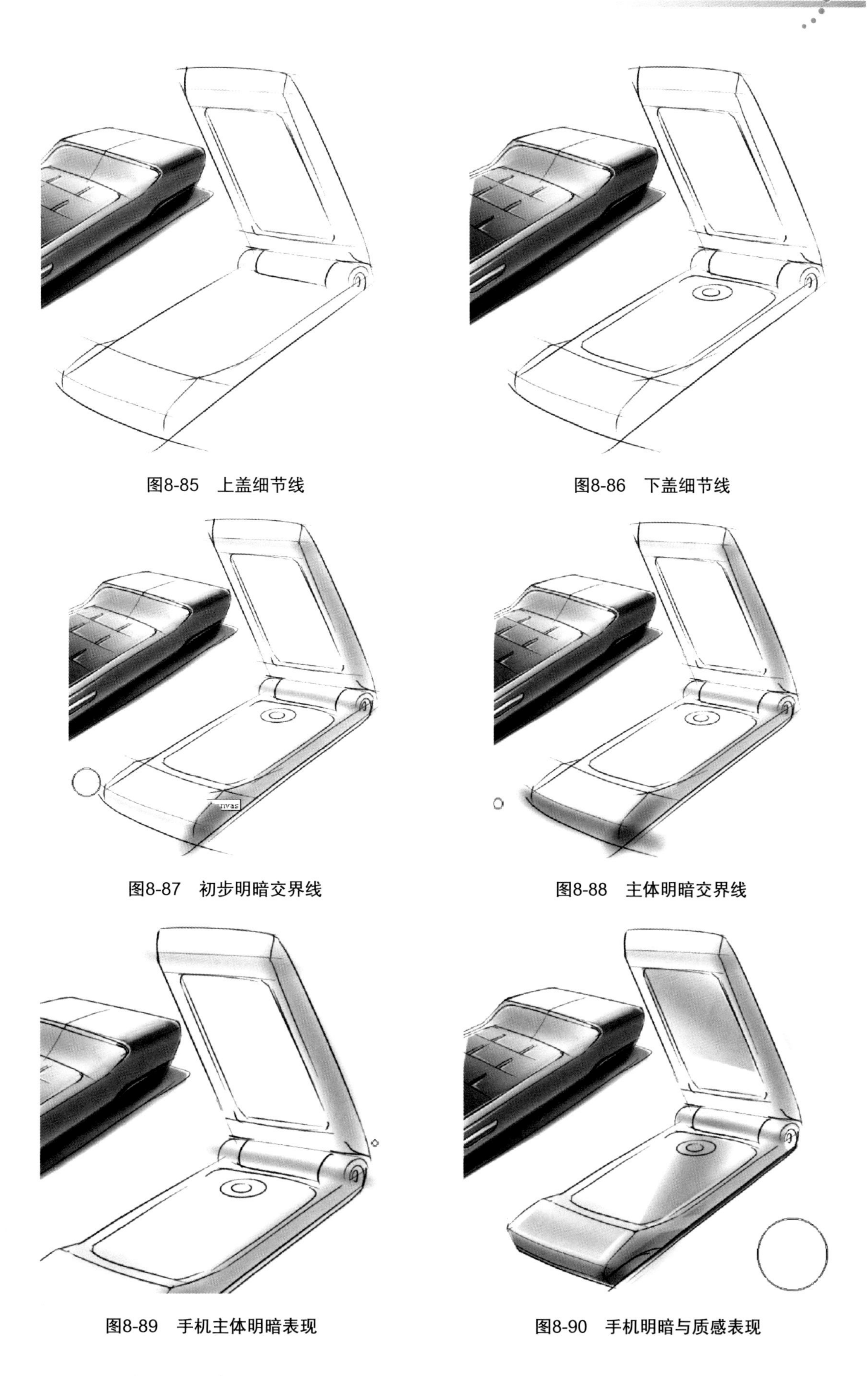

图8-85　上盖细节线

图8-86　下盖细节线

图8-87　初步明暗交界线

图8-88　主体明暗交界线

图8-89　手机主体明暗表现

图8-90　手机明暗与质感表现

5）细节表现。新建图层，选择用马克笔工具刻画细节明暗关系，如图8-91和图8-92所示。

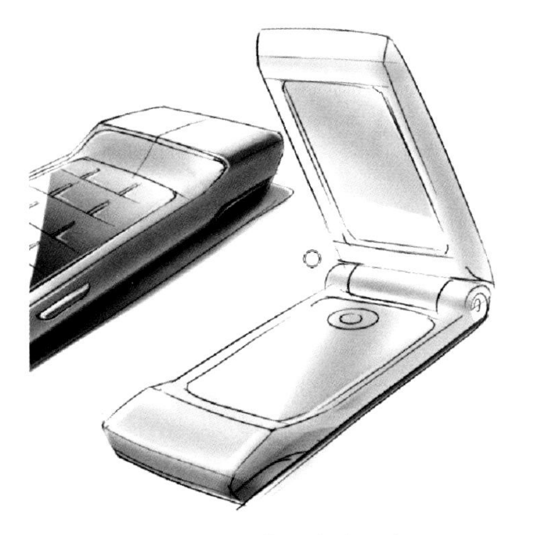

图8-91　调整马克笔尺寸

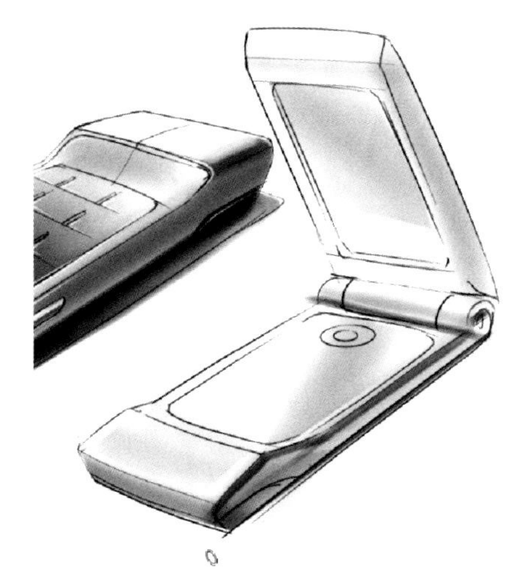

图8-92　下盖细节绘画

继续对造型转折的细节位置进行刻画，如图8-93和图8-94所示。

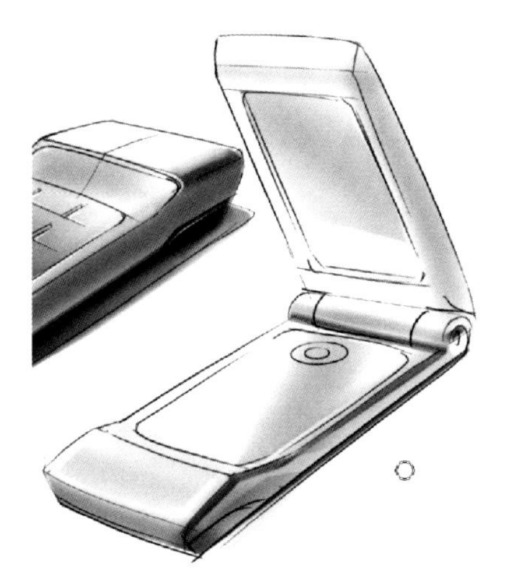

图8-93　上盖细节刻画

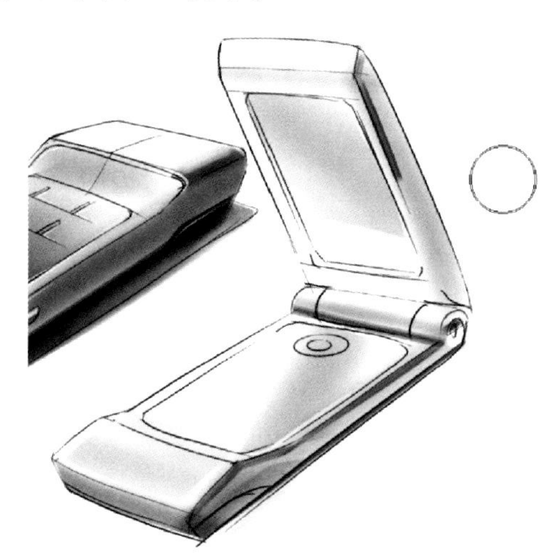

图8-94　转折面的细节表现

6）细节造型表现。再新建图层，利用喷笔工具绘画手机转轴的明暗，再利用橡皮擦工具修整轮廓造型及细节，如图8-95和图8-96所示。

图8-95　手机转轴细部造型明暗

图8-96　手机转轴明暗轮廓修整

8.11　局部细节放大图的设计表现

在手绘过程中，往往需要将比较有特点的细节进行放大绘画，以清晰完整地表达创意。以下为对翻盖手机转轴侧面设计处理细节的快速设计表现。按照常规的绘画流程，绘画步骤为：绘画轮廓线框→喷画基础明暗→整体大型明暗表现→细节刻画表现→质感表现→高光点缀。所利用到的画笔工具有铅笔、喷笔、硬边（软边）橡皮擦。该过程如图8-97～图8-105所示。

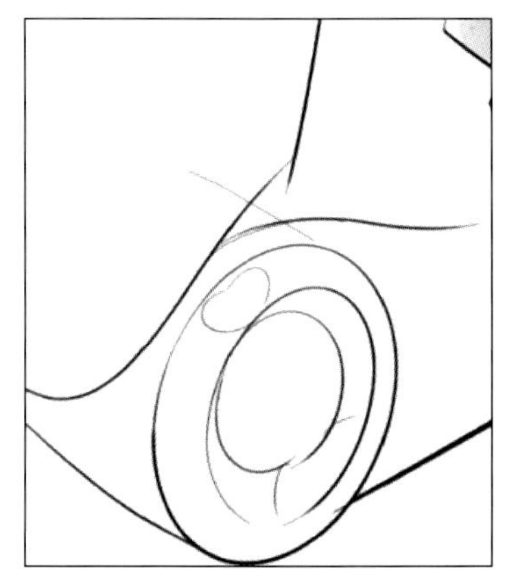

图8-97　绘画转轴轮廓线

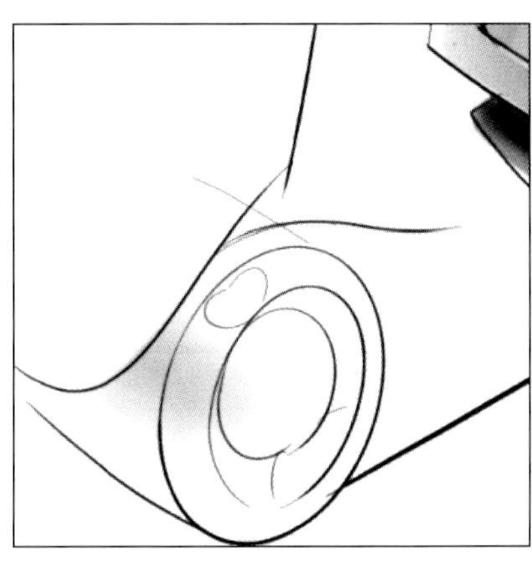

图8-98　转轴明暗表现

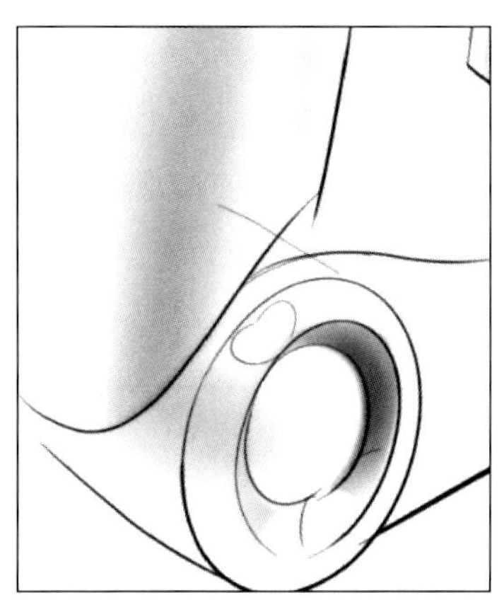

图8-99　转轴主体明暗

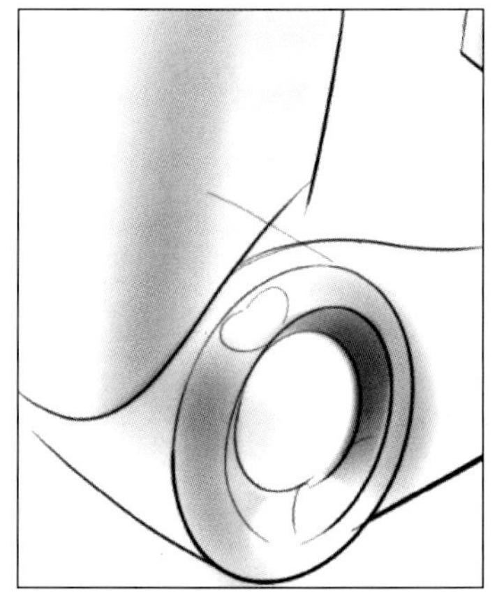

图8-100　细化转轴明暗

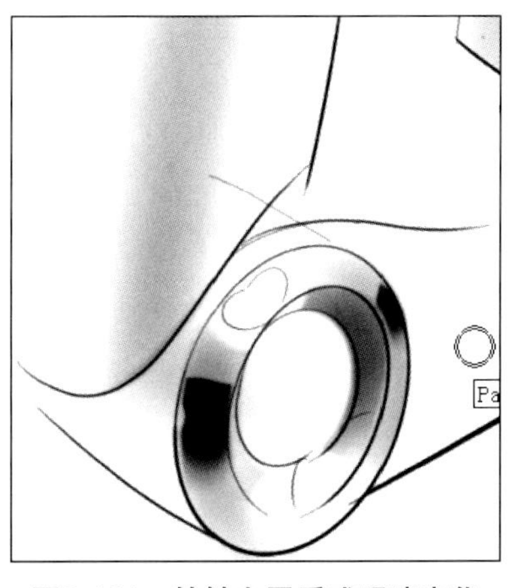

图8-101　转轴金属质感明暗变化

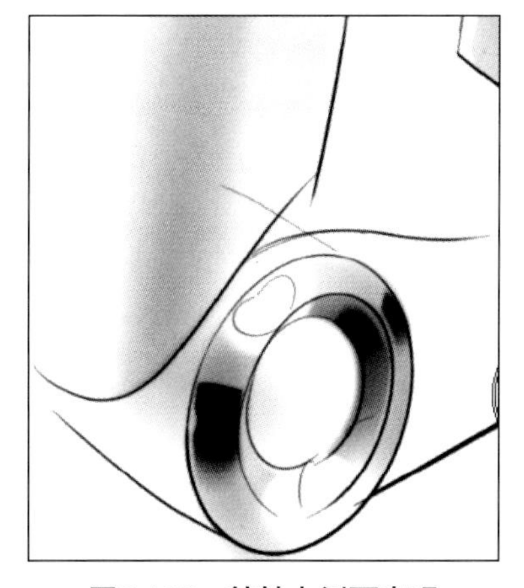

图8-102　转轴内侧面表现

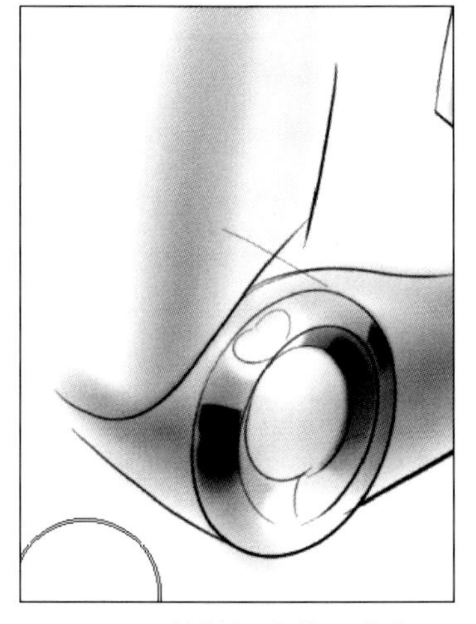

图8-103　转轴周边的明暗表现

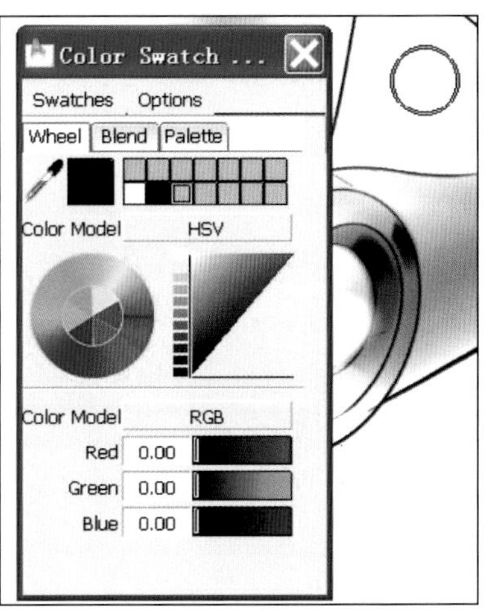

图8-104　选择黑色表现转轴反射

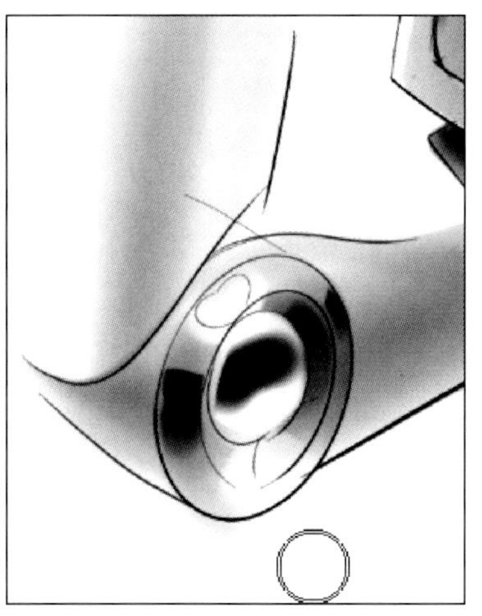

图8-105　转轴内部金属反光质感

8.12 手机最终整体效果

最终完成的翻盖手机表现效果如图8-106所示。

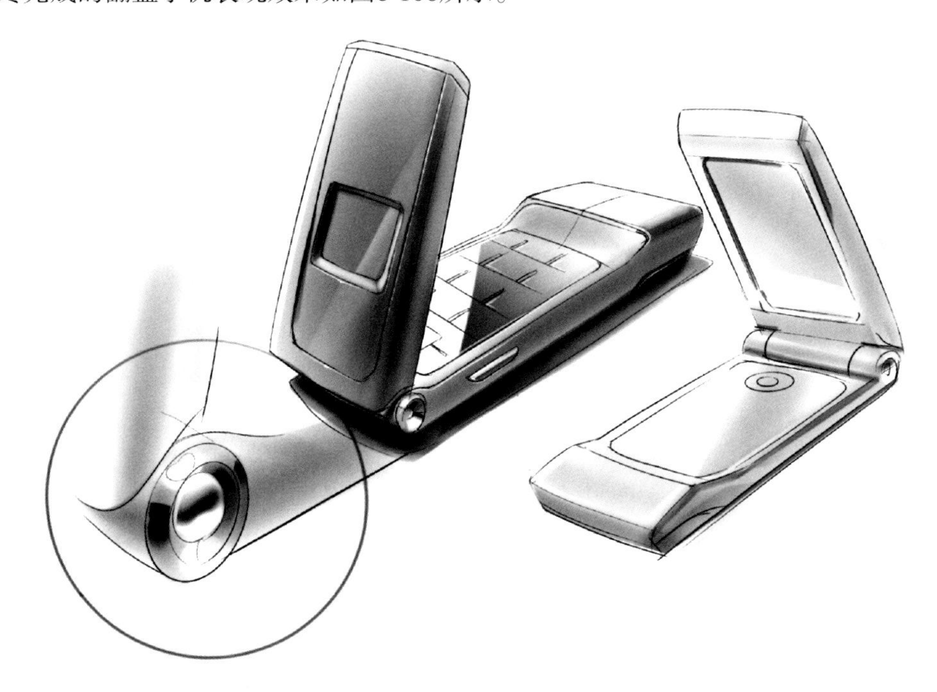

图 8-106 翻盖手机最终设计表现图

思考与练习

1. 利用数码手绘板练习Alias软件的喷笔工具。
2. 在Alias中尝试学习临摹几款优秀的手机产品设计表现效果图。
3. 观察与思考经典的产品设计表现及其主视图的表现。

第9章 头盔造型设计表现

本章将利用数码手绘板和Alias的曲线工具对一款头盔造型的侧面进行精确设计表现。

9.1 创意草图

在精确设计表现前期，需要一些轮廓、造型和透视的参考，一般情况下在纸上进行方案草图的绘画，然后扫描成电子文件作为参考。如果有数码手绘板的辅助，可将这两个步骤都在Alias里进行。

1）绘画外轮廓线框。根据设计的创意构思，首先绘画出方案的初稿草图，利用铅笔工具对头盔进行创意草图的设计表现，以辅助后面曲线的绘制，如图9-1所示。

图9-1　草图外轮廓

2）对造型草图进行细节刻画如图9-2所示，最后完成的草图底稿如图9-3所示。

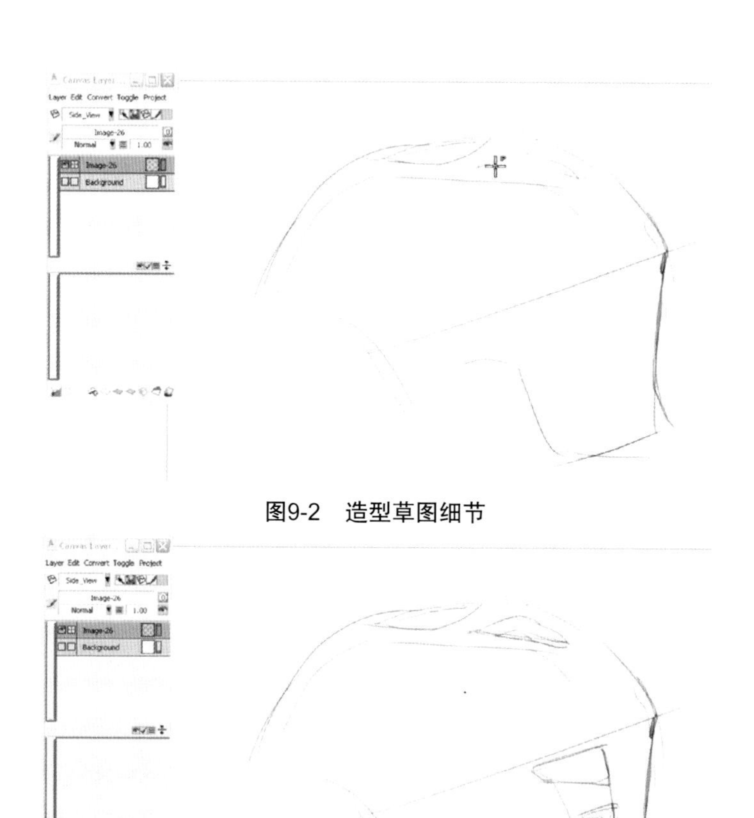

图9-2　造型草图细节

图9-3　最后草图底稿

9.2　造型曲线设计

9.2.1　曲线绘制

根据创意草图的轮廓和比例关系，利用曲线绘制工具在画面上绘画出头盔的外轮廓线和细节造型轮廓线。绘画过程中，需要减淡底图的显示以方便绘画曲线，具体方法如图9-4左边图层栏所示降低草图所在图层的透明度。通过曲线的绘制和调整后获得最终的轮廓曲线，如图9-5所示。

图9-4　草图透明度调整　　　图9-5　最终轮廓曲线

9.2.2　建立造型轮廓遮罩

根据头盔的轮廓范围，选择对应的曲线形成封闭的区域以获得相应的遮罩图层，作为后期精确绘画的辅助轮廓，如图9-6所示。选择下方创建遮罩图层的工具，然后在画面中点选相应的曲线，获得整体头盔的轮廓范围，再单击图9-6中右下角的按钮，建立一个遮罩图层，如图9-7所示的左边图层管理面板下方的“MaskShape”图层。用同样方法创建多个不同区域以创建遮罩。

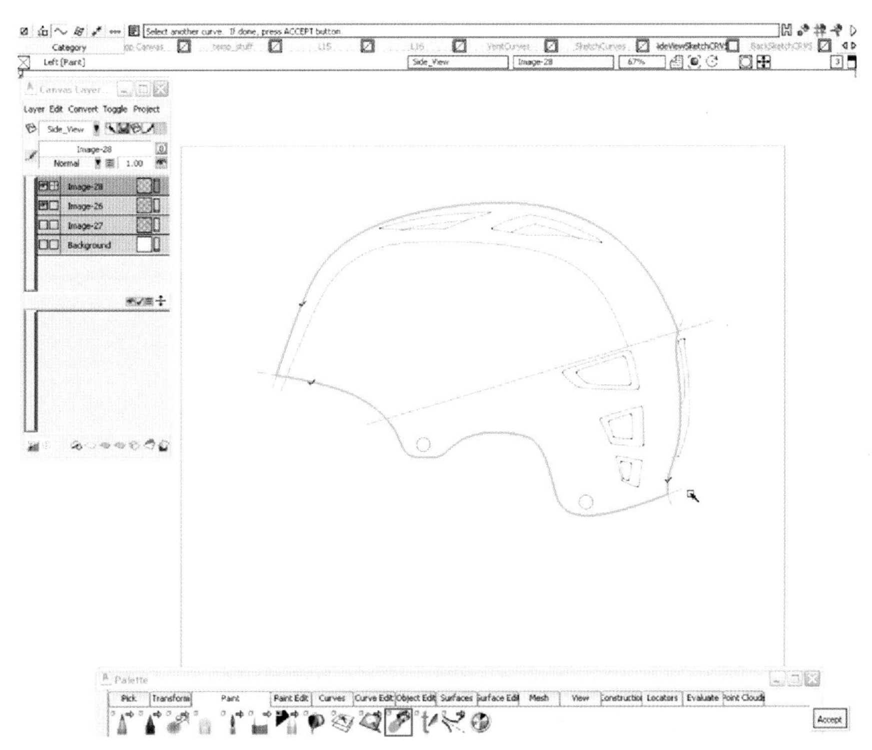

图9-6　选择曲线

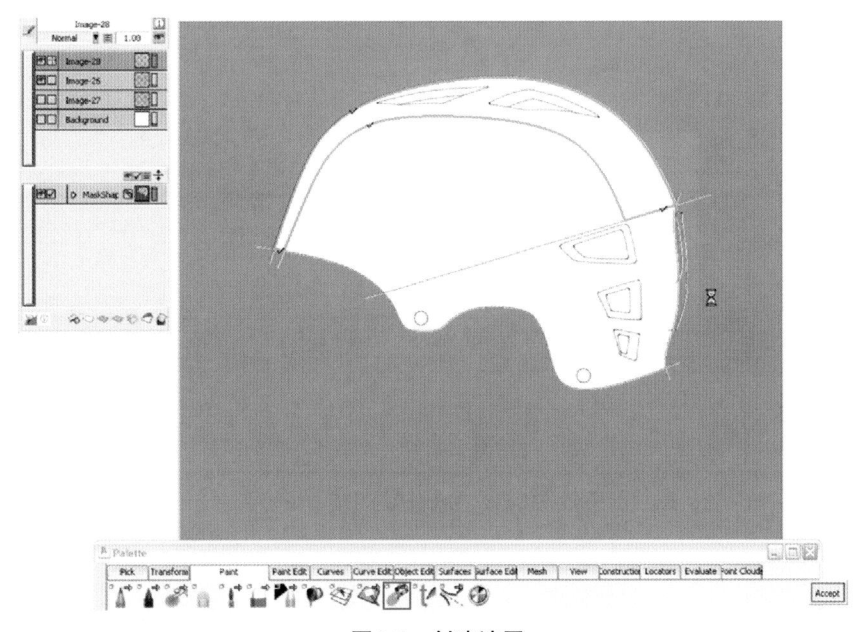

图9-7　创建遮罩

9.3 主体造型设计表现

9.3.1 基础造型表现

新建一个图形图层，然后单击头盔外轮廓的遮罩链接图标，将图层绘画区域控制在遮罩范围内，如图9-8中左边的图层管理器所示。接着选择喷笔工具，调整稍大笔触，在色盘中选择黑色，在头盔的顶面和后面进行绘画，表现出头盔圆润的造型变化曲面，如图9-8所示。

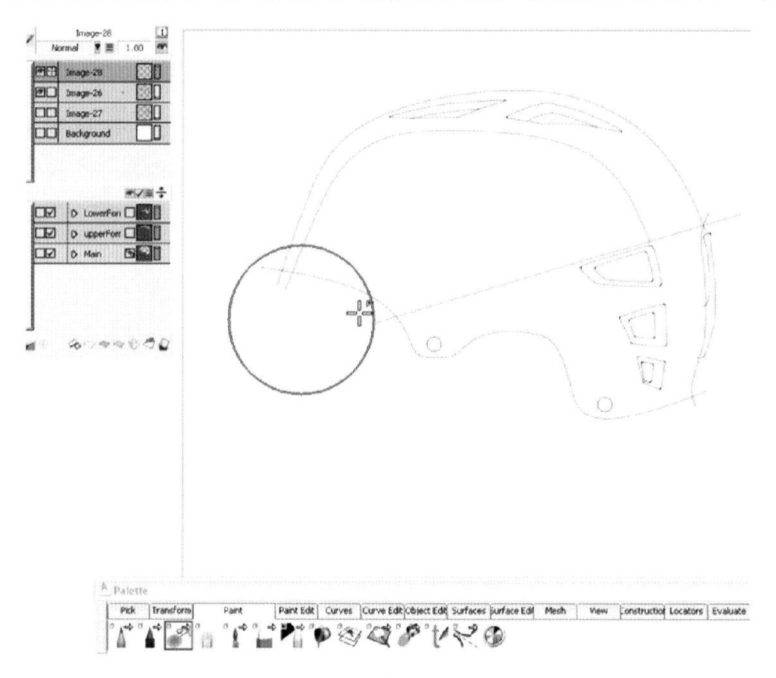

图9-8　主体造型绘画

调整为稍小的笔触直径，对头盔中部和下部的造型起伏面进行绘画，如图9-9所示。

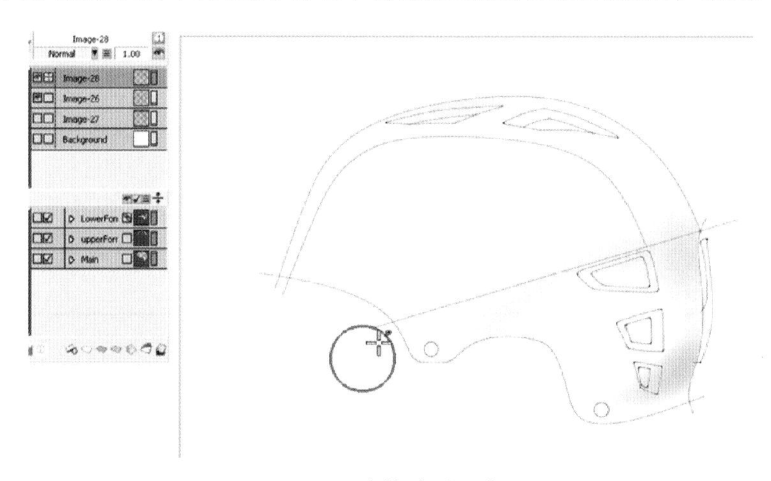

图9-9　主体造型明暗

9.3.2 细节表现

同样的，新建图层，与对应的细节轮廓曲线所在的遮罩层进行链接，如图9-10所示的下方的内凹镂空造型。在遮罩范围内，根据光线的变化，在内凹面的上方绘画出黑色，下方绘画浅灰色，如图9-10所示。

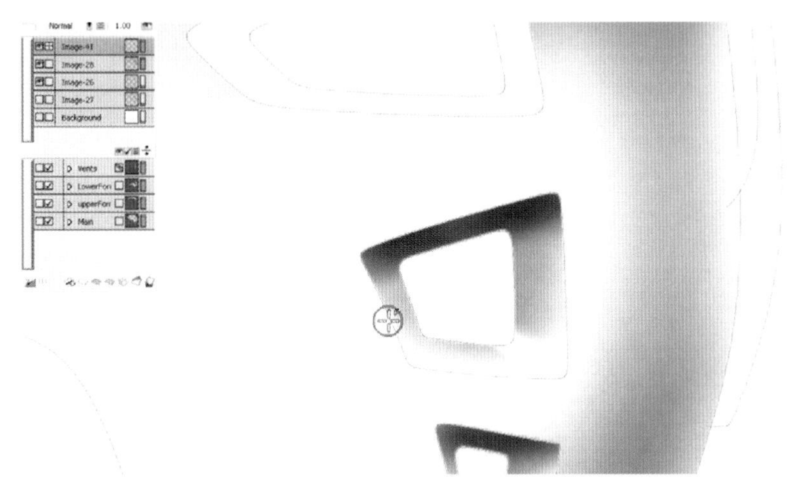

图9-10　内凹镂空细节的表现

再选择稍小的笔触，在转角的位置绘画出白色，表现转折的受光感，如图9-11所示。

图9-11　内凹镂空转角的表现

细节的最终表现效果如图9-12所示。

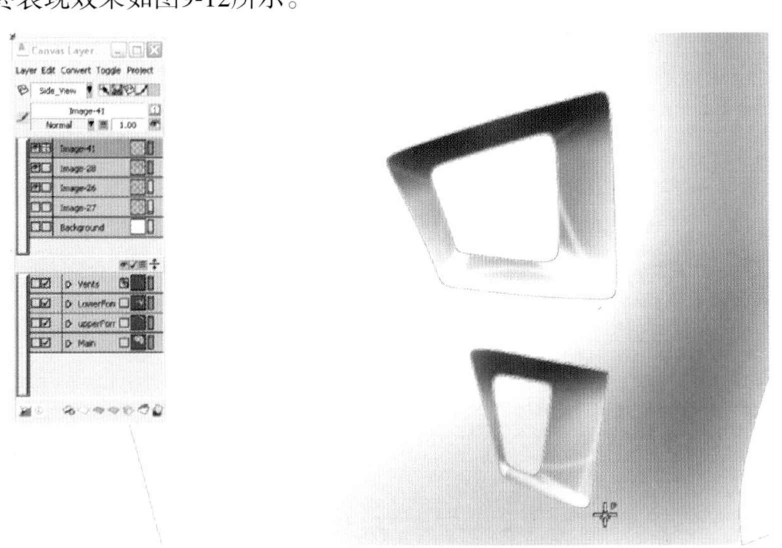

图9-12　内凹镂空细节的最终表现

9.3.3 转折线高光的表现

选择铅笔工具，选择白色，利用曲线贴合的辅助功能，靠近造型转折曲线绘画出转折线的高光及暗面，如图9-13所示的白色线和灰色线所表现的造型转折。

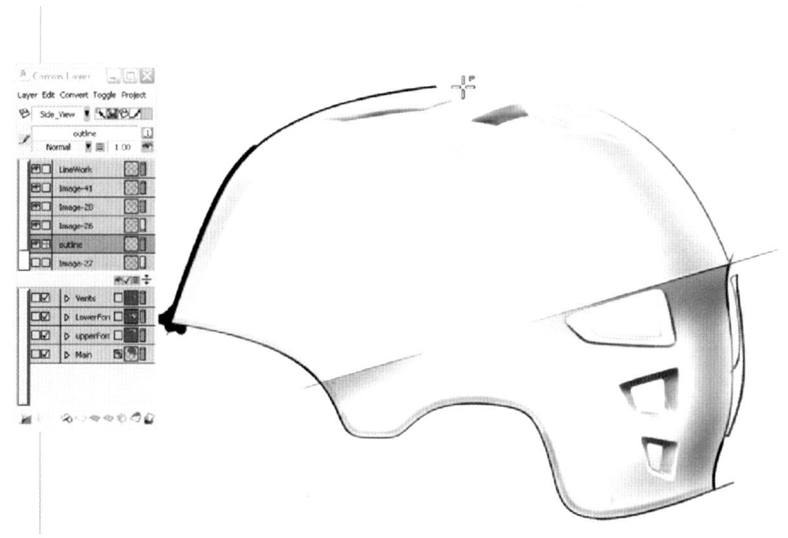

图9-13 转折线高光的表现

9.4 外轮廓表现

选择毡毛笔工具，将绘画图层链接在头盔外轮廓的遮罩图层上，并贴合外轮廓曲线在头盔外沿进行绘画，表现出外轮廓的背景效果，如图9-14和图9-15所示。

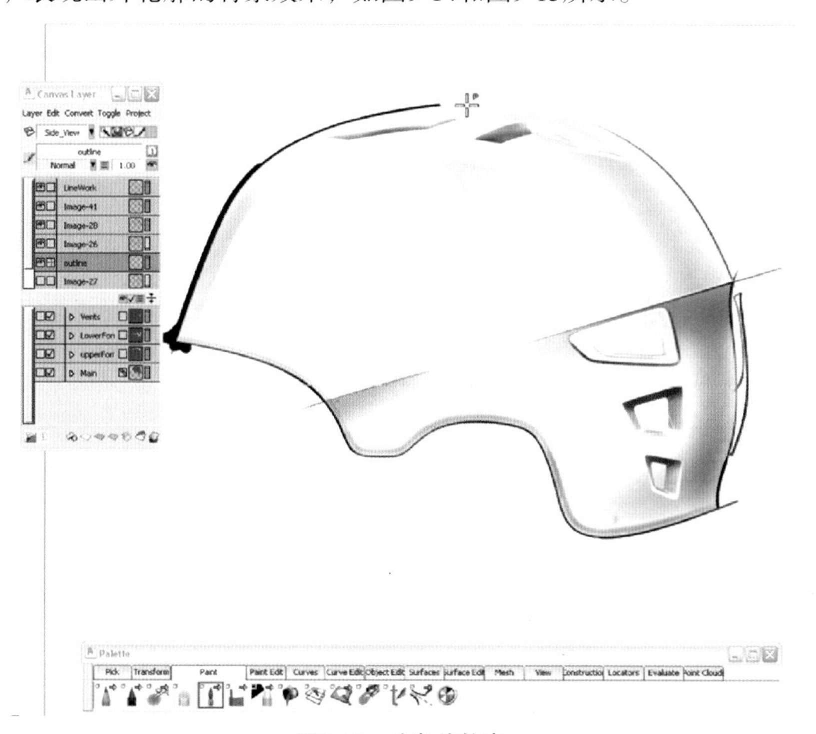

图9-14 头盔外轮廓

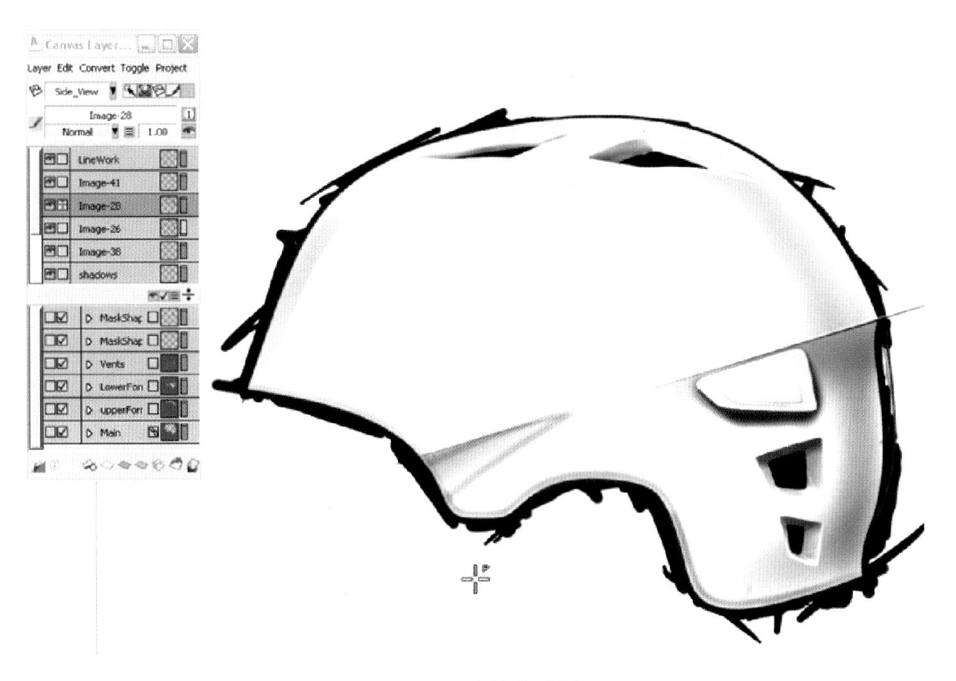

图9-15　外轮廓背景

9.5　质感的表现

头盔采用表面光洁的塑料质感，因此，需利用反光板的效果来表现该质感，即在头盔表面增加一个浅白色的图层。先用大号喷笔在反光位置绘画，然后利用橡皮擦工具对反光板的轮廓进行修整，如图9-16所示的头盔下方反光板所表现的质感和图9-17所示的顶部反光板表现出的效果。

图9-16　下方反光板表现的质感

图9-17　顶部反光板表现出的效果

9.6　零件的表现

同样利用曲线的遮罩功能，对零件进行明暗过渡的表现，应注意观察零件的转折造型，如图9-18和图9-19所示的对侧面零件和背面皮带的表现。图9-20所示为表面铆钉盖的光洁质感表现。

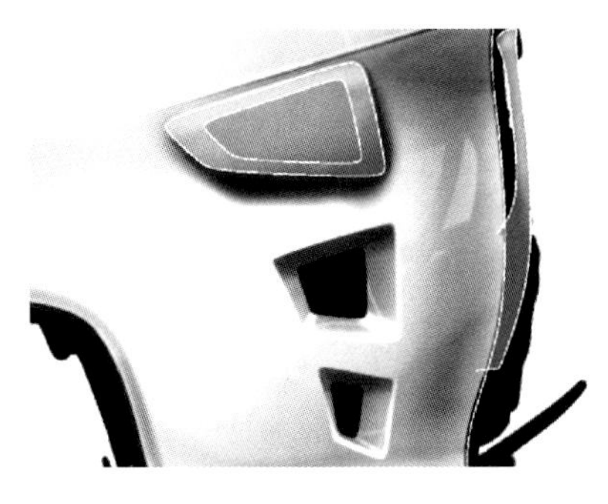

图9-18 零件的底色

图9-19 零件的转折造型

图9-20 铆钉盖的质感表现

9.7 色彩方案

完成主体造型的表现后，在草图上方再新建一个图层，以放置色彩图层。依然选择外轮廓遮罩进行链接，填充图层为橙色，如图9-21所示。

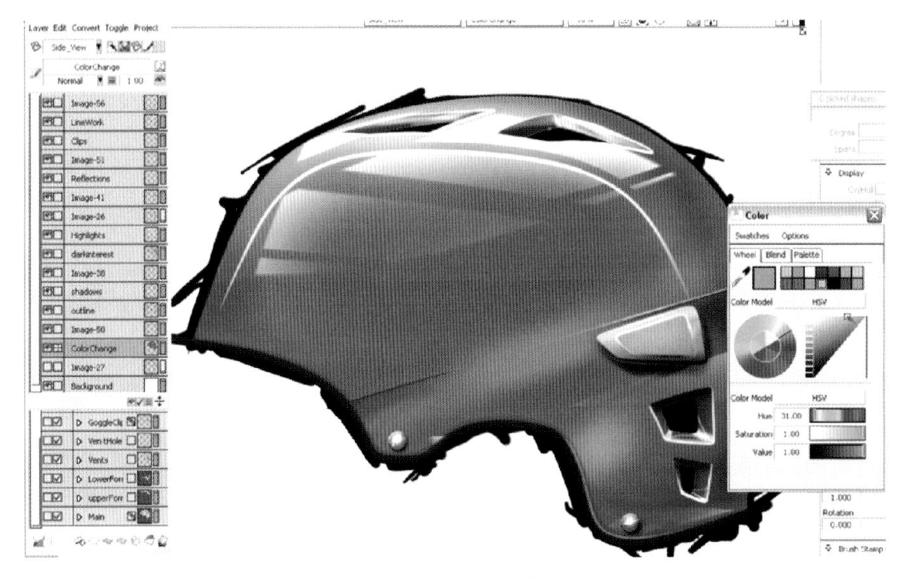

图9-21 色彩填充

单一颜色显得缺乏立体感，需在头盔受光面喷画稍浅的橙黄色。新建一个图层，选择大号喷笔，选择橙黄色，在头盔受光面进行喷画，以表现出头盔的整体色彩立体感。最终的表现效果如图9-22所示。

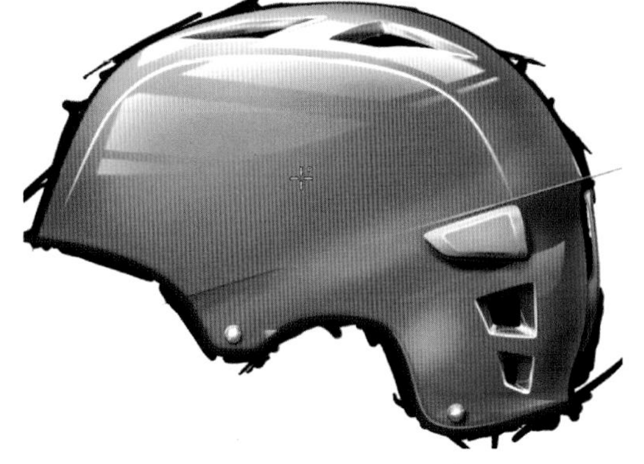

图9-22 头盔最终表现效果

思考与练习

1. 练习曲线绘制工具。
2. 利用曲线的引导性，绘画出光滑的曲线笔触。
3. 练习色彩的填充功能。
4. 练习利用不同的遮罩层对同一图层进行绘画。

第10章 汽车外观造型设计表现

本章将基于Alias设计绘画模块利用数码手绘板对一款汽车的外观造型进行精确设计表现，其中重点是利用Alias曲线绘制与控制的精确辅助方法进行形态表现。

10.1 新建文件

打开软件后新建一个文件，步骤如下：

1）打开Alias 软件的设计绘画模块界面“Design Studio\Paint”，如图10-1所示。

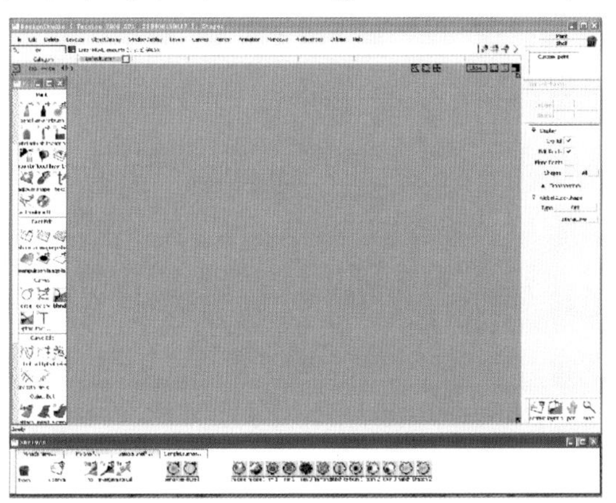

图10-1 绘画模块软件界面

2）单击菜单栏上方的“Cavans\New cavans...”命令，新建画布文件，如图10-2所示。可采用默认设置，也可根据用图需要（如打印、印刷、网页用途等）设置适合的文件大小。

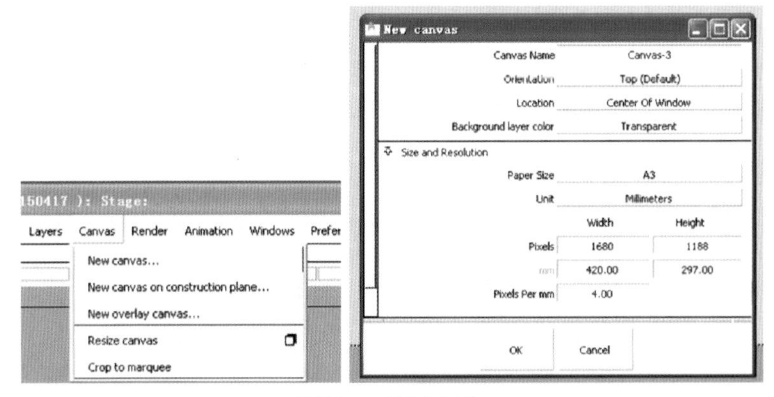

图10-2 新建画布

3）此时，画面中出现一个浅色区域，即为绘画范围，可适当调整绘画的画面。其方法是：选择左边工具架中的铅笔图标，将光标移动至画面中间，按下键盘空格键，弹出浮动调板，移动光标至调板中间，选择放大镜或拖手图标以调整合适的绘画范围，如图10-3所示。

4）新建图层。单击界面右边属性面板底端图标栏的图层图标，打开图层面板，新建一个图层，以放置绘画的草图，如图10-4所示。

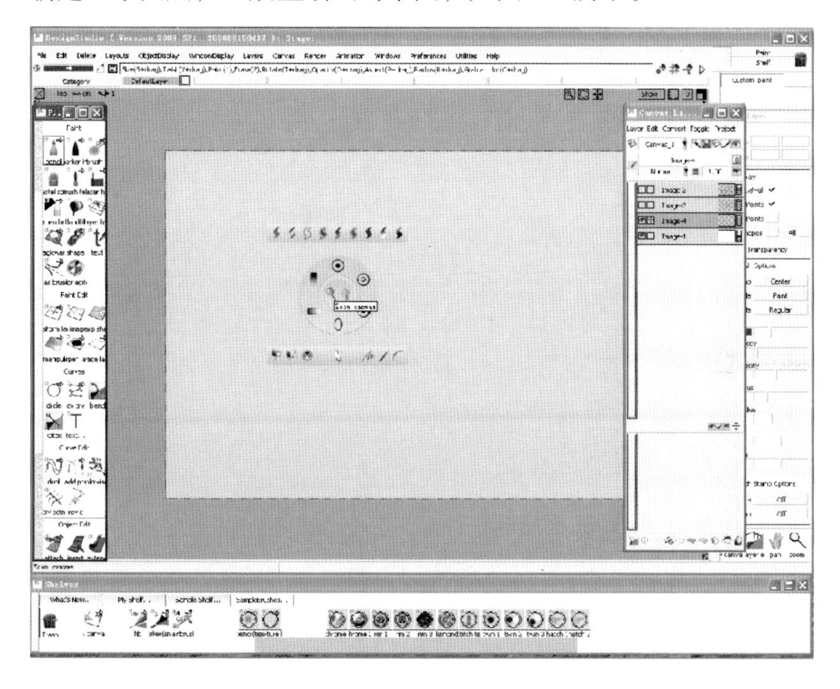

图10-3　调整画布范围

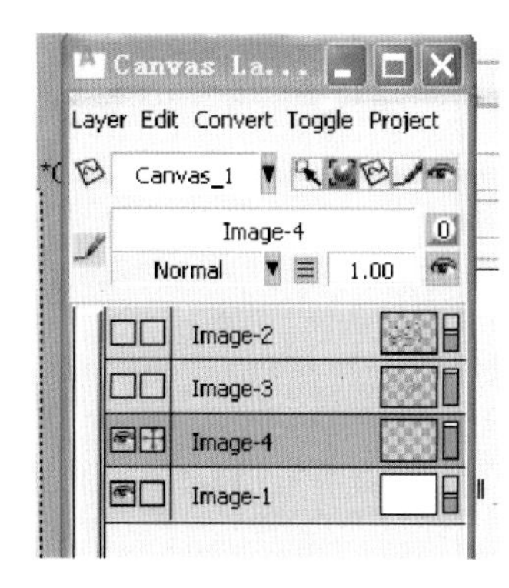

图10-4　图层管理器

10.2　创意草图设计

10.2.1　造型框架线

根据汽车的基础造型轮廓绘制框架线，作为基础造型的辅助参考线。选择铅笔工具，在画面中绘画表现汽车形态构成与比例的车身造型框架线与骨架线，以确定汽车的整体形态比例及形态走向，如图10-5所示。

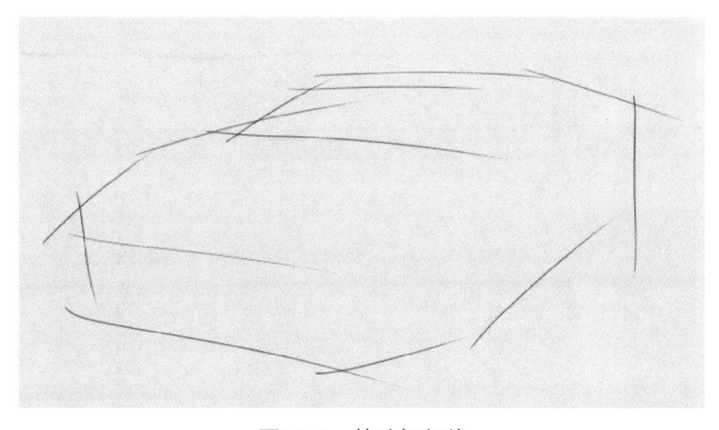

图10-5　基础框架线

10.2.2 创意草图设计

基于框架线的透视与比例关系，新建一个图层，继续进行创意草图设计与绘制，绘画出汽车的整体造型与细节，如图10-6所示。整个车身造型呈现出较为硬朗的切面感，突出跑车的动感气势。完成草图设计与绘画后，对整车的明暗关系及光源进行分析思考，确定光源的位置。

注：限于篇幅，创意草图的过程不作详细介绍，步骤程序和方法可参考前面章节。

图10-6 汽车创意草图

10.3 造型曲线设计

本节内容主要完成整车的车身造型曲线绘制。

10.3.1 草图的调整

为了更好地绘制曲线，将草图的透明度降低，便于对曲线控制点的观察。如图10-7所示，单击草图所在图层右侧的柱形图标并拖动至下方，草图即变为半透明状态。

图10-7 草图的处理

10.3.2 绘制精确曲线

单击打开工具架上的“Curves”栏，选择曲线绘制工具，在画面中汽车草图的左上方分别单击4个点以绘制第一根曲线，如图10-8所示，然后按下<Ctrl>+<Shift>+鼠标右键（如果是绘画笔，则选择对应的属性键）打开标记菜单，如图10-9所示，向上拖动鼠标选择“Pick Nothing”完成对该曲线的绘制。

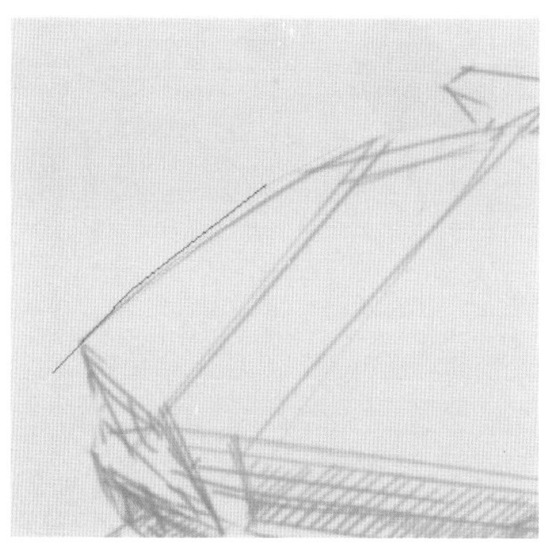

图10-8　绘制曲线

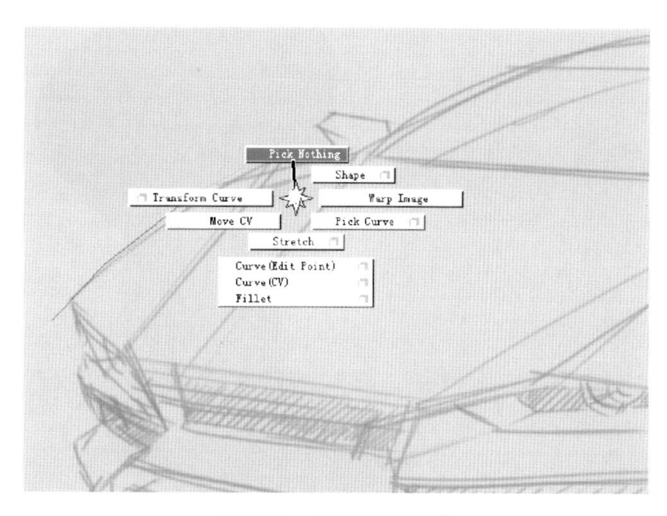

图10-9　打开标记菜单

注意：默认情况下，曲线的绘制都不能少于4个点。

继续绘画车身发动机盖轮廓曲线和车窗曲线，如图10-10和图10-11所示。

图10-10　发动机盖曲线

图10-11　车窗下沿曲线

其他曲线绘制参考图10-12～图10-17所示的绘制过程。

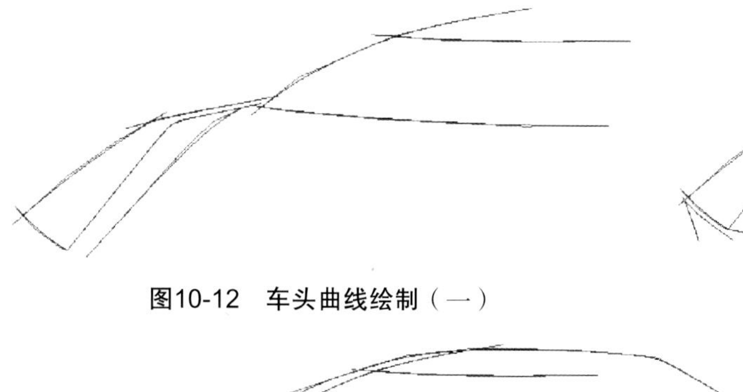

图10-12　车头曲线绘制（一）

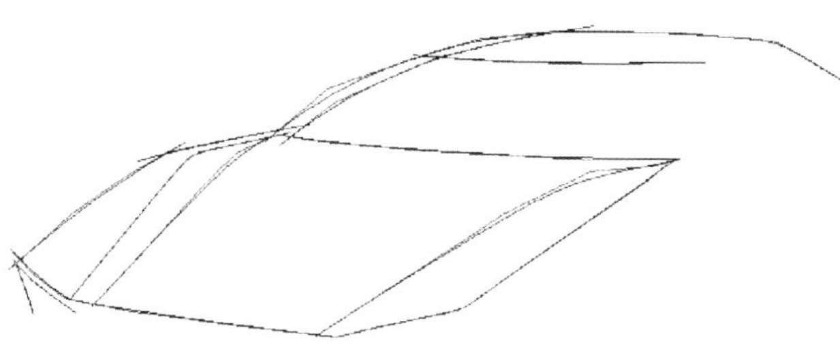

图10-13　车头曲线绘制（二）

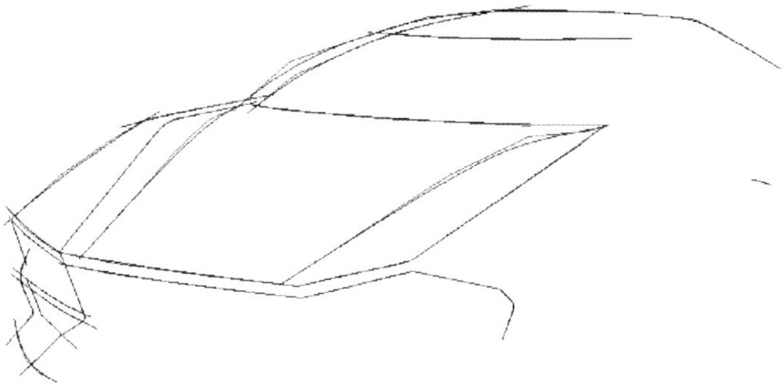

图10-14　车身曲线绘制（一）

图10-15　车身曲线绘制（二）

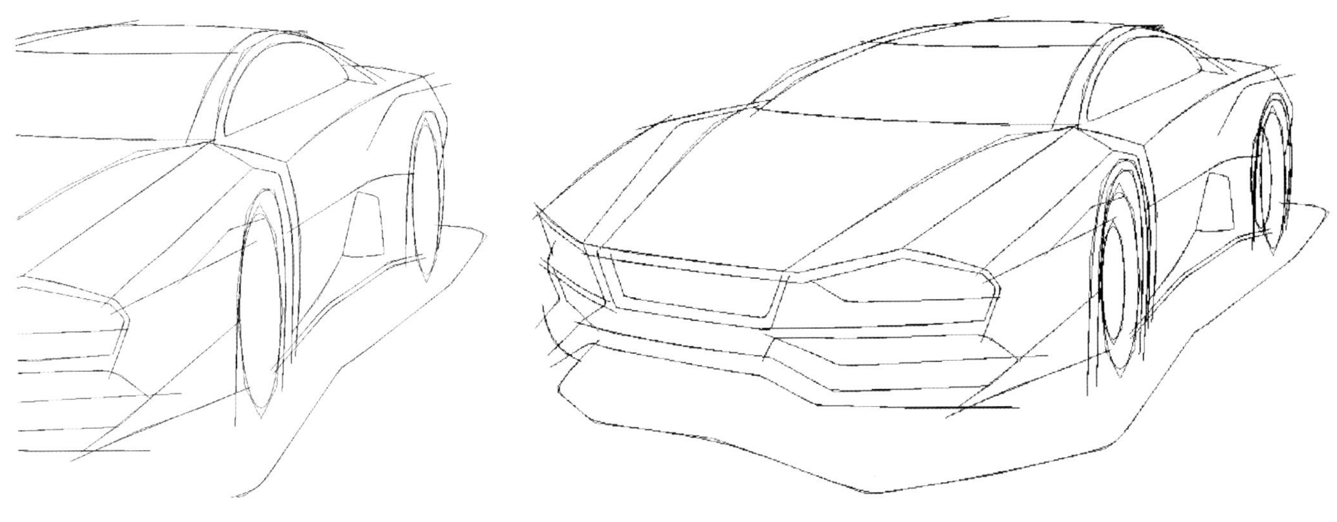

图10-16　车轮曲线绘制

图10-17　整体车身曲线绘制

10.3.3　曲线调整

1. 显示控制点

接下来，对曲线进行细节调整。如果画面未显示曲线的控制点，则需要将控制点开启显示在画面上。显示选项在右边的控制面板中部，如图10-18所示。在“Display”栏中勾选“Cv/Hull”或“Edit Points”即可，控制点开启后如图10-19所示。

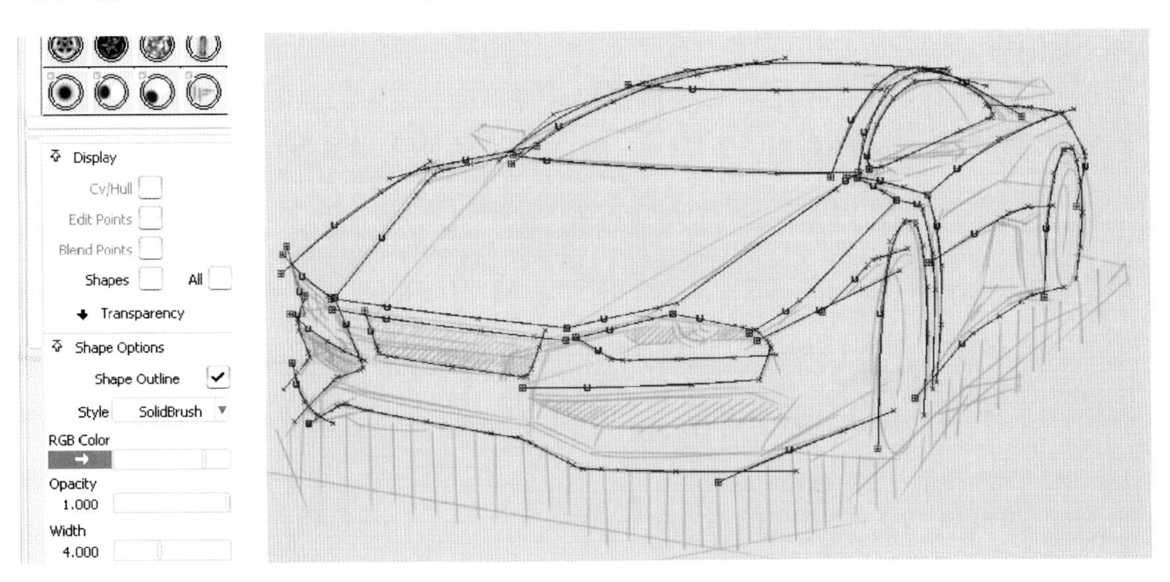

图10-18　控制点显示选项

图10-19　控制点的显示

2. 控制点的选择与移动

利用组合键<Ctrl>+<Shift>+鼠标右键打开标记菜单，如图10-20所示，拖动鼠标选择“CV”项，即当前为选择控制点的操作。在画面中单击并拖动鼠标选择需要调整的控制点，然后继续利用组合键和鼠标中键，打开标记菜单，如图10-21所示，选择“Move”项，移动已选择的控制点。

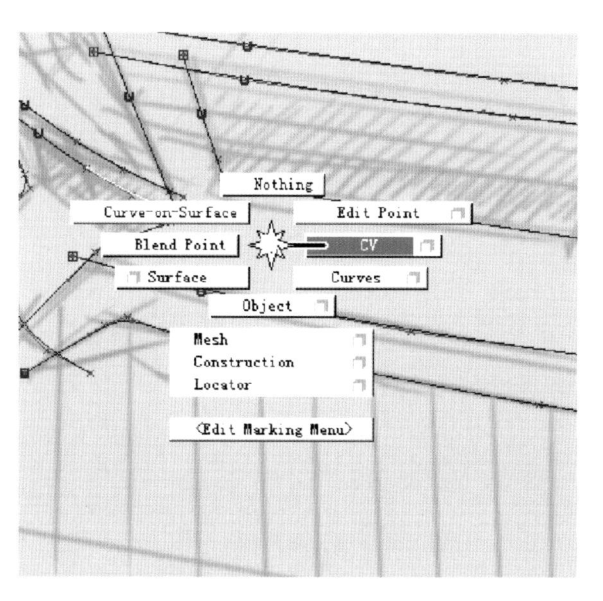

图10-20　标记菜单“CV”项

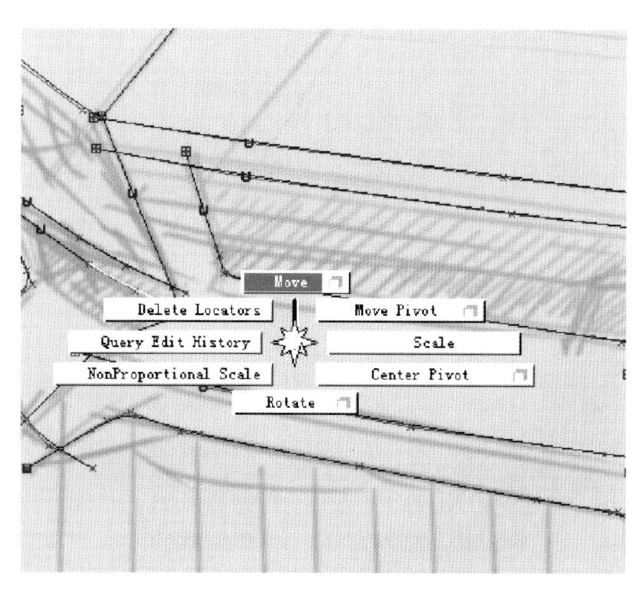

图10-21　标记菜单“Move”项

移动控制点至指定位置后，继续利用组合键和鼠标右键选择“Nothing”项，取消物体选择，如图10-22所示。

3. 控制点的调整

利用上一步骤的方法对车辆外轮廓其他曲线进行调整，如图10-23所示。

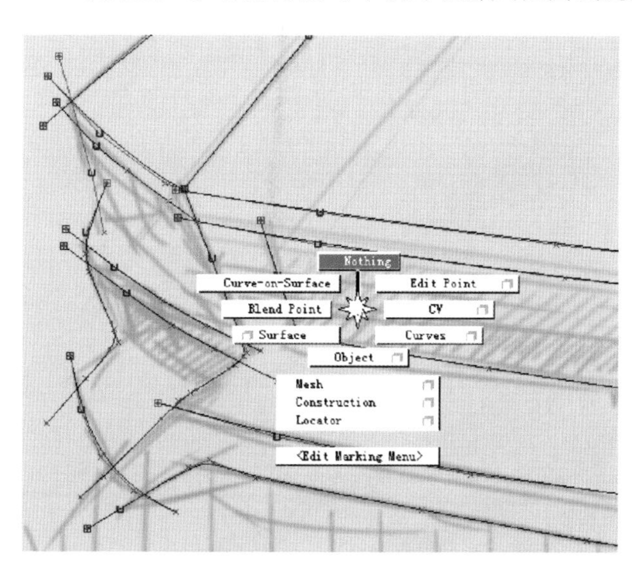

图10-22　取消物体选择

图10-23　前车轮曲线调整

4. 曲线的复制与调整

下面以后车轮的曲线为例，介绍曲线的复制与调整。首先选择后车轮曲线，如图10-24所示，在左边工具架的曲线编辑栏“Curve Edit”中选择曲线复制工具，单击该曲线进行复制，如图10-25所示。然后在标记菜单中选择变形的缩放工具“Scale”，对选择的曲线进行缩放，如图10-26所示。最后再选择标记菜单中的“Move”项，将已缩放的曲线移动至对应位置，如图10-27所示。

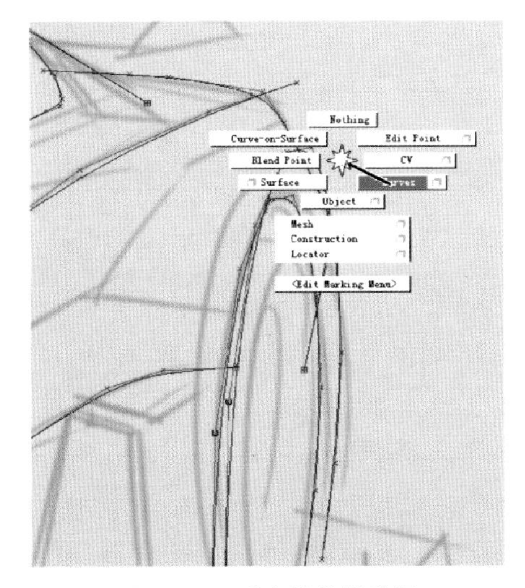

图10-24　后车轮曲线选择

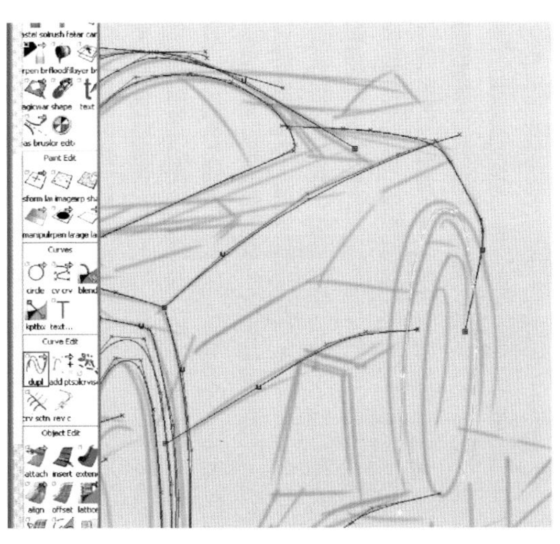

图10-25　曲线的复制

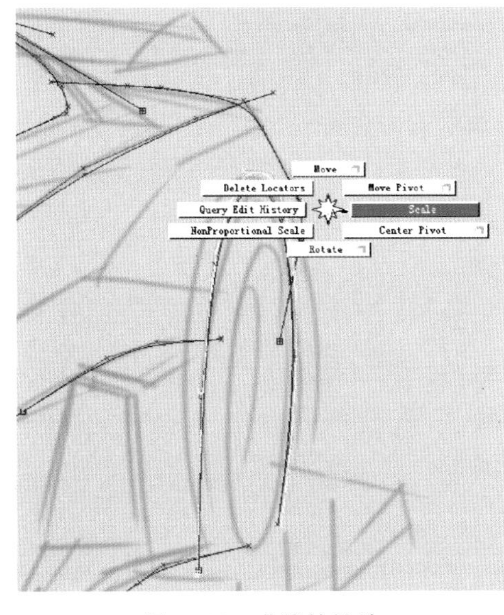

图10-26　曲线的缩放

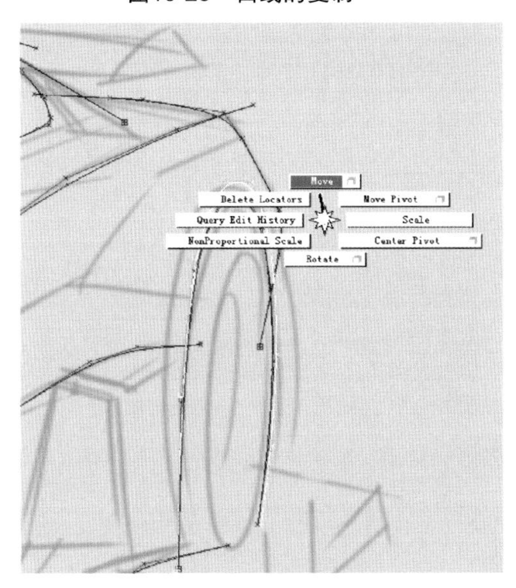

图10-27　曲线的移动

对每个曲线进行反复的比对调整后，将所有的曲线调整到位，如图10-28所示。

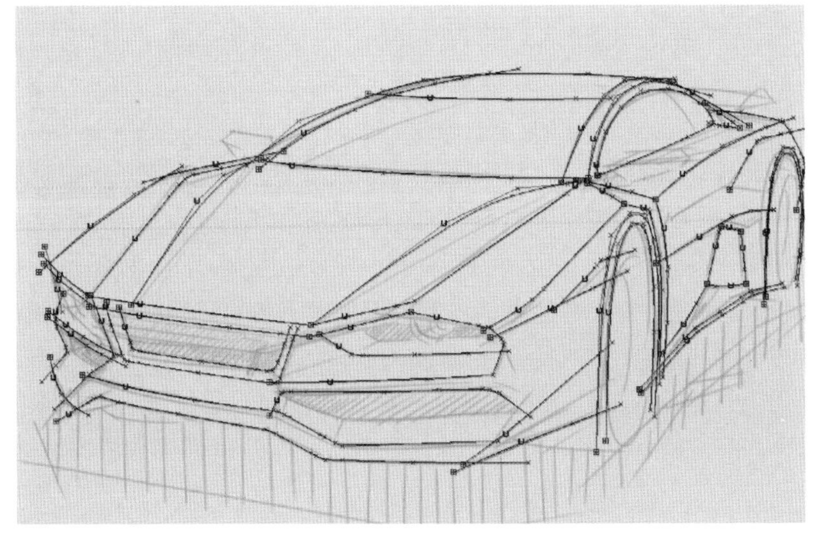

图10-28　车身全部曲线调整完成

10.4　车身整体表现

10.4.1　车身轮廓的表现

首先新建一个图形图层，该图层将用于存放车身造型的基础明暗，如图10-29所示。

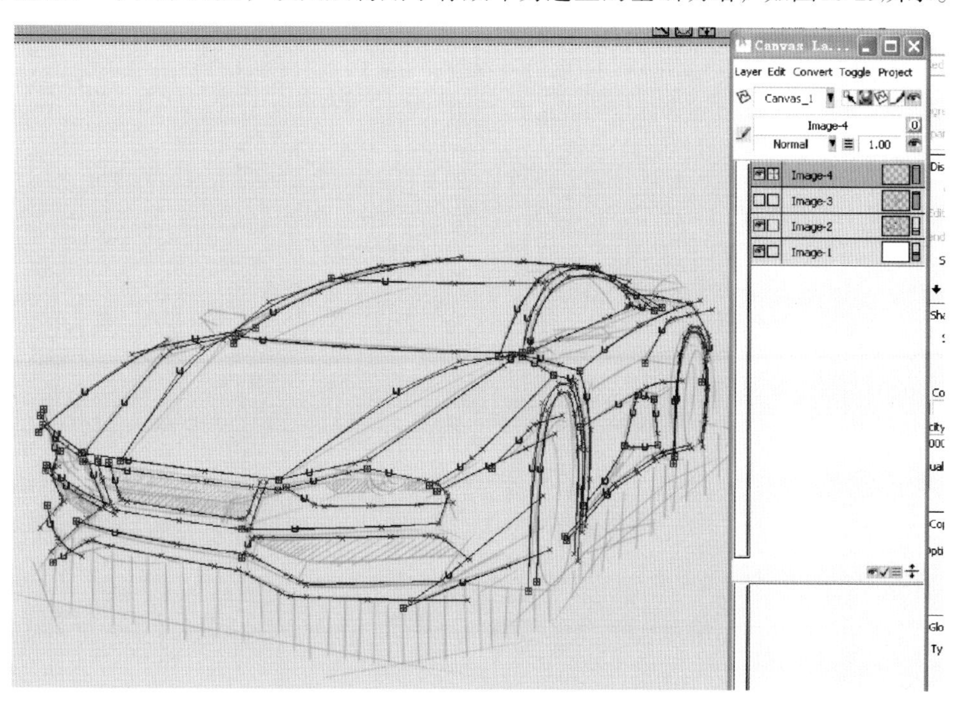

图10-29　用于存放基础明暗的新建图层

接着选择工具架中“Paint”栏里面的遮罩工具“Make Shape”，然后依次点选汽车外轮廓曲线，如图10-30所示。

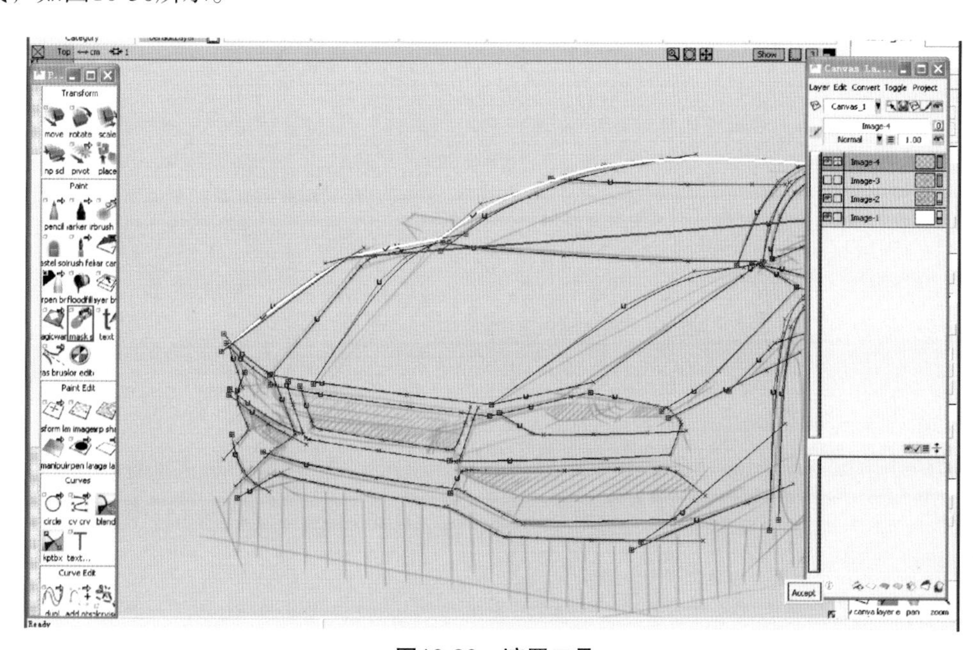

图10-30　遮罩工具

依次点选外轮廓曲线时注意点选的顺序和曲线的位置，Alias会根据单击的位置自动计算遮罩的轮廓，如图10-31所示。

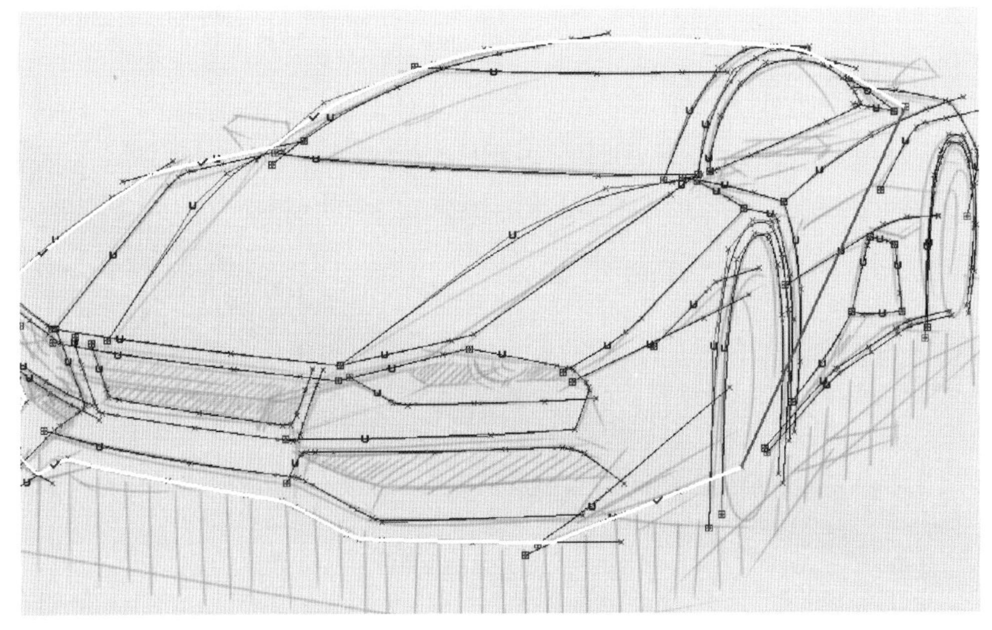

图10-31　自动计算遮罩轮廓

选择完车身外轮廓后，单击右下方的“Accept”按钮，遮罩轮廓边界如图10-32所示。

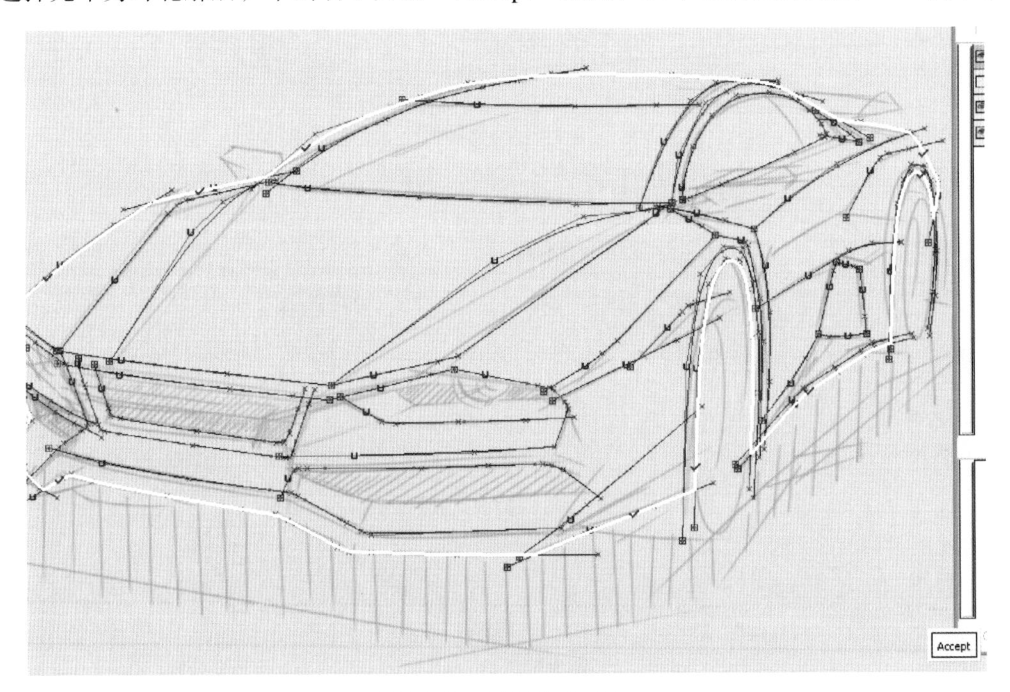

图10-32　遮罩轮廓边界

画面中即由此边界产生一个遮罩，遮罩以外的地方显示为浅红色，同时在图层管理器下方，新建一个遮罩层，且该遮罩层与刚才新建的图层是链接在一起的，均为浅紫色，如图10-33中的图层管理器所示。

现在，利用该遮罩对图形图层进行底色填充。在调色板中选择浅蓝色，然后在工具架中找到油漆桶工具，单击遮罩内部，完成底色填充，如图10-34所示。

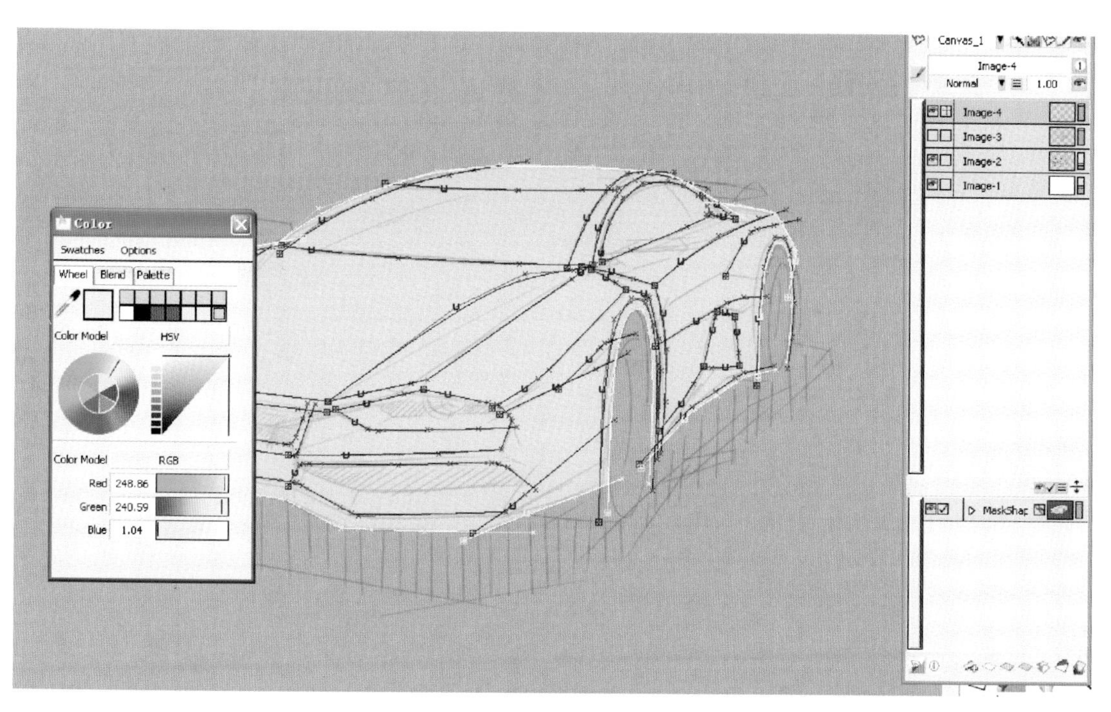

图10-33 新建的遮罩层

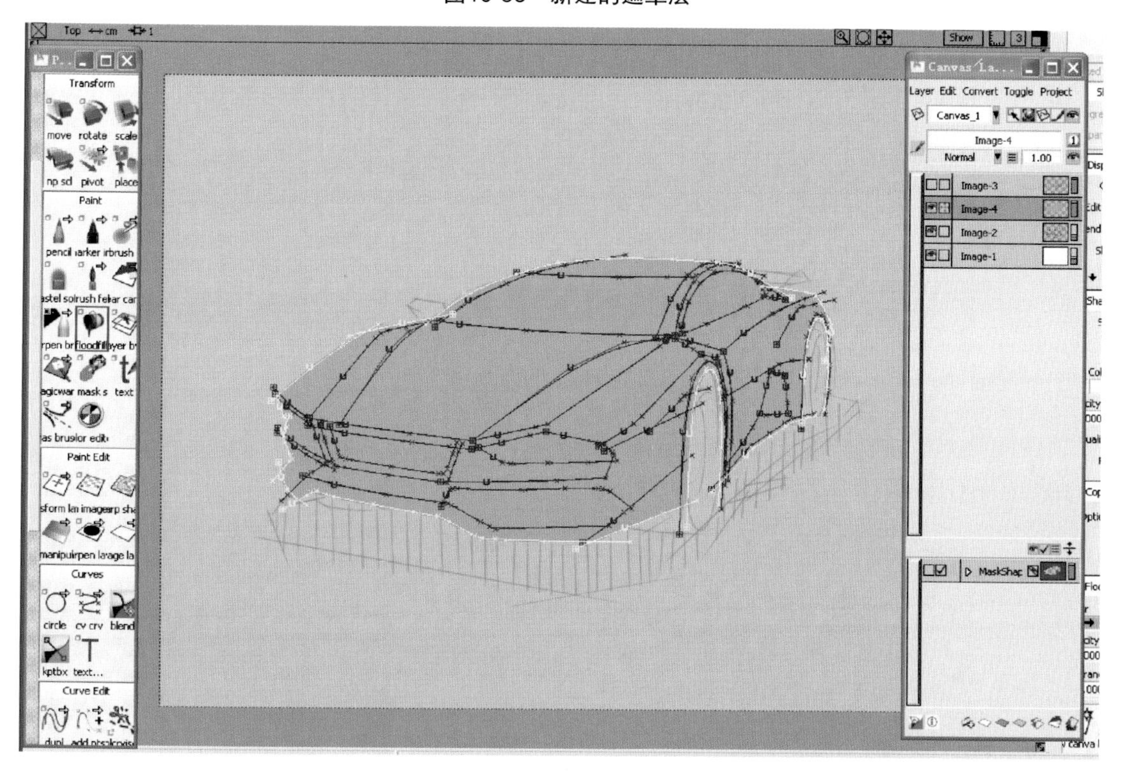

图10-34 底色填充

10.4.2 主体基础造型表现

下面利用该遮罩对车身的基础造型进行明暗的立体效果表现。新建一个图层，单击遮罩层中间的小方块以显示链条，即该遮罩对新建的图层产生遮罩作用。然后选择喷笔工具，如图10-35所示。

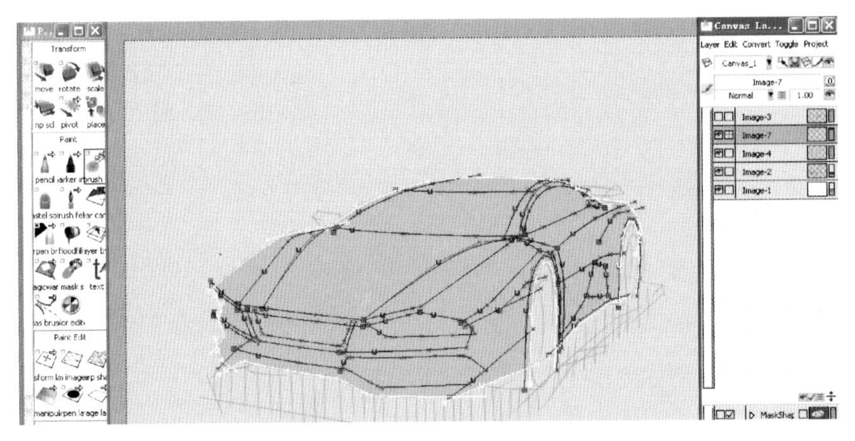

图10-35　选择喷笔工具

选择稍暗的灰蓝色，在汽车逆光的暗部进行喷画，如图10-36所示。

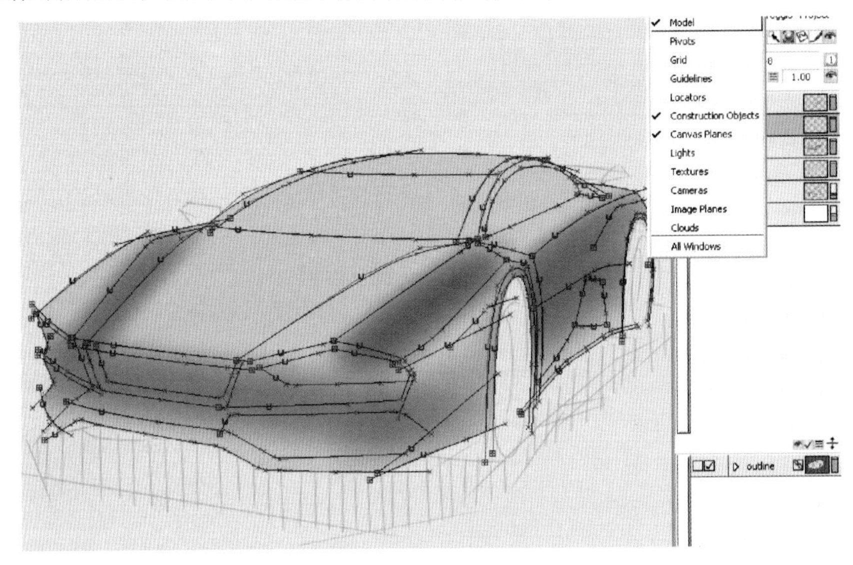

图10-36　暗部表现

新建一个图层，同样链接遮罩。然后选择白色，如图10-37所示，对车身造型的亮部进行喷画，如图10-38所示。

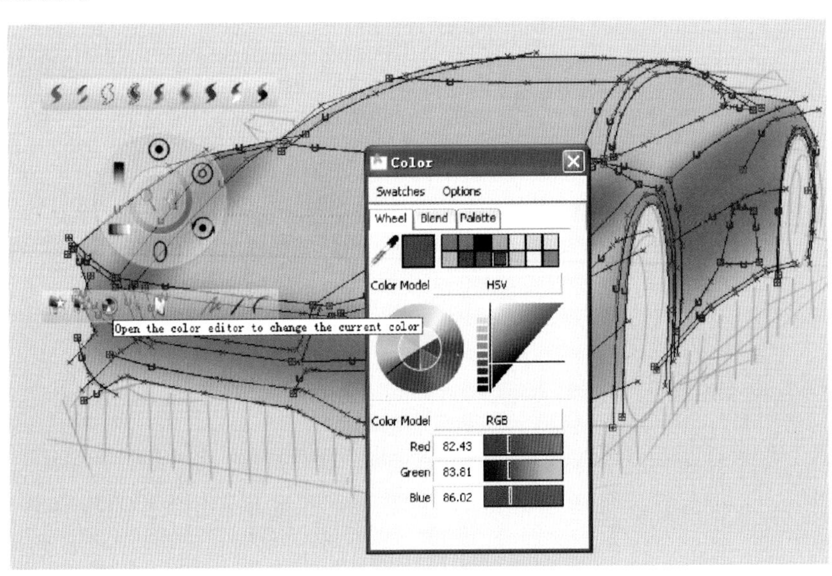

图10-37　选择白色

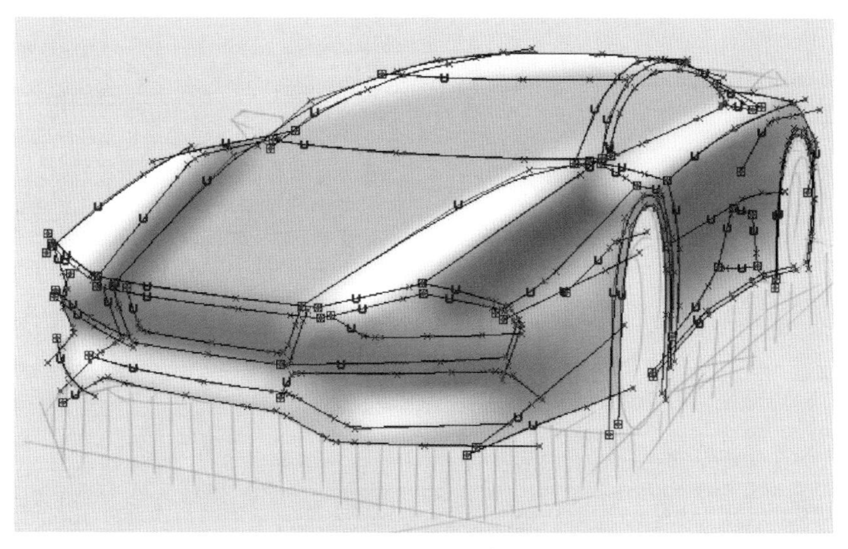

图10-38　亮部表现

最后利用硬边橡皮擦工具，对刚才所画的两个图层进行轮廓修整，如图10-39和图10-40所示。

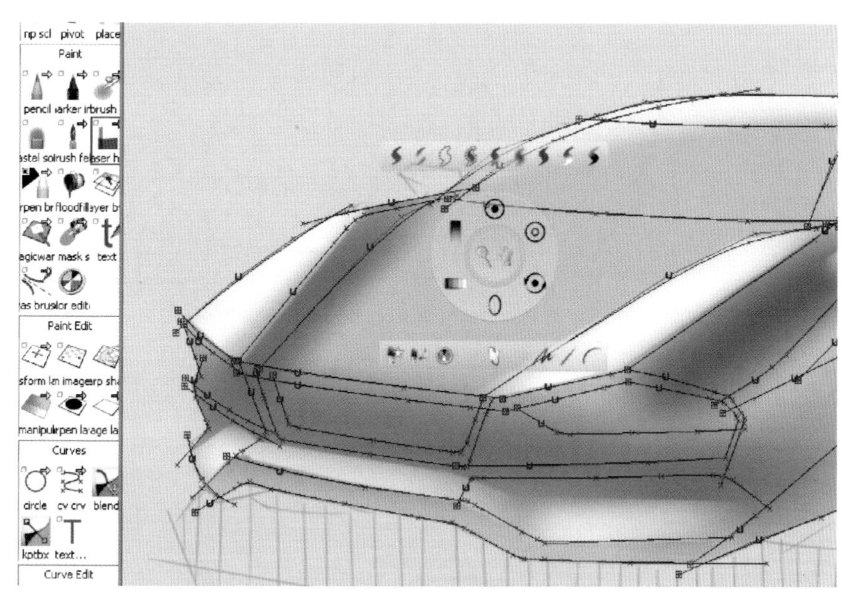

图10-39　选择硬边橡皮擦工具

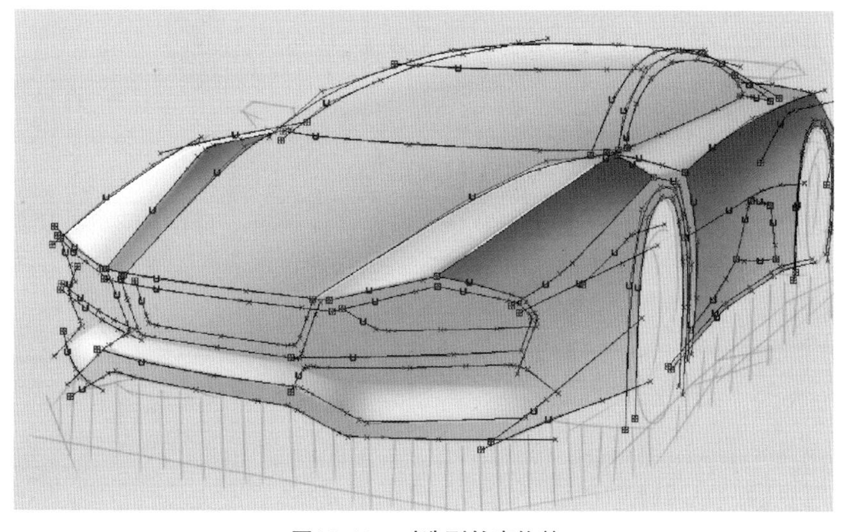

图10-40　对造型轮廓修整

10.4.3 暗部轮廓表现

依次选择车窗、车灯、车轮等暗部的轮廓曲线作为遮罩，如图10-41所示。新建图层，与遮罩链接后填充为黑色，如图10-42所示。

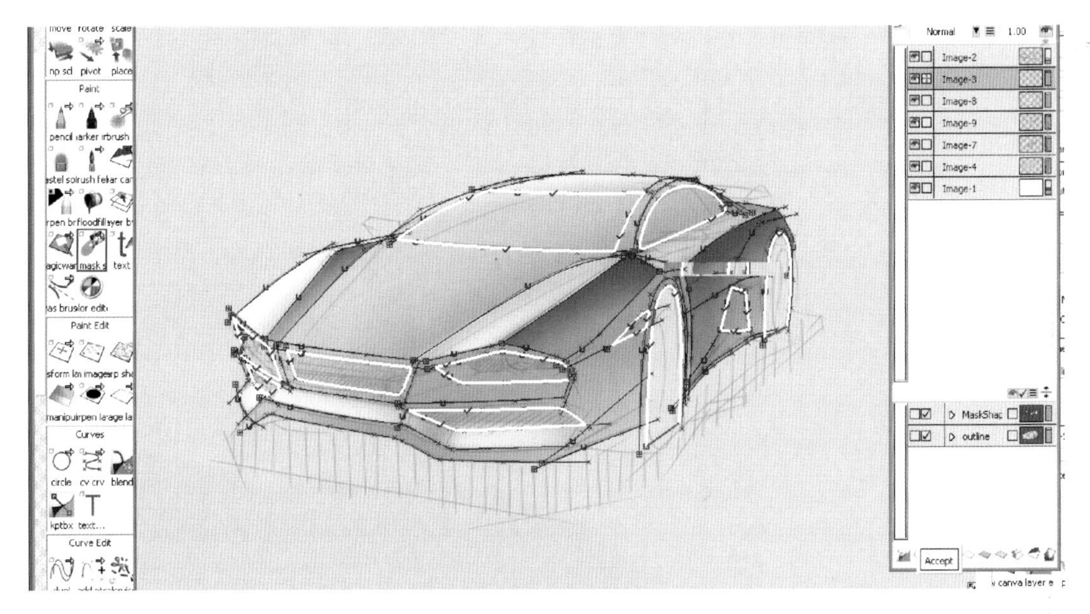

图10-41　车窗、车灯、车轮等暗部轮廓选择

图10-42　暗部轮廓填充黑色

10.4.4 车窗的曲面表现

选择车窗轮廓的遮罩，然后选择喷笔工具，选用白色，在受光一侧进行喷画，对车窗的曲面转折效果进行表现，如图10-43所示。

图10-43　车窗曲面转折效果

10.4.5　车身转折曲面表现

该车身有几处曲面转折的边界线，如图10-44所示，选择相应轮廓建立遮罩，然后用喷笔工具喷画白色，从而对车身的转折曲面进行表现。

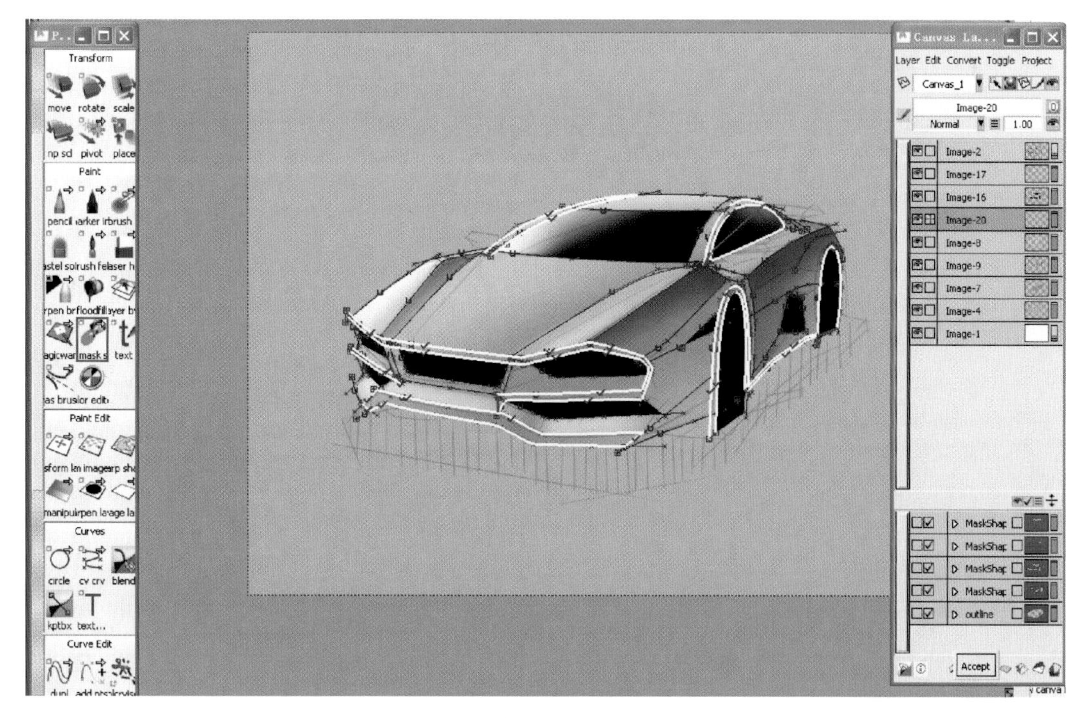

图10-44　车身转折曲面边界线

10.4.6　阴影表现

选择阴影外轮廓曲线，建立遮罩，然后填充为黑色，如图10-45和图10-46所示。

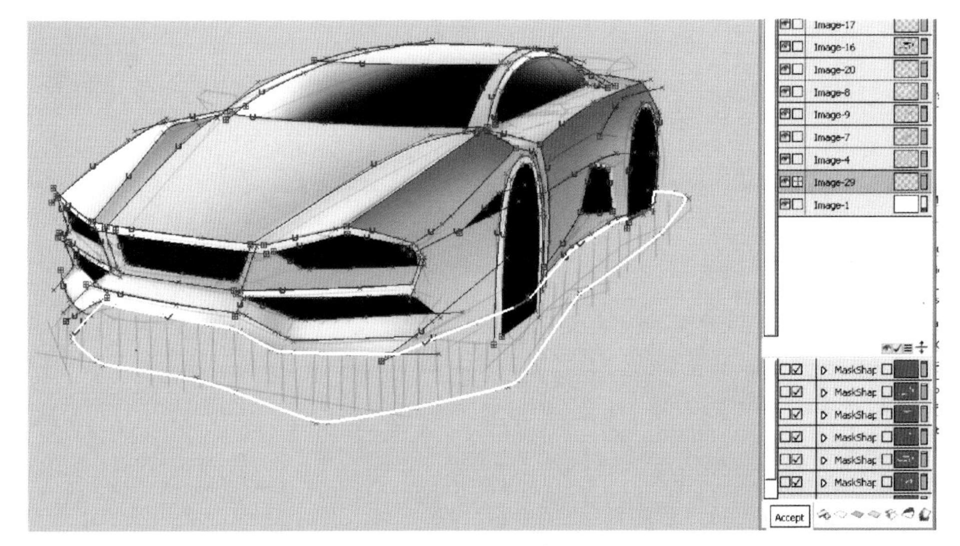

图10-45　阴影轮廓曲线

图10-46　阴影的表现

到这里，基本完成了对车身基础明暗的表现，其效果如图10-47所示。

图10-47　基础造型表现

10.5　细部造型表现

10.5.1　前脸造型表现

利用前脸轮廓曲线建立遮罩，根据曲面的转折变化，喷画出明暗变化，然后利用橡皮擦修整轮廓，如图10-48所示。

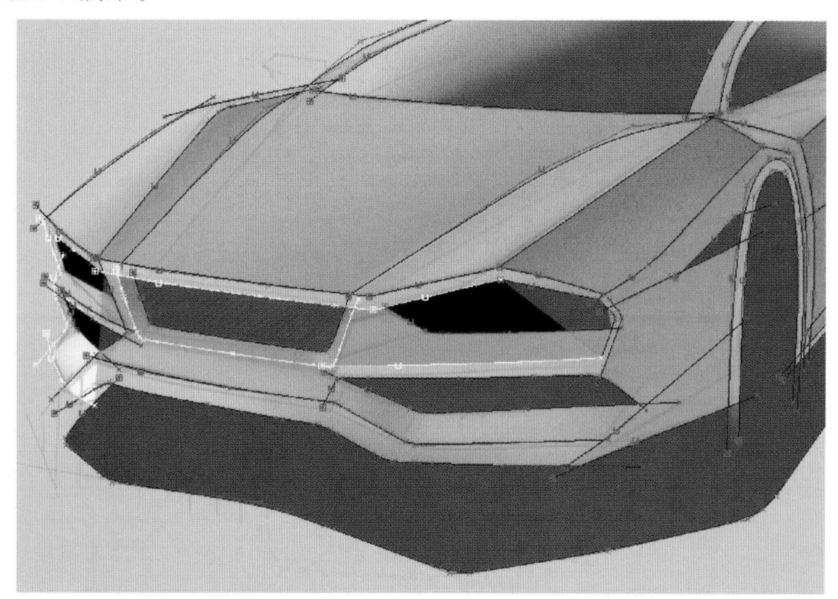

图10-48　前脸内凹轮廓

10.5.2　车灯表现

先选择车灯轮廓曲线，如图10-49所示。建立遮罩后利用喷笔在车灯内部进行相应表现，然后在车灯外面喷画出一层白色的反光效果，如图10-50所示。

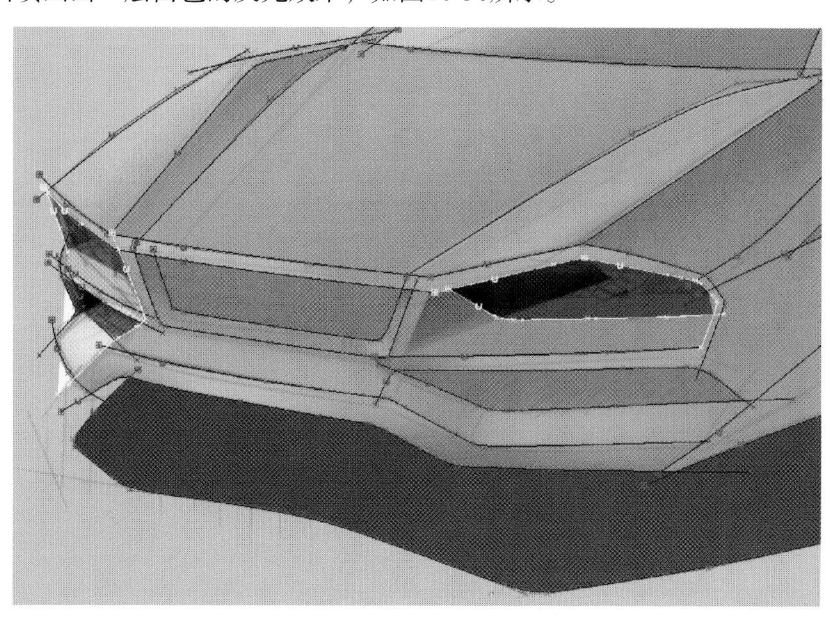

图10-49　车灯轮廓曲线

图10-50　前脸与车灯的造型表现

10.5.3　侧面细节造型表现

根据车身硬朗的切面风格，对侧面的转折曲面进行轮廓选择，建立相应遮罩，然后用喷笔进行相应的明暗变化表现，如图10-51和图10-52所示。

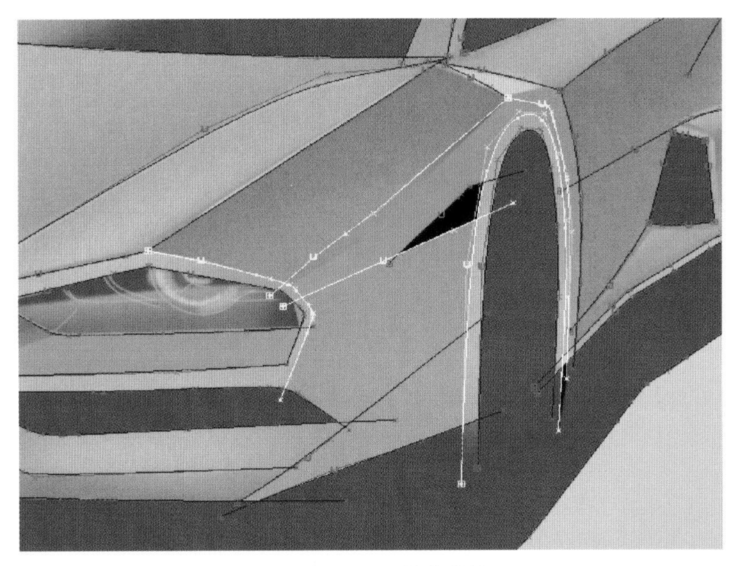

图10-51　侧面轮廓曲线

图10-52　侧面转折曲线

10.6　细节造型表现

完成整体车身造型的明暗表现后，最后还应对细节造型的明暗进行修整性的表现，进一步细化明暗转折的效果，如图10-53~图10-55所示。

图10-53　前脸细节造型修整

图10-54　车顶细节造型细化修整

图10-55　其他细节造型细化表现

转折线高光

10.7.1 高光线

最后，对车身硬朗的转折线进行高光表现。受光的位置刻画白色铅笔线，在明暗交界的位置则刻画黑色铅笔线。绘画的方法是利用窗口右上角的曲线贴合工具，将绘画的轨迹贴合在相应的曲线上，以获得光顺流畅的绘画轨迹，如图10-56和图10-57所示。

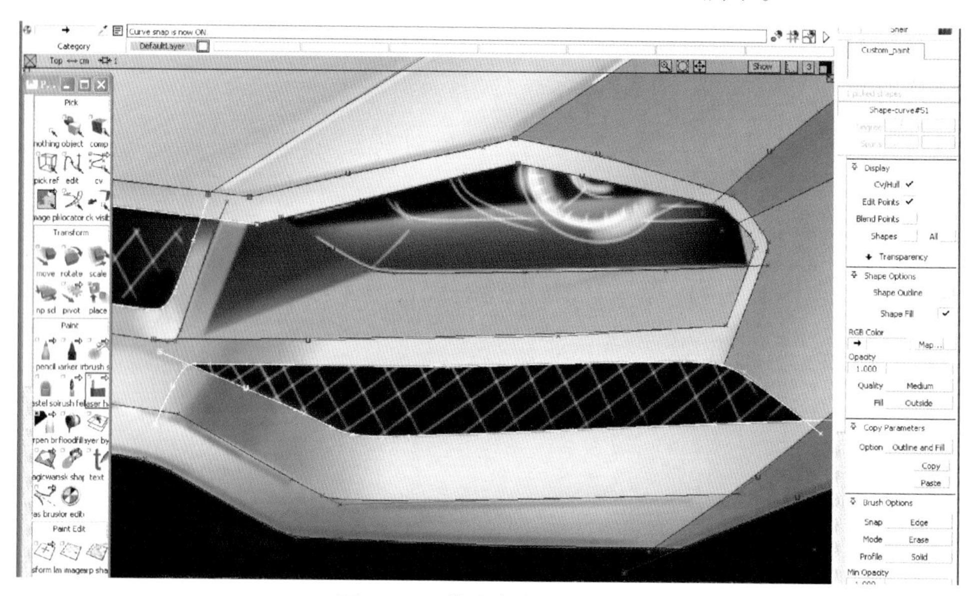

图10-56 前脸高光线的绘画

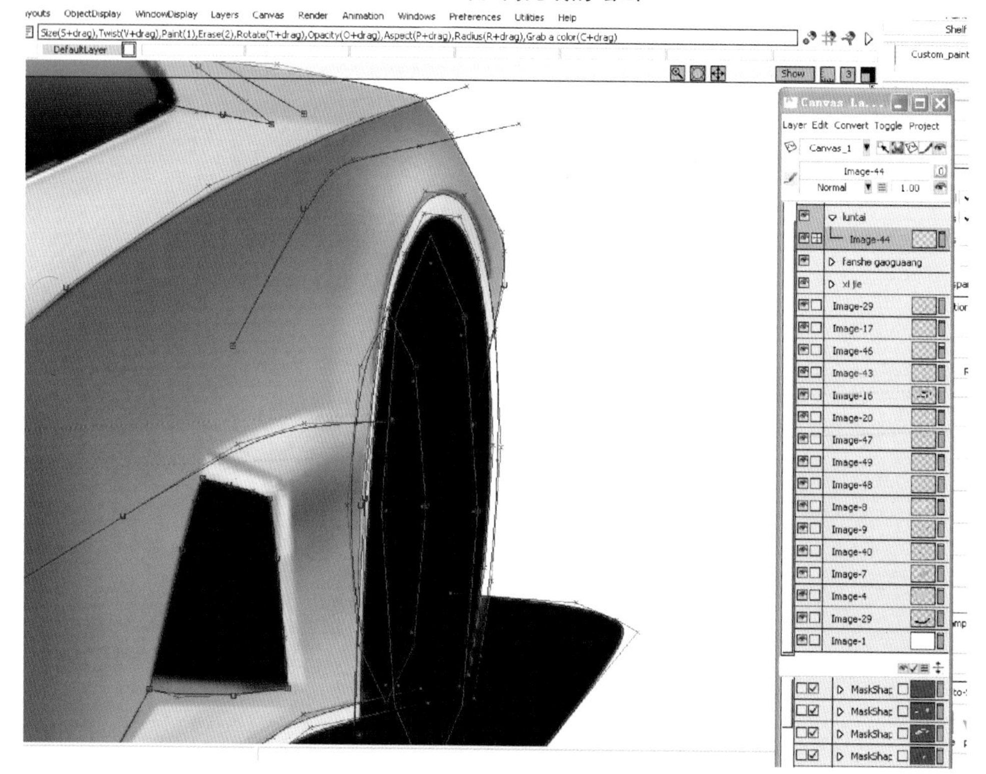

图10-57 尾部高光线的绘画

10.7.2　高光点

为了表现出汽车的光洁质感，最后要绘画几个高光点。要注意的是，高光点是因为同一光源而形成的，所以呈线形排列，因此在画面中由左上角向右下角在受光的转折线上进行绘画，如图10-58所示。

图10-58　高光点的刻画

10.8　汽车最后表现效果

至此，就完成了对整车外观造型的设计表现，如图10-59所示。

图10-59　汽车最终表现效果图

思考与练习

1. 利用Alias软件的“Curves”曲线绘制工具绘制汽车的造型曲线。
2. 思考在汽车车身效果的表现中遮罩的作用。
3. 利用Alias软件进行汽车或其他产品的设计变现。

参考文献

[1] 郑嵘. 产品设计表达[M]. 武汉：武汉理工大学出版社，2009.
[2] 李维立. 产品设计表达[M]. 天津：天津大学出版社，2009.
[3] 许喜华. 工业设计概论[M]. 北京：北京理工大学出版社，2008.
[4] 许喜华. 计算机辅助工业设计[M]. 北京：机械工业出版社，2001.
[5] 付坤，黄海燕. 国际工业设计发展趋势[J]. 科技广场，2009（6）.
[6] 刘传凯. 产品创意设计[M]. 北京:中国青年出版社，2005.
[7] 吴雪松，何人可. 基于产品设计程序的设计草图研究[J]. 机电产品开发与创新，2007（3）.
[8] 张祖耀，朱媛. 计算机辅助工业设计[M]. 北京：高等教育出版社，2009.
[9] 李洪梅，齐兵. 产品设计表现・Rhino+VRay[M]. 北京：北京理工大学出版社，2008.
[10] 杨海成，陆长德，余隋怀. 计算机辅助工业设计[M]. 北京：北京理工大学出版社，2009.
[11] 胡成朵. 浅议摄影元素在产品设计中的作用[J]. 装备制造技术，2010（8）.
[12] 张玉亭. Photoshop产品造型表现技法与典型实例[M]. 北京：清华大学出版社，2007.
[13] 沈法. 工业设计：产品色彩设计[M]. 北京：中国轻工业出版社，2009.
[14] Koos Eissen, Roselien Steur. Sketching[M]. BIS Publishers，2009.
[15] Cristian Campos. Product Design Now[M]. Collons Design，2006.
[16] 胡柳. 中文版Photoshop CS2鼠绘技法精粹[M]. 北京：兵器工业出版社，北京希望电子出版社，2007.
[17] 李金荣. 突破平面：中文版Photoshop CS4设计与制作深度剖析[M]. 北京：清华大学出版社，2010.
[18] 黄洪，兰娟. CroelDRAW产品造型表现技法与典型实例[M]. 北京：清华大学出版社，2007.
[19] 赵博，李励，王伯瑞. Photoshop & Illustrator 产品设计创意表达[M]. 北京：人民邮电出版社，2009.
[20] 王坤，陶宏宇. 产品设计师必读——从线稿到造型之美CorelDRAW篇[M]. 北京：电子工业出版社，2010.
[21] 格伦・兰德. 商业摄影用光指南[M]. 杨煜泳，译. 北京：人民邮电出版社，2010.